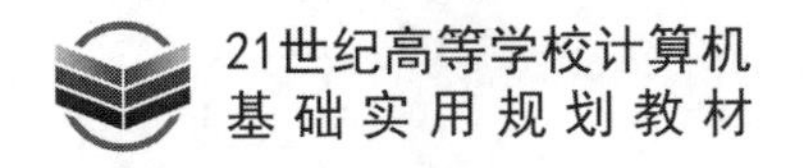

离散数学（第3版）

◎ 谢美萍 陈媛 主编

清華大學出版社
北京

内容简介

本书共分为7章，分别阐述了集合、关系、函数、命题逻辑、一阶谓词逻辑、图与特殊图。本书体系严谨，结构合理，概念论述清楚，讲解翔实，着重于概念的应用，书中配有大量的例题，帮助学生由浅入深地理解与掌握概念，并附有适当的习题。

本书可作为计算机及相关专业本科生的教材，也可供计算机专业及相关专业的科技人员参考。

图书在版编目(CIP)数据

离散数学/谢美萍，陈媛主编. —3版. —北京：清华大学出版社，2020.9(2022.7重印)
21世纪高等学校计算机基础实用规划教材
ISBN 978-7-302-56009-8

Ⅰ. ①离… Ⅱ. ①谢… ②陈… Ⅲ. ①离散数学－高等学校－教材 Ⅳ. ①O158

中国版本图书馆CIP数据核字(2020)第121745号

责任编辑：黄 芝 薛 阳
封面设计：刘 键
责任校对：李建庄
责任印制：宋 林

出版发行：清华大学出版社
　　网　　址：http://www.tup.com.cn，http://www.wqbook.com
　　地　　址：北京清华大学学研大厦A座　　**邮　　编**：100084
　　社 总 机：010-83470000　　**邮　　购**：010-62786544
　　投稿与读者服务：010-62776969，c-service@tup.tsinghua.edu.cn
　　质量反馈：010-62772015，zhiliang@tup.tsinghua.edu.cn
　　课件下载：http://www.tup.com.cn，010-83470236
印 装 者：北京鑫海金澳胶印有限公司
经　　销：全国新华书店
开　　本：185mm×260mm　　**印　　张**：11.5　　**字　　数**：278千字
版　　次：2008年9月第1版　2020年10月第3版　　**印　　次**：2022年7月第4次印刷
印　　数：6001～8000
定　　价：39.80元

产品编号：084932-01

前 言

离散数学是计算机专业的一门重要的基础课程，它是研究离散的数量关系与离散的数学结构模型的数学学科，也是现代数学的一个重要分支。离散数学在许多学科领域有着广泛的应用，尤其是计算机领域。离散数学可以看成是构筑在数学和计算机科学之间的桥梁，因为离散数学既离不开集合论、图论等数学知识，又和计算机科学中的数据库理论、数据结构等相关，它可以引导人们进入计算机科学的思维领域，促进计算机科学的发展。

离散数学课程主要介绍离散数学的各个分支的基本概念、基本理论和基本方法。这些概念、理论以及方法大量地应用在数字电路、编译原理、数据结构、操作系统、数据库系统、算法的分析与设计、人工智能、计算机网络等专业课程中；同时，该课程所提供的训练十分有益于学生概括抽象能力、逻辑思维能力、归纳构造能力的提高，十分有益于培养学生严谨、完整、规范的科学态度，为将来参与创新性的研究和研发工作打下坚实的理论基础。

本教材是在2008年第1版与2014年第2版的基础上，对主要内容进行了详细的阐述，并适当地增加了一些例题以加深理解，这样比较适合于学时少以及非计算机专业的学生使用，在这之前的教材以及习题集都可以继续使用。

本教材具有以下主要特色。

(1) 从集合理论出发，将离散数学的主要内容有机地集合在一起。前后呼应，各部分又可以独立使用。

(2) 强化基本概念和基本性质的论述，在内容阐述时力求深入浅出，注重基本理论的证明，并在每章结束后配备适当数量的习题供读者练习，目的在于启发和培养读者的抽象思维能力和逻辑推理能力，也使得本教材具备一定的理论深度。

(3) 配备了完整的教学课件，供教师上课时使用。

本书第1、2、3章由谢美萍编写，第4、5章由陈媛编写，第6、7章由南通理工学院基础教学学院徐希编写。在本书的编写过程中参阅了大量的离散数学教材与相关资料，在此向作者们表示衷心的感谢。

在编写过程中，会有一些不足与疏漏之处，恳请同行专家与广大读者批评指正。

编著者

2020年7月

目　录

第1章　集　合

在对自然科学的研究中，经常将一些相关的个体联合在一起进行研究，就是运用集合论的原理与方法进行研究。

集合论是现代数学的重要基础，在数学领域具有无可比拟的特殊重要性。它的起源可以追溯到16世纪末期，人们开始进行了有关数集的研究。直到1876—1883年，康托尔(Georage Cantor，1845—1918，德国)发表了一系列有关集合论的文章，对任意元素的集合进行了深入的探讨，提出了关于基数、序数和良序集等理论，为集合论奠定了深厚的理论基础。

1904—1908年，策梅洛(Zermelo)列出了第一个集合论的公理系统，在此基础上逐步形成了公理化集合论和抽象集合论，使该学科成为数学中发展最迅速的一个分支。在计算机科学领域中，集合论也是不可缺少的数学工具，在形式语言、自动机、人工智能、数据库等领域中都卓有成效地应用了集合理论。

本章主要包括如下内容。

- 集合的基本概念。
- 集合间的关系。
- 集合的运算。
- 幂集与编码。
- 集合恒等式的证明。

1.1　集合的基本概念

1.1.1　集合的概念

集合也简称为集，是数学中一个基本的概念，也是集合论研究的主要对象。一般认为，集合的概念是不能精确定义的，常常根据需要将一些具有共同特点或属性的事物放在一起加以研究，如某个品牌的计算机全体、某个社团的全体成员、坐标平面上所有点的全体等都可以看成是集合。也就是说，**集合是具有某种特定性质的事物的全体**。集合中的单个事物通常也称为“**个体**”或“**元素**”，集合中的个体可以是抽象的也可以是具体的，甚至一个集合也可以作为另一个集合中的元素。

通常用英文大写字母表示集合，如“A”“B”“C”等，用小写字母表示集合中的元素，如“a”“b”“c”等，但不是绝对的，因为一个集合也可以作为另一个集合的元素。如果元素a是集合A中的元素，用符号$a\in A$来表示，读作“元素a属于集合A”；反之，如果元素a不是

集合 A 中的元素,用符号 $a \notin A$ 来表示,读作"元素 a 不属于集合 A"。**"集合""元素""属于"**是集合论中三个最基本的概念。

例 1.1 判断下列各项是否是集合。

(1) 英文字母表中的所有 26 个字母。

(2) 所有的自然数。

(3) 一些自行车。

(4) 上海财经大学全体学生的集合。

解:根据定义,(1)、(2)、(4)是集合;而(3)不是集合,因为无法确定自行车的范围。

下面给出本书中常用的集合以及相应的符号。

N:全体自然数的集合。

Q:全体有理数的集合。

R:全体实数的集合。

C:全体复数的集合。

Z:全体整数的集合。

E:全体偶数的集合。

O:全体奇数的集合。

P:全体素数的集合。

1.1.2 集合的特性

集合一般具有以下三个性质。

(1) **互异性**。互异性是指一个集合的各个元素是可以互相区分开的,并且每个元素只能出现一次,如果某个元素在集合中出现多次,也只能看作一个元素。例如,集合$\{1,2,3,2\}$就是集合$\{1,2,3\}$。

(2) **无序性**。无序性是指一个集合中所有元素之间的排列次序是任意的,即集合的表示形式是不唯一的。例如,集合$\{1,2,3\}$和集合$\{2,1,3\}$是同一个集合。

(3) **确定性**。任意一个元素是否属于某一个集合的回答是确定的。例如,若给定元素 a 和集合 A,则元素 a 和集合 A 之间的关系是确定的,即 $a \in A$ 和 $a \notin A$ 二者中必有一个成立。

集合的这几个特性,可以通过以下三大基本原理得到保证。

(1) **外延公理**。两个集合 A 和 B 相等的充要条件是它们有相同的元素(互异性和无序性)。

(2) **概括公理**。构成一个集合应符合下列两个要求(确定性):

纯粹性——凡该集合中的元素都具有某种性质;

完备性——凡具有某种性质的元素都在该集合中。

(3) **正则公理**。不存在集合 $A,B,C,\cdots$,使得$\cdots \in C \in B \in A$(消除了悖论)。

悖论是指:假设有一个命题 Q,如果从 Q 为真出发,经过一系列的推理,可以推导出 Q 为假;又从 Q 为假出发,经过一系列的推理,推导出 Q 为真,则命题 Q 是一个悖论。

例 1.2 说谎悖论。

"我正在说谎"。问:这个人是在说谎还是在讲真话?

解：如果他在说谎，这表明他的断言“我正在说谎”是谎话，也就是说他在讲真话。即他说谎，推出他是讲真话(即没有说谎)。

另一方面，如果他讲真话，这表明他的断言“我正在说谎”是真话，也就是说他正说谎话，即他讲真话，推出他在说谎(即没有讲真话)。

通过以上分析可以看到，以命题形式出现的断言“我正在说谎”就是一个悖论，因为无法断言它的真伪。

例 1.3 罗素悖论。

(1) 罗素将集合分成两类：一类是集合 A 本身是 A 的一个元素，即 $A \in A$；另一类是集合 A 本身不是 A 的一个元素，即 $A \notin A$。

(2) 构造一个集合 S：$S=\{A \mid A \notin A\}$，即 S 是由满足条件 $A \notin A$ 的那些 A 组成的一个新的集合。

问：S 是不是它自己的一个元素？即 $S \in S$，还是 $S \notin S$？

解：我们做如下分析。

如果 $S \notin S$，因为集合 S 由所有满足条件 $A \notin A$ 的集合组成，由于 $S \notin S$，所以 S 满足对于集合 S 中元素的定义，即 S 是集合 S 的元素，也就是说 $S \in S$。

如果 $S \in S$，因为 S 中任一元素 A 都有 $A \notin A$，又由于 $S \in S$，根据集合 S 的规定，知 S 不是集合 S 的元素，也就是说 $S \notin S$。

即既不是 $S \in S$，也不是 $S \notin S$。

罗素悖论的出现，说明朴素集合论有问题，从而使数学的基础发生了动摇(第三次数学危机)，引起了一些著名数学家的极大重视。经过长期的努力，做出如下约定。

先有成员才形成集合，一个正在形成的集合不能作为一个实体充当本集合的成员，否则在概念上将产生循环，从而导致悖论。这正是正则公理的内容，从而消除悖论。

1.1.3 集合的表示方法

集合是由它所包含的元素完全确定的，为了表示一个集合，可以有许多种方法。常用的有如下 4 种方法。

1. 列举法(也称外延法)

列举法就是将集合中的元素用一对花括号括起来，这个集合可以是有限集，也可以是无限集。如果是有限集，只需将集合中所有的元素列在花括号内；如果是无限集，则要求该集合是可列集，即集合中的元素之间有明显的关系，或能够列出反映集合中元素的特点。

例 1.4 以下几种集合的表示方法均为列举法。

(1) $A=\{1,2,3,4\}$

(2) $B=\{a,b,c,d,\cdots,x,y,z\}$

(3) $C=\{$桌子，椅子$\}$

(4) $N=\{0,2,4,6,8,10,\cdots\}$

列举法的优点在于具有透明性，但并不是所有的集合都可以用列举法表示出来。例如，闭区间$[0,1]$中的所有实数，就无法用列举法来表示。而且从计算机的角度看，列举法是一种“静态”表示法，如果一下子将这么多的“数据”都输入计算机中，将占据大量的“内存”。这时需寻求其他的表示方法。

2. 描述法(概括法,隐式法)

描述法是通过刻画集合中元素所具备的某种特性来表示集合。通常用符号 $P(x)$ 来表示不同对象 x 所具有的性质 P,由 $P(x)$ 所定义的集合通常表示为 $\{x \mid P(x)\}$。用描述法表示集合比较方便,尤其适用于那些元素很多或无穷的集合,比如无法用列举法表示的闭区间 $[0,1]$ 中的所有实数,就可以用描述法来表示,可以将其表示成:$\{x \mid 0 \leqslant x \leqslant 1, x \in R\}$。

例 1.5 以下几种表示集合的方法均采用描述法。

(1) $A=\{x \mid 0<x<2, x \in \mathbf{R}\}$

(2) $B=\{x \mid x^2-1=0, x \in \mathbf{R}\}$

(3) $C=\{(x,y) \mid x^2+y^2 \leqslant 4, x,y \in \mathbf{R}\}$

(4) $D=\{x \mid x$ 是动物$\}$

值得注意的是,描述法中 $A=\{x \mid 0<x<2, x \in \mathbf{R}\}$ 与 $A=\{y \mid 0<y<2, y \in \mathbf{R}\}$ 表示同一个集合。

3. 文氏图法

文氏图法是用平面上封闭曲线包围点集的图形来表示集合(见图1.1)的方法,文氏图可以形象和直观地描述集合之间的关系和集合间的有关运算。

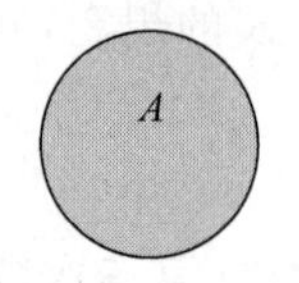

图 1.1 集合 A

4. Backup Normal Form(BNF)法

BNF 法常用于定义高级程序设计语言的语法集合。

例 1.6 在 PASCAL 语言中,标识符集合定义如下。

```
<Letter>::=<Letter>{<Letter or Digit>}
{<Letter or Digit>}::=<Letter>|<Digit>
```

5. 递归定义法

递归定义法首先给定集合中的基础元素,然后通过计算规则定义集合的其他元素。

例 1.7 $a_0=1, a_1=1, a_{i+1}=2a_i+a_{i-1} (i \geqslant 1)$,

于是:

$$S=\{a_0, a_1, \cdots, a_n\}=\{a_k \mid k \geqslant 0\}$$

通常情况下表示一个集合,主要使用列举法、描述法和文氏图法,BNF 法和递归定义法一般用得比较少。

1.2 集合间的关系

集合的包含与相等关系是集合间的两个基本关系。两个集合之间也可以没有任何关系。下面就来具体讨论集合之间的包含与相等关系。

1.2.1 包含关系

定义 1.1 设 A 和 B 是两个集合,若 A 中的每一个元素都是 B 中的元素,则称 A 是 B 的**子集**,记作 $A \subseteq B$,读作"A 包含于 B";也可记作 $B \supseteq A$,读作"B 包含 A"。称"$\subseteq$"为**包含关系**:

$A \subseteq B \Leftrightarrow \forall x \in A$,有 $x \in B$(其中符号"$\forall$"表示"任意")。

若 $A\subseteq B$ 且 $A\neq B$，则称 A 是 B 的**真子集**，记作 $A\subset B$，读作“A 真包含于 B”，B 称为 A 的**超集**，即

$A\subset B\Leftrightarrow\forall x\in A$，有 $x\in B$ 成立；且至少存在某一 $x_0\in B$，使得 $x_0\notin A$。

此外，如果存在元素 $a\in A$，但 $a\notin B$，则 A 不是 B 的子集。

例 1.8 $\mathbf{N}\subseteq\mathbf{I}\subseteq\mathbf{Q}\subseteq\mathbf{R}$ 与 $\mathbf{N}\subset\mathbf{I}\subset\mathbf{Q}\subset\mathbf{R}$ 同时成立。

例 1.9 $\varnothing\subseteq\{1\}\subseteq\{1,2\}$ 与 $\varnothing\subset\{1\}\subset\{1,2\}$ 同时成立。其中，“$\varnothing$”表示“空集”，后面还会具体讨论。

例 1.10 $\mathbf{N}\subseteq\mathbf{N}$ 成立，但是 $\mathbf{N}\subset\mathbf{N}$ 不成立。即一个集合可以是自身的子集，但不可以是自身的真子集。

根据定义可知，集合间的包含关系具有下列性质。

自反性：$A\subseteq A$。

反对称性：若 $A\subseteq B$ 且 $B\subseteq A$，则 $A=B$。

传递性：若 $A\subseteq B$ 且 $B\subseteq C$，则 $A\subseteq C$。

1.2.2 相等关系

定义 1.2 设 A 和 B 是两个集合，如果 A 和 B 中的元素完全相同，则称 A 和 B **相等**，记作 $A=B$；否则称 A 和 B **不相等**，记作 $A\neq B$。

由集合包含关系的定义，可以给出集合相等关系的另一种定义形式。

定义 1.3 设 A 和 B 是两个集合，如果 $A\subseteq B$ 且 $B\subseteq A$，则称 $A=B$。

例 1.11 集合 $A=\{2,3\}$，$B=\{x\mid x^2-5x+6=0\}$，则有集合 $A=B$。

例 1.12 集合 $A=\varnothing$，$B=\{x\mid x^2+x+1=0, x\in\mathbf{R}\}$，则有集合 $A=B$。

定理 1.1 设 A 和 B 是两个集合，$A=B$ 的充要条件是：$A\subseteq B$ 且 $B\subseteq A$，即两个集合相等的充要条件是它们互为子集。

证明：

必要性：$A=B\Rightarrow A\subseteq B$ 并且 $B\subseteq A$。

因为 $A=B$，由定义可知，A 中的每个元素都是 B 中的元素，所以 $A\subseteq B$。同理，B 中的每个元素都是 A 中的元素，所以 $B\subseteq A$。

充分性：$A\subseteq B$ 并且 $B\subseteq A\Rightarrow A=B$。

用反证法。如果 $A\neq B$，则 A 中至少有一个元素不在 B 中，与 $A\subseteq B$ 矛盾；或者 B 中至少有一个元素不在 A 中，与 $B\subseteq A$ 矛盾。所以 $A\neq B$ 不可能成立。所以 $A=B$。

根据定义可知，集合间的相等关系具有下列性质。

自反性：$A=A$。

对称性：若 $A=B$，则 $B=A$。

传递性：若 $A=B$ 且 $B=C$，则 $A=C$。

定义 1.4 集合 A 中所包含的不同元素的个数，称为集合 A 的**基数**，通常用 $|A|$ 或 Card(A)表示。

例 1.13 计算下列集合的基数。

(1) 集合 $A=\{0,1,2\}$。

(2) 空集 $\varnothing$。

(3) 集合 $B=\{x\mid x^2-2x+1=0\}$。

(4) 自然数集 $\mathbf{N}$。

(5) 集合 $C=\{(x,y)\mid x^2+y^2\leqslant 4\}$。

(6) 集合 $D=\{\varnothing,\{1\},\{2\},\{1,2\}\}$。

解：(1) 集合 $A=\{0,1,2\}$,有 $A=3$。

(2) 对空集$\varnothing$,有$|\varnothing|=0$。

(3) 集合 $B=\{x\mid x^2-2x+1=0\}$,有$|B|=1$。

(4) 对于自然数集 $\mathbf{N}$,有$|\mathbf{N}|=\infty$。

(5) 集合 C 是由平面坐标系上半径为 2 的圆面内所有的点构成的集合,因此有$|C|=\infty$。

(6) 集合 D 中的元素比较特殊,每一个元素都是以集合的形式出现,在计算元素个数的时候,每个集合算一个元素,因此有$|D|=4$。

定义 1.5 设 A 是集合,如果 A 中有有限个不同的元素,则称 A 为**有限集**,否则称 A 为**无限集**。对有限集 A,如果含有 n 个不同的元素,简称 A 为 n **元集**,即集合 A 的基数为 n,则对 A 的基数为 $m(0\leqslant m\leqslant n)$的子集称为集合 A 的 m **元子集**。

任意给定一个有限集,只要将子集按照基数由小到大的顺序进行分类,就可以不重复、不遗漏地将该集合的全部子集写出来。

例 1.14 设集合 $A=\{a,b\}$,写出它的全部子集。

解：0 元子集,有 $C_2^0=1$ 个：$\varnothing$。

1 元子集,有 $C_2^1=2$ 个：$\{a\},\{b\}$。

2 元子集,有 $C_2^2=1$ 个：$\{a,b\}$。

共有 $C_2^0+C_2^1+C_2^2=4$ 个子集。

例 1.15 设集合 $A=\{a,b,c\}$,写出它的全部子集。

解：0 元子集,有 $C_3^0=1$ 个：$\varnothing$。

1 元子集,有 $C_3^1=3$ 个：$\{a\},\{b\},\{c\}$。

2 元子集,有 $C_3^2=3$ 个：$\{a,b\},\{a,c\},\{b,c\}$。

3 元子集,有 $C_3^3=1$ 个：$\{a,b,c\}$。

共有 $C_3^0+C_3^1+C_3^2+C_3^3=8$ 个子集。

例 1.16 设集合 $A=\{\varnothing,\{a\},\{b\},\{c\}\}$,写出它的全部子集。

解：0 元子集,有 $C_4^0=1$ 个：$\varnothing$。

1 元子集,有 $C_4^1=4$ 个：$\{\varnothing\},\{\{a\}\},\{\{b\}\},\{\{c\}\}$。

2 元子集,有 $C_4^2=6$ 个：$\{\varnothing,\{a\}\},\{\varnothing,\{b\}\},\{\varnothing,\{c\}\},\{\{a\},\{b\}\},\{\{a\},\{c\}\},\{\{b\},\{c\}\}$。

3 元子集,有 $C_4^3=4$ 个：$\{\varnothing,\{a\},\{b\}\},\{\varnothing,\{a\},\{c\}\},\{\varnothing,\{b\},\{c\}\},\{\{a\},\{b\},\{c\}\}$。

4 元子集,有 $C_4^4=1$ 个：$\{\varnothing,\{a\},\{b\},\{c\}\}$。

共有 $C_4^0+C_4^1+C_4^2+C_4^3+C_4^4=15$ 个子集。

一般地,对于 n 元子集,它的 $m(0\leqslant m\leqslant n)$元子集有 C_n^m 个,所以集合 A 的不同子集总数有 $C_n^0+C_n^1+\cdots+C_n^n=2^n$ 个。

从例 1.14～例 1.16 中,对于非空集合 A 有两个不同的子集,即$\varnothing$和 A,对这两个特殊的子集，有如下定义。

定义 1.6 对于每个非空集合 S，至少有两个不同的子集$\varnothing$和 S，称$\varnothing$和 S 是 S 的**平凡子集**。

1.2.3 特殊集合

在集合论中有两个特殊的集合，即空集和全集，这两个集合在集合论中的地位很重要。

定义 1.7 不包含任何元素的集合称为**空集**，用符号$\varnothing$或$\{\}$表示。

由定义可以看出，如果集合 A 为空集，则有$|A|=0$。空集的引入可以使得许多问题的叙述得到简化。

例 1.17 集合 $A=\{x\mid x^2+x+2=0, x\in\mathbf{R}\}$为空集，即$|A|=0$。

定理 1.2 $\varnothing$是一切集合的子集。

证明：反证法。

假设存在某一集合 A，使得$\varnothing$不是集合 A 的子集，则至少存在着某一元素 $x\in\varnothing$且 $x\notin A$，这与$\varnothing$的定义相矛盾。因此定理成立。

定理 1.3 空集是唯一的。

证明：假设有两个空集$\varnothing_1$ 和$\varnothing_2$，由定理 1.2 得出$\varnothing_1\subseteq\varnothing_2$，且$\varnothing_2\subseteq\varnothing_1$。再由集合相等的定义有：$\varnothing_1=\varnothing_2$。

因此空集是唯一的。

定义 1.8 在一定范围内，如果所有集合均为某一集合的子集，则称该集合为**全集**，记作 U。

例如，全体自然数组成了自然数的全集。

全集的概念是相对的。不同的问题有不同的全集，即使同一问题也可以取不同的全集，全集的选取要看具体研究的问题。如要研究某一年全国毕业大学生的就业情况，则将该年毕业的所有大学生全体作为全集；若只研究上海市某一年毕业的大学生就业情况时，只需将该年上海市毕业的大学生全体作为全集。

1.3 集合的运算

集合的运算是说任意给定两个集合 A 和 B，可以通过集合的并、交、补、相对补、对称差等运算产生新的集合，其实这些也是表示集合的一种方法。下面分别给出集合的这几种运算。

1.3.1 集合的基本运算

定义 1.9 设 A、B 是两个集合，由集合 A 和 B 中所有的元素组成的集合称为集合 A 与 B 的**并集**，记作 $A\cup B$，读作"A 并 B"。即 $A\cup B$ 是由属于 A 或属于 B 的元素所组成，用符号表示为

$$A\cup B=\{x\mid x\in A \text{ 或 } x\in B\}$$

集合的"并"运算也可以用文氏图表示为如图 1.2 所示。

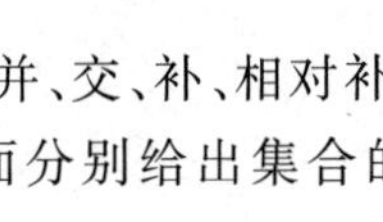

A B

图 1.2 集合 A 与集合 B 的并集

例 1.18 设集合 $A=\{1,2,3\}$，集合 $B=\{a,b\}$，则 $A\cup B=\{1,2,3,a,b\}$。

例 1.19 设集合 $A=\{1,2,3\}$，集合 $B=\{a,b,1,2\}$，则 $A\cup B=\{1,2,3,a,b\}$。

例 1.20 设集合 $A=\{1,2,3\}$，集合 $B=\{x|x^2+x+2=0,x\in R\}$，则 $A\cup B=\{1,2,3\}$。

由例 1.20 可以看出，因为集合 B 在实数集中无解，即集合 B 为空集，因此 $A\cup B$ 中的元素就是集合 A 中的元素，从而有 $A\cup B=A$。有以下结论成立：任意一个集合 A 与空集 $\varnothing$ 的并集依然是该集合，即 $A\cup\varnothing=A$。

定义 1.10 设 A，B 是两个集合，由集合 A 和 B 中公共元素组成的集合称为集合 A 与 B 的**交集**，记作 $A\cap B$，即 $A\cap B$ 是由既属于 A 又属于 B 的元素组成，用符号表示为

$$A\cap B=\{x\mid x\in A \text{ 且 } x\in B\}$$

若 $A\cap B=\varnothing$，则称 A 与 B 不相交。

集合的"交"运算也可以用文氏图表示为如图 1.3 所示。

例 1.21 设集合 $A=\{1,2,3\}$，集合 $B=\{a,b\}$，则 $A\cap B=\varnothing$。

例 1.22 设集合 $A=\{1,2,3\}$，集合 $B=\{a,b,1,2\}$，则 $A\cap B=\{1,2\}$。

例 1.23 设集合 $A=\{1,2,3\}$，集合 $B=\{x|x^2+x+2=0,x\in R\}$，则 $A\cap B=\varnothing$。

由例 1.23 可以看出，因为集合 B 在实数集中无解，即集合 B 为空集，因此 $A\cap B$ 中就没有元素，从而有 $A\cap B=\varnothing$。有以下结论成立：任意一个集合 A 与空集 $\varnothing$ 的交集是空集，即 $A\cap\varnothing=\varnothing$。

两个集合的并和交运算可以推广成 n 个集合的并和交，用公式分别表示如下。

$$\bigcup_{i=1}^{n} A_i=A_1\cup A_2\cup\cdots\cup A_n$$

$$\bigcap_{i=1}^{n} A_i=A_1\cap A_2\cap\cdots\cap A_n$$

定义 1.11 设 A、B 是两个集合，由在集合 A 中且不在集合 B 中的所有元素组成的集合，称为集合 B 对 A 的相对补集，记作 $A-B$，用符号表示为

$$A-B=\{x\mid x\in A \text{ 且 } x\notin B\}$$

集合的"相对补"运算也可以用文氏图表示为如图 1.4 所示。

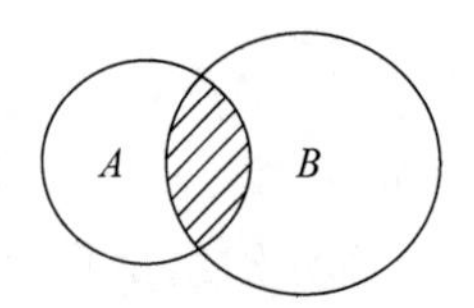

图 1.3 集合 A 与集合 B 的交集

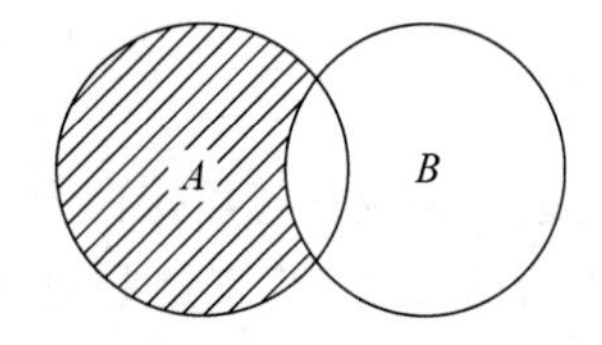

图 1.4 集合 A 与集合 B 的相对补

例 1.24 设集合 $A=\{1,2,3\}$，集合 $B=\{a,b\}$，则 $A-B=\{1,2,3\}$。

例 1.25 设集合 $A=\{1,2,3\}$，集合 $B=\{a,b,1,2\}$，则 $A-B=\{3\}$。

例 1.26 设集合 $A=\{1,2,3\}$，集合 $B=\{x|x^2+x+2=0,x\in \mathbf{R}\}$，则 $A-B=A$。

由例 1.26 可以看出，因为集合 B 在实数集中无解，即集合 B 为空集，因此 $A-B$ 中的元素就是 A 中的元素，从而有 $A-B=A$。有以下结论成立：空集 $\varnothing$ 对任意一个集合 A 的相对补集是集合 A，即 $A-\varnothing=A$。

定义 1.12 集合的绝对补，是对于全集而言的，设 U 为全集，则集合 A 的绝对补集是

由不在集合A中的所有元素构成的集合，称为A的**绝对补集**，记作A'。绝对补集也简称为补集，用符号表示为

$$A' = U - A = \{x \mid x \in U \text{ 且 } x \notin A\}$$

集合的“绝对补”运算也可以用文氏图表示为如图 1.5 所示。

例 1.27 设$U=\{1,2,3\}$，求下列集合的补集。

(1) 集合$A=\{1,2\}$。

(2) 集合$A=\varnothing$。

解：(1) 集合$A=\{1,2\}$，则$A'=\{3\}$；

(2) 集合$A=\varnothing$，则$A'=\{1,2,3\}=U$。

由例 1.27 中的(2)可知，$\varnothing'=U$，$U'=\varnothing$。

定义 1.13 有了定义 1.11 中的相对补的定义，直接将集合A和B的**对称差**定义如下式所示。

$$A \oplus B = (A - B) \cup (B - A)$$

或用符号表示为

$$A \oplus B = \{x \mid x \in A \text{ 且 } x \notin B \text{，或 } x \in B \text{ 且 } x \notin A\}$$

集合的“对称差”运算也可以用文氏图表示为如图 1.6 所示。

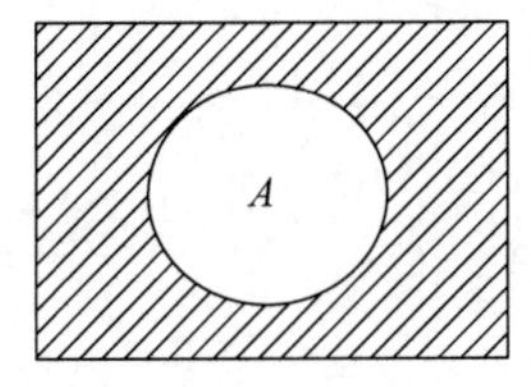

图 1.5 集合A的绝对补

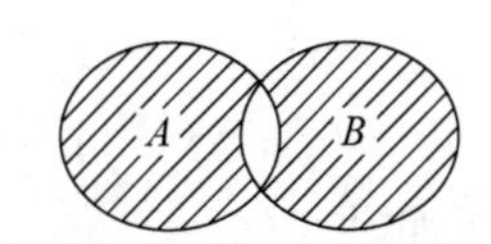

图 1.6 集合A与集合B的对称差

例 1.28 设集合$A=\{1,2,3\}$，集合$B=\{a,b,1,2\}$，则

$$A \oplus B = (A - B) \cup (B - A) = \{3\} \cup \{a,b\} = \{3,a,b\}$$

设U为全集，A,B,C是U的任意子集，则根据集合运算的定义，给出集合的运算定律如下，这些运算定律都可以通过定义推导出来。

(1) 双重否定律：

$$(A')' = A$$

(2) 交换律：

$$A \cup B = B \cup A \quad A \cap B = B \cap A \quad A \oplus B = B \oplus A$$

(3) 结合律：

$$(A \cup B) \cup C = A \cup (B \cup C)$$

$$(A \cap B) \cap C = A \cap (B \cap C)$$

$$(A \oplus B) \oplus C = A \oplus (B \oplus C)$$

(4) 分配律：

$$A \cup (B \cap C) = (A \cup B) \cap (A \cup C)$$

$$A \cap (B \cup C) = (A \cap B) \cup (A \cap C)$$

$$A \cap (B - C) = (A \cap B) - (A \cap C)$$

(5) 同一律:

$$A \cup \varnothing = A \quad A \cap U = A$$
$$A - \varnothing = A \quad A \oplus \varnothing = A$$

(6) 互补律:

$$A \cup A' = U$$

(7) 矛盾律:

$$A \cap A' = \varnothing$$

(8) 幂等律:

$$A \cup A = A \quad A \cap A = A$$

(9) 零一律:

$$A \cup U = U \quad A \cap \varnothing = \varnothing$$
$$A - A = \varnothing \quad A \oplus A = \varnothing$$

(10) 吸收律:

$$A \cup (A \cap B) = A$$
$$A \cap (A \cup B) = A$$

(11) 德摩根律:

$$\varnothing' = U \quad U' = \varnothing$$
$$(A \cup B)' = A' \cap B' \quad (A \cap B)' = A' \cup B'$$
$$A - (B \cup C) = (A - B) \cap (A - C)$$
$$A - (B \cap C) = (A - B) \cup (A - C)$$

(12) 功能完备律:

$$A - B = A \cap B'$$
$$\begin{aligned} A \oplus B &= (A \cup B) - (A \cap B) \\ &= (A - B) \cup (B - A) \\ &= (A \cap B') \cup (A' \cap B) \end{aligned}$$

除了运算定律以外,还有一些关于集合运算性质的重要结果。例如:

$$A \cap B \subseteq A,\quad A \cap B \subseteq B,\quad A \subseteq A \cup B,\quad B \subseteq A \cup B,\quad A - B \subseteq A$$

1.3.2 有限集合的计数

有了集合的运算定律,结合前面介绍的集合的基数的概念,可以求出任意一个有限集合中元素的个数,计算出有限集合中元素的个数通常有两种方法:文氏图法和排斥原理法。下面分别介绍这两种方法。

1. 文氏图法

每一条性质定义为一个集合,用一个圆来表示,如无特殊说明,任何两个圆画成相交的,然后将已知集合的元素填入表示该集合的区域内。通常从 n 个集合的交集填起,根据计算的结果逐步将数字填入其他各空白区域。如果交集的值是未知的,可以设为 x,根据题目的条件列出方程或方程组,求出所需结果。

例 1.29 对 24 名会外语的科技人员进行掌握外语情况的调查。其统计结果如下:会英、日、德和法语的人分别为 13,5,10 和 9 人,其中同时会英语和日语的有 2 人,会英、德和法语中任两种语言的都是 4 人。已知会日语的人既不懂法语也不懂德语，分别求只会一种语言(英、德、法、日)的人数和会三种语言的人数。

解：令 A,B,C,D 分别表示会英、法、德、日语的人的集合。根据题意画出文氏图如图 1.7 所示。设同时会三种语言的有 x 人，只会英、法或德语一种语言的分别为 y_1,y_2 和 y_3 人。将 x 和 y_1,y_2,y_3 填入图中相应的区域，然后依次填入其他区域的人数。

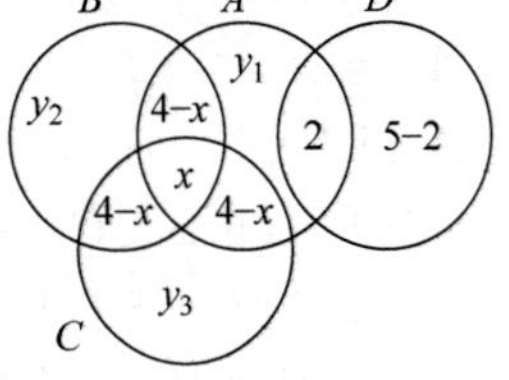

图 1.7　文氏图法

根据已知条件列出方程组如下。

$$\begin{cases} y_1+2(4-x)+x+2=13 \\ y_2+2(4-x)+x=9 \\ y_3+2(4-x)+x=10 \\ y_1+y_2+y_3+3(4-x)+x=24-5 \end{cases}$$

解得 $x=1,y_1=4,y_2=2,y_3=3$。

因此只会英语的人数为 4 人，只会法语的人数为 2 人，只会德语的人数为 3 人，只会日语的人数为 3 人，会三种语言的人数为 1 人。

2. 排斥原理法

设 U 为全集，$A_1,A_2,\cdots,A_n$ 为 U 的有限子集，则

(1) 两个集合的排斥原理公式：

$$|A_1\cup A_2|=|A_1|+|A_2|-|A_1\cap A_2|$$

(2) 三个集合的排斥原理公式：

$$|A_1\cup A_2\cup A_3|=|A_1|+|A_2|+|A_3|-|A_1\cap A_2|-|A_1\cap A_3| \\ -|A_2\cap A_3|+|A_1\cap A_2\cap A_3|$$

(3) n 个集合的排斥原理公式：

$$|A_1\cup A_2\cup\cdots\cup A_n| \\ =\sum_{i=1}^{n}|A_i|-\sum_{1\leqslant i<j\leqslant n}|A_i\cap A_j|+ \\ \sum_{1\leqslant i<j<k\leqslant n}|A_i\cap A_j\cap A_k|-\cdots+(-1)^{n-1}|A_1\cap A_2\cap\cdots\cap A_n|$$

排斥原理在实际问题中有很广泛的应用。

由排斥原理，很容易得到如下几个结论。

$$|A_1\cup A_2|\leqslant|A_1|+|A_2|$$
$$|A_1\cap A_2|\leqslant\min(|A_1|,|A_2|)$$
$$|A_1-A_2|\geqslant|A_1|-|A_2|$$

例 1.30　在 20 名青年中，有 10 名是公司职员，12 名是学生，其中 5 名既是职员又是学生，问有几名既不是职员又不是学生？

解：设集合 U 表示全集，即 20 名青年；集合 A 是职员集合；集合 B 是学生集合；根据题意有

$$|U|=20,\quad |A|=10,\quad |B|=12,\quad |A\cap B|=5$$
$$|A\cup B|=|A|+|B|-|A\cap B|=10+12-5=17$$

则
$$|(A\cup B)'|=|U|-|A\cup B|=20-17=3$$

因此，有 3 名既不是职员又不是学生。

例 1.31 某班有学生 60 人,其中 38 人学习 Pascal 语言,有 16 人学习 C 语言,有 21 人学习 FORTRAN 语言,有 3 人这三种语言都学习,有 4 人这三种语言都不学习,问仅学习两门语言的学生数是多少?

解:设集合 A 是学习 Pascal 语言的学生集合;集合 B 是学习 C 语言的学生集合;集合 C 是学习 FORTRAN 语言的学生集合,则根据题意有

$|A|=38,\quad |B|=16,\quad |C|=21,\quad |A\cap B\cap C|=3,\quad |A'\cup B'\cup C'|=4,$

$|A\cup B\cup C|+4=60$,即 $|A\cup B\cup C|=56$

因为 $|A\cup B\cup C|=56$,而

$$|A\cup B\cup C|=|A|+|B|+|C|-|A\cap B|-|A\cap C|-|B\cap C|+|A\cap B\cap C|$$

故学习两门语言的人数为 $|A\cap B|+|A\cap C|+|B\cap C|=38+16+21+3-56=22$

所求仅学习两门语言的学生人数应为

$$\begin{aligned}&|(A\cap B\cap C')\cup(A\cap B'\cap C)\cup(A'\cap B\cap C)|\\&=|A\cap B|+|A\cap C|+|B\cap C|-3|A\cap B\cap C|\\&=22-3\times 3\\&=13\end{aligned}$$

即仅学习两门语言的学生数为 13 人。

例 1.32 某市举行中学生数学、物理、化学三科竞赛,共有 100 人参加竞赛,结果数学优秀者为 41 人,物理优秀者为 46 人,化学优秀者为 39 人,三门课全优秀者为 8 人,仅两门课为优秀者 26 人,问没有得到优秀的人数是多少?

解:设集合 A 表示数学优秀者的集合,集合 B 表示物理优秀者的集合,集合 C 表示化学优秀者的集合。由题意可得

$$|A|=41,\quad |B|=46,\quad |C|=39,\quad |A\cap B\cap C|=8$$

仅两门课为优秀的人数 26 用集合表示为

$$\begin{aligned}&|(A\cap B\cap C')\cup(A\cap B'\cap C)\cup(A'\cap B\cap C)|\\&=|A\cap B|+|A\cap C|+|B\cap C|-3|A\cap B\cap C|\end{aligned}$$

即 $$26=|A\cap B|+|A\cap C|+|B\cap C|-3\times 8$$

得 $$|A\cap B|+|A\cap C|+|B\cap C|=50$$

因此至少一门课为优秀的人数用集合表示为

$$\begin{aligned}|A\cup B\cup C|&=|A|+|B|+|C|-|A\cap B|-|A\cap C|-|B\cap C|+|A\cap B\cap C|\\&=41+46+39-50+8\\&=84\end{aligned}$$

则没有得到优秀的人数为 $|(A\cup B\cup C)'|=100-84=16$。

例 1.33 使用包含排斥原理求不超过 120 的素数个数。

解:因为 $11^2=121$,不超过 120 的合数(除了 1 和它自身还能被其他数整除的数)至少有 2,3,5 或 7 这几个素因子之一,首先考虑不能被 2,3,5,7 整除的整数,设

$$\begin{aligned}&S=\{x\mid x\in \mathbf{Z},1\leqslant x\leqslant 120\}\\&A_1=\{x\mid x\in \mathbf{S},x\text{ 是 2 的倍数}\}\\&A_2=\{x\mid x\in \mathbf{S},x\text{ 是 3 的倍数}\}\\&A_3=\{x\mid x\in \mathbf{S},x\text{ 是 5 的倍数}\}\\&A_4=\{x\mid x\in \mathbf{S},x\text{ 是 7 的倍数}\}\end{aligned}$$

则上述集合的基数分别为

$|S|=120$，　$|A_1|=60$，　$|A_2|=40$，　$|A_3|=24$，　$|A_4|=17$

$|A_1\cap A_2|=20$，　$|A_1\cap A_3|=12$，　$|A_1\cap A_4|=8$，

$|A_2\cap A_3|=8$，　$|A_2\cap A_4|=5$，　$|A_3\cap A_4|=3$

$|A_1\cap A_2\cap A_3|=4$，　$|A_1\cap A_2\cap A_4|=2$，　$|A_1\cap A_3\cap A_4|=1$，

$|A_2\cap A_3\cap A_4|=1$，　$|A_1\cap A_2\cap A_3\cap A_4|=0$

根据包含排斥原理，不能被2,3,5,7整除的整数有

$$\begin{aligned}|A_1'\cap A_2'\cap A_3'\cap A_4'|&=120-(60+40+24+17)+\\&\quad(20+12+8+8+5+3)-(4+2+1+1)+0\\&=27\end{aligned}$$

因为2、3、5、7不满足上述条件，但是它们都是素数。另外，1满足上述条件，但是1不是素数，因此，不超过120的素数有27+4−1=30个。

集合的运算可以解决现实生活中的许多实际问题。

1.4　幂集和编码

1.4.1　幂集

一个集合中的元素可以以集合的形式出现，如果集合中的每个元素都是以集合的形式出现的，这样的集合称为**集合簇**，但是如果集合簇中的每一个元素都是某集合的子集，则有如下定义。

定义 1.14　给定集合 A，由集合 A 的所有子集为元素组成的集合，称为集合 A 的**幂集**，记为 $P(A)$ 或 2^A，即 $P(A)=2^A=\{X\mid X\subseteq A\}$。

例 1.34　设集合 $A=\{a,b,c\}$，则

$$P(A)=\{\varnothing,\{a\},\{b\},\{c\},\{a,b\},\{a,c\},\{b,c\},\{a,b,c\}\}$$

由幂集的定义可以看出，任意一个集合的幂集不可能是空集。

例 1.35　计算下列集合的幂集。

(1) $A=\varnothing$。

(2) $B=P(\varnothing)$。

(3) $C=\{\varnothing,P(\varnothing)\}$。

解：(1) $P(A)=\{\varnothing\}$。

(2) $P(B)=P(P(\varnothing))=\{\varnothing,\{\varnothing\}\}$。

(3) $P(C)=P(\{\varnothing,\{\varnothing\}\})=\{\varnothing,\{\varnothing\},\{\{\varnothing\}\},\{\varnothing,\{\varnothing\}\}\}$。

定理 1.4　如果有限集合 A 中有 n 个元素，则其幂集 $P(A)$ 中有 2^n 个元素。

证明：由 A 的 k 个元素组成的子集的个数为 C_n^k，当 k 从0取到 n 时就构成了集合 A 的所有子集，因此集合 A 的子集的个数为

$$C_n^0+C_n^1+\cdots+C_n^{n-1}+C_n^n=2^n$$

因此 $P(A)$ 的元素个数是 2^n。

定理 1.5　设 A,B 是任意两个集合，则有如下结论成立。

(1) $A\subseteq B$,当且仅当 $P(A)\subseteq P(B)$。

(2) $P(A)\cup P(B)\subseteq P(A\cup B)$。

(3) $P(A\cap B)=P(A)\cap P(B)$。

(4) $P(A')\neq(P(A))'$。

证明:(4) 显然成立,对(1)~(3)给出证明如下。

(1) 必要性:对 $\forall x\in P(A)$

$\Rightarrow x\subseteq A$

$\Rightarrow x\subseteq B$(因为 $A\subseteq B$)

$\Rightarrow x\in P(B)$

因此 $P(A)\subseteq P(B)$。

充分性:对 $\forall x\in A$

$\Rightarrow\{x\}\in P(A)$

$\Rightarrow\{x\}\in P(B)$(因为 $P(A)\subseteq P(B)$)

$\Rightarrow x\in B$

因此 $A\subseteq B$。

(2) 对 $\forall x\in P(A)\cup P(B)$

$\Rightarrow x\in P(A)$或 $x\in P(B)$

$\Rightarrow x\subseteq A$ 或 $x\subseteq B$

$\Rightarrow x\subseteq A\cup B$

$\Rightarrow x\in P(A\cup B)$

因此 $P(A)\cup P(B)\subseteq P(A\cup B)$。

一般 $P(A)\cup P(B)\neq P(A\cup B)$,如设集合 $A=\{1\}$,$B=\{2\}$,有

$$P(A)\cup P(B)=\{\varnothing,\{1\},\{2\}\},\quad P(A\cup B)=\{\varnothing,\{1\},\{2\},\{1,2\}\}。$$

因此 $P(A)\cup P(B)\neq P(A\cup B)$。

(3) 对 $\forall x\in P(A\cap B)$

$\Leftrightarrow x\subseteq A\cap B$

$\Leftrightarrow x\subseteq A$ 且 $x\subseteq B$

$\Leftrightarrow x\in P(A)$且 $x\in P(B)$

$\Leftrightarrow x\in P(A)\cap P(B)$

1.4.2 幂集元素与编码

现在引进一种编码,用来唯一地表示有限集幂集的元素。设集合 A 中有 n 个元素,确定下标为 n 位的二进制数,每一位对应集合 A 中的一个元素。如果元素在某个子集中出现,则相应的二进制位为 1,否则为 0。下面以集合 $A=\{a,b,c\}$为例。

$$P(A)=\{A_i\mid i\in J\},\quad J=\{i\mid i\text{ 是二进制数且 }000\leqslant i\leqslant 111\}$$

我们将 $P(A)$中的各个元素详细描述如下。

$$\varnothing=A_{000},\quad\{a\}=A_{100},\quad\{b\}=A_{010},\quad\{c\}=A_{001},\quad\{a,b\}=A_{110},$$
$$\{a,c\}=A_{101},\quad\{b,c\}=A_{011},\quad\{a,b,c\}=A_{111}$$

有了集合的编码表示法,可以利用它来表示集合的运算。

补集的编码表示：设 $A_{i_1 i_2 \cdots i_n}$ 是集合 A 的子集，$i_1 i_2 \cdots i_n$ 是 $A_{i_1 i_2 \cdots i_n}$ 的二进制编码表示，则 $A_{i_1 i_2 \cdots i_n}$ 补集的二进制编码表示只需将每个 1 换成 0，0 换成 1 即可，如 A_{001} 的补集为 A_{110}。

两个子集的交集的编码是两个子集编码对应位置的布尔乘。布尔乘法规则如下。

$$1\times 1=1,\quad 1\times 0=0,\quad 0\times 1=0,\quad 0\times 0=0$$

则 A_{001} 与 A_{101} 的交集为 A_{001}。

两个子集的并集的编码表示：两个子集的并集的编码是两个子集编码对应位置的布尔加法。布尔加法规则如下。

$$1+1=1,\quad 1+0=1,\quad 0+1=1,\quad 0+0=0$$

则 A_{001} 与 A_{101} 的并集为 A_{101}。

例 1.36 设集合 $S=\{a_1,a_2,\cdots,a_6\}$。求出由 S_{15} 和 S_{22} 所表示的 S 的子集是什么？如何表示子集 $\{a_3,a_5\}$ 和 $\{a_2,a_4,a_6\}$？

解：$S_{15}=S_{001111}=\{a_3,a_4,a_5,a_6\}$

$S_{22}=S_{010110}=\{a_2,a_4,a_5\}$

$\{a_3,a_5\}=S_{001010}=S_{10}$

$\{a_2,a_4,a_6\}=S_{010101}=S_{21}$

1.5 集合恒等式证明

通过对集合恒等式证明的练习，既可以加深对集合性质的理解与掌握；又可以为命题逻辑中公式的基本等价式的应用打下良好的基础。因此，集合恒等式的证明实际上是一种基本功训练。本节主要介绍三种方法来证明集合恒等式，分别是基本定义法、公式法和集合成员表法。

1.5.1 基本定义法

基本定义法就是利用集合以及集合之间的关系的定义，来证明我们所要的结论。

例 1.37 设 A,B 是任意集合，证明 $A-B=A\cap B'$。

证明：对于 $\forall x\in A-B \Leftrightarrow x\in A$ 且 $x\notin B$

$\Leftrightarrow x\in A$ 且 $x\in B'$

$\Leftrightarrow x\in A\cap B'$

所以 $A-B=A\cap B'$。

例 1.38 设 A,B,C 是任意集合，证明 $A-(B\cup C)=(A-B)\cap(A-C)$。

证明：对于 $\forall x\in A-(B\cup C)$

$\Leftrightarrow x\in A$ 且 $x\notin(B\cup C)$

$\Leftrightarrow x\in A$ 且 $(x\notin B$ 且 $x\notin C)$

$\Leftrightarrow(x\in A$ 且 $x\notin B)$ 且 $(x\in A$ 且 $x\notin C)$

$\Leftrightarrow x\in(A-B)$ 且 $x\in(A-C)$

$\Leftrightarrow x\in(A-B)\cap(A-C)$

因此 $A-(B\cup C)=(A-B)\cap(A-C)$。

1.5.2 公式法

公式法就是利用已证明过的集合恒等式去证明新的集合恒等式。在用公式法证明集合恒等式的时候,要充分利用集合的运算定律。同时注意以下几个基本原则。

(1) 将集合运算表达式中其他运算符号转换为$\cup$和$\cap$。

(2) 将补运算作用到单一集合上。

(3) 左边⇒右边;右边⇒左边;左边⇒中间式,右边⇒中间式。

(4) 根据基本运算符号的定义和运算定律转换。

例1.39 设A,B,C是任意三个集合,证明$A\cap(B-C)=(A\cap B)-(A\cap C)$。

证明:$A\cap(B-C)=A\cap(B\cap C')=A\cap B\cap C'$

$$\begin{aligned}(A\cap B)-(A\cap C)&=(A\cap B)\cap(A\cap C)'\\&=(A\cap B)\cap(A'\cup C')\\&=(A\cap B\cap A')\cup(A\cap B\cap C')\\&=\varnothing\cup(A\cap B\cap C')\\&=A\cap B\cap C'\end{aligned}$$

所以$A\cap(B-C)=(A\cap B)-(A\cap C)$。

例1.40 设A,B,C是任意三个集合,证明$A\cup(B\cap C)=(A\cup B)\cap(A\cup C)$。

证明:

$$\begin{aligned}(A\cup B)\cap(A\cup C)&=((A\cup B)\cap A)\cup((A\cup B)\cap C)\\&=(A\cap(A\cup B))\cup(C\cap(A\cup B))\\&=A\cup(C\cap(A\cup B))\\&=A\cup((C\cap A)\cup(C\cap B))\\&=(A\cup(A\cap C))\cup(B\cap C)\\&=A\cup(B\cap C)\end{aligned}$$

所以$A\cup(B\cap C)=(A\cup B)\cap(A\cup C)$。

例1.41 设A,B,C是任意三个集合,证明集合恒等式

$$(A\cap B)\cup(A\cap C)\cup(B\cap C)=(A\cup B)\cap(A\cup C)\cap(B\cup C)$$

证明:

$$\begin{aligned}&(A\cap B)\cup(A\cap C)\cup(B\cap C)\\=&(A\cup A\cup B)\cap(A\cup A\cup C)\cap(A\cup C\cup B)\cap(A\cup C\cup C)\\&\cap(B\cup A\cup B)\cap(B\cup A\cup C)\cap(B\cup C\cup B)\cap(B\cup C\cup C)\\=&(A\cup B)\cap(A\cup C)\cap(A\cup B\cup C)\cap(A\cup C)\\&\cap(A\cup B)\cap(A\cup B\cup C)\cap(B\cup C)\cap(B\cup C)\\=&(A\cup B)\cap(A\cup C)\cap(B\cup C)\end{aligned}$$

1.5.3 集合成员表法

通过构造集合成员表,应用二进制下的逻辑运算,也可以用来证明两个集合是否相等,即比较两个集合成员表,看它们是否相同,就可以判定这两个集合是否相等。

定义1.15 设集合S,则对于集合S的补集S',用0表示$\notin$,1表示$\in$,即若元素$x\in S$,则$x\notin S'$;若$x\in S'$,则$x\notin S$,集合S成员表如表1.1所示。

表 1.1　集合 S 成员表

S	S'	S	S'
1	0	0	1

定义 1.16　任意有限集合 S 在其所有集合的可能赋值下的表称为集合 S 的**成员表**。

那么对于任意集合 A、B，可以给出它们任意组合的集合 A，B 构成的成员表，如表 1.2 所示。

表 1.2　集合 A，B 构成的成员表

A	B	$A\cup B$	$A\cap B$
0	0	0	0
0	1	1	0
1	0	1	0
1	1	1	1

当集合 S 具有 n 个成员时，那么成员间的组合将有 2^n 个，当 n 超过 4 时，集合成员表的构造就比较烦琐，此时，一般就不采用集合成员表的方法来证明集合恒等式。下面给出构造集合成员表的步骤。

(1) 列出集合 S 中所有成员集合 $S_1,S_2,\cdots,S_n$ 所有可能的赋值，不同的赋值共有 2^n 个。

(2) 按照从内到外的顺序写出集合 S 的各个层次。

(3) 对应每个赋值，计算集合 S 的各个层次值，直到最后计算出整个 S 的值。

例 1.42　设 A，B 是任意两个集合，证明 $A-B=A\cap B'$。

证明：用集合成员表的方法来证明，列出集合成员表如表 1.3 所示。

表 1.3　集合成员表

A	B	B'	$A-B$	$A\cap B'$
0	0	1	0	0
0	1	0	0	0
1	0	1	1	1
1	1	0	0	0

从表 1.3 可以看出，集合 $A-B$ 与 $A\cap B'$ 所标记的列完全相同，因此 $A-B=A\cap B'$。

例 1.43　设 A，B，C 是任意三个集合，证明 $A\cap(B-C)=(A\cap B)-(A\cap C)$。

证明：用集合成员表的方法来证明，列出集合成员表如表 1.4 所示。

表 1.4　集合成员表

A	B	C	$B-C$	$A\cap B$	$A\cap C$	$A\cap(B-C)$	$(A\cap B)-(A\cap C)$
0	0	0	0	0	0	0	0
0	0	1	0	0	0	0	0
0	1	0	1	0	0	0	0
0	1	1	0	0	0	0	0
1	0	0	0	0	0	0	0
1	0	1	0	0	1	0	0
1	1	0	1	1	0	1	1
1	1	1	0	1	1	0	0

从表1.4可以看出,集合$A\cap(B-C)$与$(A\cap B)-(A\cap C)$所标记的列完全相同,因此$A\cap(B-C)=(A\cap B)-(A\cap C)$。

例1.44 设A,B,C是任意三个集合,证明$A\cup(B\cap C)=(A\cup B)\cap(A\cup C)$。

证明:用集合成员表的方法来证明,列出集合成员表如表1.5所示。

表1.5 集合成员表

A	B	C	$B\cap C$	$A\cup B$	$A\cup C$	$A\cup(B\cap C)$	$(A\cup B)\cap(A\cup C)$
0	0	0	0	0	0	0	0
0	0	1	0	0	1	0	0
0	1	0	0	1	0	0	0
0	1	1	1	1	1	1	1
1	0	0	0	1	1	1	1
1	0	1	0	1	1	1	1
1	1	0	0	1	1	1	1
1	1	1	1	1	1	1	1

从表1.5可以看出,集合$A\cup(B\cap C)$与$(A\cup B)\cap(A\cup C)$所标记的列完全相同,因此$A\cup(B\cap C)=(A\cup B)\cap(A\cup C)$。

例1.45 设A,B,C是任意三个集合,证明集合恒等式

$$(A\cap B)\cup(A\cap C)\cup(B\cap C)=(A\cup B)\cap(A\cup C)\cap(B\cup C)$$

证明:用集合成员表的方法来证明,因为等式左右两边的集合表达式比较长,在一个表中无法完全显示,因此用等式左边表示集合$(A\cap B)\cup(A\cap C)\cup(B\cap C)$,等式右边表示集合$(A\cup B)\cap(A\cup C)\cap(B\cup C)$,列出集合成员表如表1.6所示。

表1.6 集合成员表

A	B	C	$A\cap B$	$A\cap C$	$B\cap C$	$A\cup B$	$A\cup C$	$B\cup C$	等式左边	等式右边
0	0	0	0	0	0	0	0	0	0	0
0	0	1	0	0	0	0	1	1	0	0
0	1	0	0	0	0	1	0	1	0	0
0	1	1	0	0	1	1	1	1	1	1
1	0	0	0	0	0	1	1	0	0	0
1	0	1	0	1	0	1	1	1	1	1
1	1	0	1	0	0	1	1	1	1	1
1	1	1	1	1	1	1	1	1	1	1

从表1.6可以看出,集合$(A\cap B)\cup(A\cap C)\cup(B\cap C)$与$(A\cup B)\cap(A\cup C)\cap(B\cup C)$所标记的列完全相同,因此$(A\cap B)\cup(A\cap C)\cup(B\cap C)=(A\cup B)\cap(A\cup C)\cap(B\cup C)$。

利用集合成员表可以判断集合的性质与集合间的关系,判断规则如下。

(1) 若集合是全集,则其成员表值必全为1,即所有集合都是它的成员。

(2) 若集合是空集,则其成员表值必全为0,即没有集合是它的成员。

(3) 若集合A和B相等,则它们的成员表对应行的值必相同。

(4) 若集合A是B的子集,则当A的值为1时,B的对应行的值必为1。

习　题

1. 用列举法或描述法表示下列集合。

(1) $\{x \mid x$ 为不大于 19 的素数$\}$

(2) $\{x \mid x$ 为能被 20 整除的自然数$\}$

(3) $\{x \mid x^2-x-2=0, x\in \mathbf{R}\}$

2. 设集合 $A=\{1,2,3,4\}$，集合 $B=\{2,4,5\}$，计算下列各式。

(1) $A\cap B$　　(2) $A\cup B$

(3) $A-B$　　(4) $A\oplus B$

3. 设 $\mathbf{N}$ 为全体自然数，其子集 $A=\{x \mid x$ 为偶数$\}$，$B=\{x \mid x$ 为奇数$\}$，$C=\{x \mid 0\leqslant x\leqslant 20\}$，求下列集合。

(1) $A\cup B$　(2) $A\cap B$　(3) $A\oplus B$　(4) $A\cap C$　(5) $B\cap C$

4. 设集合 $A=\{\varnothing\}$，判断下列各题是否正确。

(1) $\{\varnothing\}\in P(A)$　　(2) $\{\varnothing\}\subseteq P(A)$

(3) $\{\{\varnothing\}\}\in P(A)$　　(4) $\{\{\varnothing\}\}\subseteq P(A)$

5. 举出三个集合 A,B,C，使得 A,B,C 满足下列条件：

(1) $A\in B, B\in C, A\in C$。

(2) $A\in B, B\in C, A\notin C$。

6. 设 A,B,C 是任意三个集合，判断下列命题是否正确，并说明理由。

(1) 若 $A\in B, B\subseteq C$，则 $A\in C$。

(2) 若 $A\in B, B\subseteq C$，则 $A\subseteq C$。

(3) 若 $A\subseteq B, B\in C$，则 $A\in C$。

(4) 若 $A\subseteq B, B\in C$，则 $A\subseteq C$。

7. 举例说明，当 $A\neq B$ 时，仍可能有 $A\cup C=B\cup C$ 或 $A\cap C=B\cap C$ 成立。

8. 计算下列各式。

(1) $\varnothing\cap\{\varnothing\}$

(2) $\{\varnothing\}-\varnothing$

(3) $\{\varnothing,\{\varnothing\}\}-\{\varnothing\}$

(4) $\{\varnothing,\{\varnothing\}\}\cup\{\varnothing\}$

9. 设 $\mathbf{N}$ 是自然数集，A,B,C 是 $\mathbf{N}$ 的子集，且定义如下：

$A=\{i \mid i^2<100\}$，$B=\{i \mid i$ 能整除 $100\}$，$C=\{1,2,3,4,5,6,7,8,9,10\}$

求下列集合：

(1) $A\cap C$　　(2) $A\cup C$　　(3) $A-(B\cap C)$

10. 求在 1～10 000 能同时被 2、3、5、6 整除的数有多少个？

11. 已知 50 名同学参加英语与数学两门课程的竞赛，分别获得优秀的人数为 40 人与 31 人，两项都不是优秀的人数为 4 人，请计算两项都为优秀的人数。

12. 某学院学生选课情况为：200 人选计算机课，158 人选英语课，160 人选数学课，66 人选计算机与英语课，46 人选英语与数学课，72 人选计算机与数学课，20 人三门课全选，

100人三门课都不选。用集合的理论求出下列各问题。

(1) 该学院共有多少名学生?

(2) 仅选两门课的人分别是多少?

(3) 仅选一门课的人分别是多少?

13. 求下列集合的幂集。

(1) $\varnothing$ (2) $\{a\}$ (3) $\{\varnothing, a\}$ (4) $\{\{\varnothing\}, \varnothing\}$ (5) $\{\{\varnothing\}, \varnothing, \{a\}\}$

14. 证明:若 $A \oplus B = A \oplus C$,则 $B = C$。

15. 设 A, B, C 是任意三个集合,证明下列各式。

(1) $(A-B)-C = A-(B \cup C)$

(2) $(A \cup B)-C = (A-C) \cup (B-C)$

(3) $A-(B \cup C) = (A-B) \cap (A-C)$

16. 设 A, B, C 是任意三个集合,证明下列各式。

(1) 若 $A \cup B = A \cup C$, $A' \cup B = A' \cup C$,则 $B = C$。

(2) 若 $A \cup B = A \cup C$, $A \cap B = A \cap C$,则 $B = C$。

第2章　关　系

关系是指事物之间相互作用、相互影响的状态。在现实世界中，任何事物都不是孤立存在的，事物与事物之间都存在某种关系，比如对于人而言就存在着同学关系、朋友关系、父子关系等。这些关系正是各门学科所要研究的主要内容。离散数学从集合出发，主要研究集合之间的关系。系统地研究“关系”这个概念及其数学性质，则是本章的主要任务，本章的侧重点主要研究二元关系。

本章主要包括如下内容。

- 关系的基本概念。
- 关系的表示方法。
- 关系的运算。
- 关系的性质。
- 关系的闭包。
- 等价关系与划分。
- 偏序关系。

2.1　关系的基本概念

为了讨论关系，首先引入有序对和笛卡儿积两个概念。由两个元素 a，b 组成的集合 $\{a,b\}$ 中，a 和 b 是没有次序的。有时需要考虑有次序的两个元素，所以需要由两个元素组成新的事物，并且两个元素是有次序的。

定义 2.1　两个元素 a，b 有次序地放在一起，称为一个**有序对**或**序偶**，记为 (a,b)。在有序对 (a,b) 中，a 称为**第一元素**，b 称为**第二元素**。$(a_1,b_1)=(a_2,b_2)$ 当且仅当 $a_1=a_2$ 且 $b_1=b_2$。

这样当 $a\neq b$ 时，就有 $(a,b)\neq(b,a)$。所以有序对相等的定义刻画了有序对中两个元素的次序。

例 2.1　直角坐标系中的点(1,2)与点(2,1)是两个不同的点。

定义 2.2　任给 $n\geqslant 2$，n 个元素 $a_1,a_2,\cdots,a_n$ 有次序地放在一起，称为一个 **n 元有序组**，记为 $(a_1,a_2,\cdots,a_n)$。为了体现 n 元有序组的次序，规定 $(a_1,a_2,\cdots,a_n)=(b_1,b_2,\cdots,b_n)$ 当且仅当任给 $1\leqslant i\leqslant n$，都有 $a_i=b_i$。

例 2.2　三维坐标系中的点(1,2,3)与点(3,2,1)是两个不同的点。

定义 2.3　设 A，B 是两个集合，集合 $\{(x,y)\mid x\in A$ 且 $y\in B\}$ 称为 A 和 B 的**笛卡儿积**，也称**卡氏积**，记为 $A\times B$。用属于关系来表示就是：$(x,y)\in A\times B$ 当且仅当 $x\in A$ 且

$y \in B$ 与 $(x,y) \notin A \times B$ 当且仅当 $x \notin A$ 或 $y \notin B$。其中,A 称为**第一集合**,B 称为**第二集合**。

例 2.3 设集合 $A=\{1,2,3\}$,集合 $B=\{a,b\}$,求 $A\times B$ 与 $B\times A$。

解:$A\times B=\{(1,a),(1,b),(2,a),(2,b),(3,a),(3,b)\}$

$B\times A=\{(a,1),(a,2),(a,3),(b,1),(b,2),(b,3)\}$

由卡氏积的定义可知,有 $A\times\varnothing=\varnothing\times A=\varnothing$。又由有序对的性质可知,一般地,有 $A\times B\neq B\times A$,如例 2.3 所示。其实卡氏积 $A\times B$ 也是一个集合,只不过集合 $A\times B$ 中的每个元素都是以有序对的形式出现。

定义 2.4 任给 $n\geqslant 2$,$A_1,A_2,\cdots,A_n$ 是 n 个集合,集合 $\{(x_1,x_2,\cdots,x_n)\mid$ 任给 $1\leqslant i\leqslant n$,都有 $x_i\in A_i\}$ 称为 $A_1,A_2,\cdots,A_n$ 的笛卡儿积,记为 $A_1\times A_2\times\cdots\times A_n$。任给 $1\leqslant i\leqslant n$,A_i 称为这个卡氏积的第 i 个集合。

例 2.4 设集合 $A=\{1,2\}$,集合 $B=\{a,b\}$,集合 $C=\{\beta,\delta\}$,计算 $A\times B\times C$,$(A\times B)\times C$,$A\times(B\times C)$。

解:$A\times B\times C$

$=\{(1,a,\beta),(1,b,\beta),(2,a,\beta),(2,b,\beta),(1,a,\delta),(1,b,\delta),(2,a,\delta),(2,b,\delta)\}$

$(A\times B)\times C$

$=\{((1,a),\beta),((1,b),\beta),((2,a),\beta),((2,b),\beta),((1,a),\delta),((1,b),\delta),((2,a),\delta),((2,b),\delta)\}$

$A\times(B\times C)$

$=\{(1,(a,\beta)),(1,(b,\beta)),(2,(a,\beta)),(2,(b,\beta)),(1,(a,\delta)),(1,(b,\delta)),(2,(a,\delta)),(2,(b,\delta))\}$

由例 2.4 可以看出,$(A\times B)\times C\neq A\times(B\times C)$,即对多个任意的非空集合,笛卡儿积不满足结合律。

根据 n 个集合的笛卡儿积的概念,可以知道,若 $|A_1|=n_1$,$|A_2|=n_2$,$\cdots$,$|A_n|=n_n$,则有

$$|A_1\times A_2\times\cdots\times A_n|=n_1n_2\cdots n_n$$

即 $A_1\times A_2\times\cdots\times A_n$ 中有 $n_1n_2\cdots n_n$ 个 n 元有序组。

定理 2.1 如果 $B_1\subseteq A_1$,$B_2\subseteq A_2$,则 $B_1\times B_2\subseteq A_1\times A_2$。

证明:对 $\forall(x,y)\in B_1\times B_2$,有 $x\in B_1$ 且 $y\in B_2$,又因为 $B_1\subseteq A_1$,$B_2\subseteq A_2$,则 $x\in A_1$ 且 $y\in A_2$,所以 $(x,y)\in A_1\times A_2$,即 $B_1\times B_2\subseteq A_1\times A_2$。

定理 2.2 A,B,C 是任意集合,则

(1) $A\times(B\cup C)=(A\times B)\cup(A\times C)$,$(B\cup C)\times A=(B\times A)\cup(C\times A)$。

(2) $A\times(B\cap C)=(A\times B)\cap(A\times C)$,$(B\cap C)\times A=(B\times A)\cap(C\times A)$。

(3) $A\times(B-C)=(A\times B)-(A\times C)$,$(B-C)\times A=(B\times A)-(C\times A)$。

证明:(1) 对 $\forall(x,y)\in A\times(B\cup C)$,有 $x\in A$ 且 $y\in B\cup C$,因此 $x\in A$ 且($y\in B$ 或 $y\in C$),当 $y\in B$ 时,由 $x\in A$ 和 $y\in B$ 得 $(x,y)\in A\times B$,当 $y\in C$ 时,由 $x\in A$ 和 $y\in C$ 得 $(x,y)\in A\times C$,所以 $(x,y)\in(A\times B)\cup(A\times C)$,即 $A\times(B\cup C)\subseteq(A\times B)\cup(A\times C)$。

因为 $A\subseteq A$,$B\subseteq B\cup C$ 和 $C\subseteq B\cup C$,所以由定理 2.1 有 $A\times B\subseteq A\times(B\cup C)$ 和 $A\times C\subseteq A\times(B\cup C)$ 成立,因此 $(A\times B)\cup(A\times C)\subseteq A\times(B\cup C)$。

因此 $A\times(B\cup C)=(A\times B)\cup(A\times C)$成立。

同理可证$(B\cup C)\times A=(B\times A)\cup(C\times A)$。

(2) 对$\forall(x,y)\in(A\times B)\cap(A\times C)$，有$(x,y)\in A\times B$ 且$(x,y)\in A\times C$，所以$(x\in A$ 且 $y\in B)$且$(x\in A$ 且 $y\in C)$。由 $y\in B$ 且 $y\in C$ 得 $y\in B\cap C$，由 $x\in A$ 且 $y\in B\cap C$ 得$(x,y)\in A\times(B\cap C)$。因此$(A\times B)\cap(A\times C)\subseteq A\times(B\cap C)$。

因为 $A\subseteq A$，$B\cap C\subseteq B$ 和 $B\cap C\subseteq C$，所以有 $A\times(B\cap C)\subseteq A\times B$ 和 $A\times(B\cap C)\subseteq A\times C$ 成立，因此 $A\times(B\cap C)\subseteq(A\times B)\cap(A\times C)$。

因此 $A\times(B\cap C)=(A\times B)\cap(A\times C)$。

同理可证$(B\cap C)\times A=(B\times A)\cap(C\times A)$。

(3) 对$\forall(x,y)\in A\times(B-C)$，有 $x\in A$ 且 $y\in B-C$，所以 $x\in A$ 且 $y\in B$ 且 $y\notin C$。由 $x\in A$ 且 $y\in B$ 得$(x,y)\in A\times B$，由 $y\notin C$ 得$(x,y)\notin A\times C$，所以$(x,y)\in(A\times B)-(A\times C)$，因此 $A\times(B-C)\subseteq(A\times B)-(A\times C)$。

对$\forall(x,y)\in(A\times B)-(A\times C)$，有$(x,y)\in A\times B$ 且$(x,y)\notin A\times C$，由$(x,y)\in A\times B$ 得 $x\in A$ 且 $y\in B$，由 $x\in A$ 和$(x,y)\notin A\times C$ 得 $y\notin C$，所以 $x\in A$ 且 $y\in B$ 且 $y\notin C$。由 $y\in B$ 且 $y\notin C$ 得 $y\in B-C$，所以$(x,y)\in A\times(B-C)$，因此$(A\times B)-(A\times C)\subseteq A\times(B-C)$。

因此 $A\times(B-C)=(A\times B)-(A\times C)$。

同理可证$(B-C)\times A=(B\times A)-(C\times A)$。

定理 2.2 说明了笛卡儿积无论是第一集合还是第二集合，对集合的并、交和差均有分配律成立。

在笛卡儿积概念的基础上，接下来讨论关系的概念。

定义 2.5 如果一个集合满足以下条件之一：

(1) 集合非空，且它的元素都是有序对。

(2) 集合是空集。

则称该集合为一个**二元关系**，记作 R。二元关系也可简称为关系。对于二元关系 R，如果$(x,y)\in R$，可记作 xRy；如果$(x,y)\notin R$，则记作 $xR'y$。

例 2.5 判断下列集合是否是二元关系。

(1) $A=\varnothing$。

(2) $B=\{(1,2),(a,b)\}$。

(3) $C=\{a,(a,b)\}$。

(4) $D=\{((1,2),(a,b)),((3,4),(c,d))\}$。

解：(1) 集合 A 是二元关系，也称为空关系。

(2) 集合 B 是二元关系，因为该集合中的元素都是有序对。

(3) 集合 C 不是二元关系，因为该集合中的第一个元素 a 不是有序对。

(4) 集合 D 是二元关系，因为该集合中的元素都是有序对。

设 A,B 为集合，$A\times B$ 的任何子集所定义的二元关系叫作从 **A 到 B 的二元关系**，特别地，当 $A=B$ 时则叫作 **A 上的二元关系**。

二元关系也是本章所要讨论的主要内容，二元关系也是很多后续课程的基础，比如数据结构、数据库、数字逻辑等。

例 2.6 设集合 $A=\{0,1\}$，$B=\{1,2,3\}$，那么 $R_1=\{(0,2)\}$，$R_2=A\times B$，$R_3=\varnothing$，$R_4=\{(0,1)\}$等都是从 A 到 B 的二元关系，而 R_3 和 R_4 同时也是 A 上的二元关系。

定义 2.6 笛卡儿积 $A_1\times A_2\times\cdots\times A_n$ 的任意一个子集 R 称为 $A_1,A_2,\cdots,A_n$ 上的一个 n 元关系。当 $A_1=A_2=\cdots=A_n=A$ 时，称 R 为 A 上的 **n 元关系**。

例 2.7 设集合 $A=\{1,2,3\}$，则有关系 $R_1=\{(1,2),(2,3)\}$是集合 A 上的一个二元关系，$R_2=\{(1,1,1),(1,2,3)\}$是集合 A 上的一个三元关系。

定义 2.7 空集$\varnothing$上定义一个二元关系，简称**空关系**；若一个 n 元关系 R 本身是笛卡儿积 $A_1\times A_2\times\cdots\times A_n$，则称 R 为**全关系**，用符号 U_A 表示，即 $U_A=\{(a_i,a_j)\mid a_i,a_j\in A\}$为 A 上的全关系。

此外，符号 $I_A=\{(x,x)\mid x\in A\}$为 A 上的**恒等关系**。

$R=\varnothing$：空关系。

$U_A=A\times A$：全关系。

例 2.8 设集合 $A=\{1,2,3,4\}$，下面各式定义的 R 都是 A 上的关系，试用列元素法表示 R。

(1) $R_1=\{(x,y)\mid x$ 是 y 的倍数$\}$。

(2) $R_2=\{(x,y)\mid (x-y)^2\in A\}$。

(3) $R_3=\{(x,y)\mid x/y$ 是素数$\}$。

(4) $R_4=\{(x,y)\mid x\neq y\}$。

解：(1) $R_1=\{(4,4),(4,2),(4,1),(3,3),(3,1),(2,2),(2,1),(1,1)\}$。

(2) $R_2=\{(2,1),(3,2),(4,3),(3,1),(4,2),(2,4),(1,3),(3,4),(2,3),(1,2)\}$。

(3) $R_3=\{(2,1),(3,1),(4,2)\}$。

(4) $R_4=\{(1,2),(1,3),(1,4),(2,1),(2,3),(2,4),(3,1),(3,2),(3,4),(4,1),(4,2),(4,3)\}$。

例 2.9 设集合 $A=\{a,b\}$，求出定义在 A 上的所有二元关系。

解：首先计算出 $A\times A=\{(a,a),(a,b),(b,a),(b,b)\}$，则定义在 A 上的二元关系共有 16 个，即 $A\times A$ 的所有子集，分别为

包含 0 个序偶的二元关系有 $C_4^0=1$ 个：$\varnothing$。

包含 1 个序偶的二元关系有 $C_4^1=4$ 个：$\{(a,a)\},\{(a,b)\},\{(b,a)\},\{(b,b)\}$。

包含 2 个序偶的二元关系有 $C_4^2=6$ 个：$\{(a,a),(a,b)\},\{(a,a),(b,a)\},\{(a,a),(b,b)\},\{(a,b),(b,a)\},\{(a,b),(b,b)\},\{(b,a),(b,b)\}$。

包含 3 个序偶的二元关系有 $C_4^3=4$ 个：$\{(a,a),(a,b),(b,a)\},\{(a,a),(a,b),(b,b)\},\{(a,a),(b,a),(b,b)\},\{(a,b),(b,a),(b,b)\}$。

包含 4 个序偶的二元关系有 $C_4^4=1$ 个：$\{(a,a),(a,b),(b,a),(b,b)\}$。

因此，在集合 A 上一共有 16 个二元关系。

二元关系的数目：集合 A 上的二元关系的数目依赖于 A 中的元素数。如果$|A|=n$，那么$|A\times A|=n^2$，$A\times A$ 的子集就有 2^{n^2} 个。每一个子集代表一个 A 上的二元关系，所以 A 上有 2^{n^2} 个不同的二元关系。如例 2.9 中，$|A|=2$，则 A 上有 $2^{2^2}=16$ 个不同的二元关系，若$|A|=3$，则 A 上有 $2^{3^2}=512$ 个不同的二元关系。

n 元关系的数目：如果 $|A_i|=n_i$，则 $|A_1\times A_2\times\cdots\times A_n|=n_1n_2\cdots n_n$，因此 $A_1\times A_2\times\cdots\times A_n$ 上有 $2^{n_1n_2\cdots n_n}$ 个不同的 n 元关系。

定义 2.8 $R\subseteq A\times B$ 中所有的有序对的第一元素构成的集合称为 R 的**定义域**，记为 $\mathrm{dom}\,R$。形式化表示为：$\mathrm{dom}\,R=\{x\,|\,x\in A,\exists y\in B$，使得 $(x,y)\in R\}$。$R\subseteq A\times B$ 中所有有序对的第二元素构成的集合称为 R 的**值域**，记作 $\mathrm{ran}\,R$。形式化表示为 $\mathrm{ran}\,R=\{y\,|\,y\in B,\exists x\in A$，使得 $(x,y)\in R\}$。

定义 2.9 设 R 为二元关系，R 的逆关系，简称 R 的**逆**，记作 R^{-1}，则 R^{-1} 定义为 $R^{-1}=\{(y,x)\,|\,(x,y)\in R\}$。

由定义可以看出，只要将 R 的每一个序偶中的元素次序加以颠倒，即可得到逆关系 R^{-1} 中的所有序偶。

例 2.10 整除关系。

设 $A=\{2,3,4,8\}$，$B=\{3,4,5,6,7\}$，定义从 A 到 B 的二元关系 R：$(a,b)\in R\Leftrightarrow a$ 整除 b，则

$$R=\{(2,4),(2,6),(3,3),(3,6),(4,4)\}$$
$$\mathrm{dom}\,R=\{2,3,4\}$$
$$\mathrm{ran}\,R=\{3,4,6\}$$
$$R^{-1}=\{(4,2),(6,2),(3,3),(6,3),(4,4)\}$$

例 2.11 设集合 $A=\{1,2\}$，集合 $B=\{2,3,4\}$，定义 A 到 B 上的二元关系

$$R=\{(1,2),(1,3),(2,2),(2,4)\}$$

则 $\mathrm{dom}\,R=\{1,2\}$，$\mathrm{ran}\,R=\{2,3,4\}$。

例 2.12 设集合 $A=\{a,b,c\}$，定义 A 上的二元关系 $R=\{(a,a),(a,b),(b,c)\}$，则 $\mathrm{dom}\,R=\{a,b\}$，$\mathrm{ran}\,R=\{a,b,c\}$，$R^{-1}=\{(a,a),(b,a),(c,b)\}$，$\mathrm{dom}\,R^{-1}=\{a,b,c\}$，$\mathrm{ran}\,R^{-1}=\{a,b\}$。

由例 2.12 可以看出，$\mathrm{dom}\,R=\mathrm{ran}\,R^{-1}$，$\mathrm{ran}\,R=\mathrm{dom}\,R^{-1}$。

2.2 关系的表示方法

关系从本质上讲，仍是集合，只是这个集合中的元素都是以有序对的形式出现。既然关系是一个集合，那么集合的表示方法就可以用来表示关系；又因为关系是一个特殊的集合，其中的元素均以有序对的形式出现，因此除了可以用集合的表示方法外，还可以有其他的表示方法，这里主要介绍如下几种常用的表示方法。

1. 用列举法表示二元关系

如果二元关系中的有序对个数是有限的，可以用列举法将其所包含的全部元素一一列举出来。

例 2.13 设集合 $A=\{1,2,3\}$，在集合 A 上定义的一个小于或等于关系

$$L_A=\{(a,b)\mid a,b\in A,a\leqslant b\}$$

用列举法表示 L_A，有 $L_A=\{(1,1),(1,2),(1,3),(2,2),(2,3),(3,3)\}$。

2. 用描述法表示二元关系

用确定的条件表示某些有序对是否属于这个关系，并把这个条件写在大括号内表示关

系的方法。格式:

$$L_R=\{(x,y)\mid x\in R \text{ 且 } y\in R \text{ 且 } x\geqslant y\}$$

例 2.14 设 $A=\{1,2,3,4\}$,下面两式定义的 R_1 和 R_2 都是 A 上的关系,分别列出 R_1 与 R_2 的元素。

(1) $R_1=\{(x,y)\mid x \text{ 是 } y \text{ 的倍数}\}$

(2) $R_2=\{(x,y)\mid (x-y)^2\in A\}$

解:(1) $R_1=\{(4,4),(4,2),(4,1),(3,3),(3,1),(2,2),(2,1),(1,1)\}$

(2) $R_2=\{(2,1),(1,2),(3,1),(1,3),(2,3),(3,2),(4,2),(2,4),(3,4),(4,3)\}$

例 2.15 设 **R** 表示实数集,$R_1=\{(x,y)\mid xy=1\}$,$R_2=\{\{x,y)\mid x^2+y^2\leqslant 4\}$是 $\mathbf{R}\times\mathbf{R}$ 的两个子集,它们所代表的关系如下。

关系 $R_1=\{(x,y)\mid xy=1\}$表示在第一、三象限的点的纵坐标是横坐标的倒数构成的所有有序对的集合。

关系 $R_2=\{(x,y)\mid x^2+y^2\leqslant 4\}$表示圆心在坐标原点,半径为 2 的圆内和圆上的所有点的横坐标与纵坐标构成的所有有序对的集合。

在例 2.14 中,描述法表示的关系也可以用列举法将其元素列举出来。一般地,如果给定的集合是有限集,那么在这个集合上定义的二元关系也可以用列举法来表示。例 2.15 中的两个关系就无法用列举法将元素列出来了。

3. 用关系矩阵表示二元关系

定义 2.10 设 A 和 B 是两个有限集 $A=\{a_1,a_2,\cdots,a_m\}$,$B=\{b_1,b_2,\cdots,b_n\}$,R 是从 A 到 B 的二元关系,称 $m\times n$ 阶矩阵 $\boldsymbol{M}_R=(r_{ij})$ 为 R 的关系矩阵,其中

$$\begin{cases} r_{ij}=1, & \text{当且仅当}(a_i,b_j)\in R \\ r_{ij}=0, & \text{当且仅当}(a_i,b_j)\notin R \end{cases}$$

从关系矩阵的定义可以看出,二元关系 R 的关系矩阵 $\boldsymbol{M}_R$ 的行与集合 A 的元素对应,行数就是集合 A 的元素个数;列与集合 B 的元素对应,列数就是集合 B 的元素个数。

例 2.16 设集合 $A=\{1,2,3\}$,在集合 A 上定义的小于或等于关系,则关系 R 的关系矩阵为

$$\boldsymbol{M}_R=\begin{bmatrix}1&1&1\\0&1&1\\0&0&1\end{bmatrix}$$

用关系矩阵表示关系,可以为计算机处理带来极大的方便,同时也便于计算,例如,逆关系的关系矩阵就是原关系的关系矩阵的转置。

例 2.17 设 $A=\{1,2,3,4\}$,下面两式定义的 R_1 和 R_2 都是 A 上的关系,分别列出 R_1 与 R_2 的元素。

(1) $R_1=\{(x,y)\mid x \text{ 是 } y \text{ 的倍数}\}$

(2) $R_2=\{(x,y)\mid (x-y)^2\in A\}$

则关系 R_1 与 R_2 的关系矩阵分别为

$$\boldsymbol{M}_{R_1}=\begin{bmatrix}1&0&0&0\\1&1&0&0\\1&0&1&0\\1&1&0&1\end{bmatrix},\quad \boldsymbol{M}_{R_2}=\begin{bmatrix}0&1&1&0\\1&0&1&1\\1&1&0&1\\0&1&1&0\end{bmatrix}$$

则关系 R_1^{-1} 与 R_2^{-1} 的关系矩阵分别为

$$\boldsymbol{M}_{R_1^{-1}}=\begin{bmatrix}1&1&1&1\\0&1&0&1\\0&0&1&0\\0&0&0&1\end{bmatrix},\quad \boldsymbol{M}_{R_2^{-1}}=\begin{bmatrix}0&1&1&0\\1&0&1&1\\1&1&0&1\\0&1&1&0\end{bmatrix}$$

空关系的关系矩阵为所有元素都是 0 的矩阵；全关系的关系矩阵的所有元素都为 1 的矩阵；恒等关系的关系矩阵为单位矩阵，即主对角元素全为 1。

关系 R 与其所对应的关系矩阵 $\boldsymbol{M}_R$ 互相唯一决定，可用关系矩阵有效地刻画关系的许多性质。如对于有限集 A 上的任意关系 R 与 S：$R=S\Leftrightarrow \boldsymbol{M}_R=\boldsymbol{M}_S$。

4. 用关系图表示二元关系

设 $A=\{a_1,a_2,\cdots,a_n\}$，R 是 A 上的二元关系。A 中每个元素 a_i 用一个点表示，称该点为顶点 a_i。R 的关系图是一个有向图，A 中每个元素分别用一个顶点表示，当且仅当 $(a_i,a_j)\in R$ 时，则自节点 a_i 至节点 a_j 作一条有向弧，箭头指向 a_j；如果 $(a_i,a_j)\notin R$，则节点 a_i 与 a_j 之间没有弧线连接；若 $(a_i,a_i)\in R$，则在 a_i 处画一条自封闭的弧线，其中 $1\leqslant i,j\leqslant n$。这样表示 R 中关系的图形，称为 R 的关系图，用 G_R 表示。

例 2.18 设集合 $A=\{1,2,3,4\}$，在集合 A 上定义关系 $R=\{(1,1),(1,2),(2,3),(2,4),(4,2)\}$，则 R 的关系图如图 2.1 所示。

例 2.19 设集合 $A=\{1,2,3\}$，集合 $B=\{a,b,c\}$，定义 A 到 B 的关系 $R=\{(1,a),(2,b),(3,c)\}$，则关系 R 的关系图如图 2.2 所示。

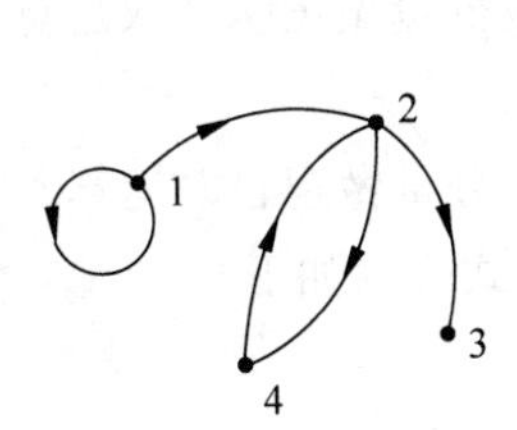

图 2.1 R 的关系图

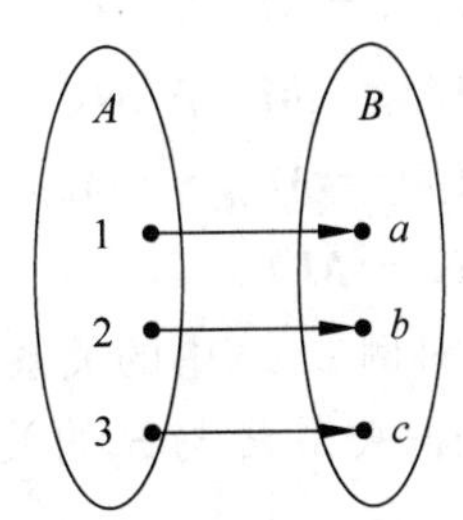

图 2.2 R 的关系图

在同一个集合上定义的关系，集合中的顶点不需要用封闭区域包围起来；但是对于定义在不同集合上的关系，需要将在不同集合中的顶点用封闭区域包围起来，如例 2.19 中的集合 A 和集合 B 中的顶点。

关系 R 的集合表达式、关系矩阵 $\boldsymbol{M}_R$、关系图 G_R，这三种表示方法相互唯一确定。

2.3 关系的运算

关系作为一个集合，也可以进行集合的各种运算，并且运算的结果仍然是集合，同时，这个集合也是一个新的关系。又因为关系是一种特殊的集合，除了可以进行基本运算之外，还可以进行一些其他的运算。本节主要讨论二元关系的并、交、补、对称差、关系的复合运算及关系的幂运算。

定义 2.11 设关系 R 和 S 是从集合 A 到集合 B 的两个二元关系,对于 $a\in A,b\in B$,定义:

$$R\cup S:(a,b)\in R\cup S\Leftrightarrow(a,b)\in R\text{ 或 }(a,b)\in S$$
$$R\cap S:(a,b)\in R\cap S\Leftrightarrow(a,b)\in R\text{ 且 }(a,b)\in S$$
$$R-S:(a,b)\in R-S\Leftrightarrow(a,b)\in R\text{ 且 }(a,b)\notin S$$
$$R':(a,b)\in R'\Leftrightarrow(a,b)\in A\times B-R$$
$$R\oplus S=(R-S)\cup(S-R)$$

例 2.20 设集合 $A=\{a,b,c\}$,集合 $B=\{1,2\}$,R 和 S 是从 A 到 B 的两个二元关系,

$$R=\{(a,1),(b,2),(c,1)\},\quad S=\{(a,1),(b,1),(c,2)\}$$

则

$$R\cup S=\{(a,1),(b,2),(c,1),(b,1),(c,2)\}$$
$$R\cap S=\{(a,1)\}$$
$$R-S=\{(b,2),(c,1)\}$$
$$R'=A\times B-R=\{(a,2),(b,1),(c,2)\}$$
$$\begin{aligned}R\oplus S&=\{(b,2),(c,1)\}\cup\{(b,1),(c,2)\}\\&=\{(b,1),(b,2),(c,1),(c,2)\}\end{aligned}$$

因为关系可以用矩阵的形式表示,因此关系的并、交、补及对称差的运算也可以用矩阵的形式来计算。当用矩阵的形式求关系的并、交、补及对称差的运算时,可以用如下形式表示。

$$\boldsymbol{M}_{R\cup S}=\boldsymbol{M}_R\vee\boldsymbol{M}_S\qquad\text{(矩阵的对应分量做逻辑析取运算)}$$
$$\boldsymbol{M}_{R\cap S}=\boldsymbol{M}_R\wedge\boldsymbol{M}_S\qquad\text{(矩阵的对应分量做逻辑合取运算)}$$
$$\boldsymbol{M}_{R-S}=\boldsymbol{M}_{R\cap S'}=\boldsymbol{M}_R\wedge\boldsymbol{M}_{S'}$$
$$\boldsymbol{M}_{R'}=\boldsymbol{M}'_R\qquad\text{(矩阵的对应分量做逻辑非运算)}$$

例 2.21 对例 2.20 中的关系的运算采用矩阵的形式表示如下。

根据题意有,关系 R 与 S 的关系矩阵分别表示为

$$\boldsymbol{M}_R=\begin{bmatrix}1&0\\0&1\\1&0\end{bmatrix},\quad\boldsymbol{M}_S=\begin{bmatrix}1&0\\1&0\\0&1\end{bmatrix}$$

则

$$\boldsymbol{M}_{R\cup S}=\begin{bmatrix}1&0\\1&1\\1&1\end{bmatrix}=\boldsymbol{M}_R\cup\boldsymbol{M}_S$$

$$\boldsymbol{M}_{R\cap S}=\begin{bmatrix}1&0\\0&0\\0&0\end{bmatrix}=\boldsymbol{M}_R\cap\boldsymbol{M}_S$$

$$\boldsymbol{M}_{R-S}=\begin{bmatrix}0&0\\0&1\\1&0\end{bmatrix}=\boldsymbol{M}_R\cap\boldsymbol{M}_{S'}$$

$$M_{R'}=\begin{bmatrix}0&1\\1&0\\0&1\end{bmatrix}=M_{A\times B-R}=M'_R$$

$$M_{R\oplus S}=\begin{bmatrix}0&0\\1&1\\1&1\end{bmatrix}$$

定理 2.3 设关系 R,S 是集合 A 到集合 B 的二元关系，则有下列性质成立。

(1) $(R^{-1})^{-1}=R$，$(R')'=R$ （双重否定律）

(2) $(R')^{-1}=(R^{-1})'$，$\varnothing^{-1}=\varnothing$ （可换性）

(3) $(R\cup S)^{-1}=R^{-1}\cup S^{-1}$ （分配律）

$(R\cap S)^{-1}=R^{-1}\cap S^{-1}$

$(R-S)^{-1}=R^{-1}-S^{-1}$

(4) $S\subseteq R\Leftrightarrow S^{-1}\subseteq R^{-1}$ （单调性）

$S'\subseteq R'\Leftrightarrow S\supseteq R$

(5) $\mathrm{dom}\ R^{-1}=\mathrm{ran}\ R$，$\mathrm{ran}\ R^{-1}=\mathrm{dom}\ R$

(6) $(A\times B)^{-1}=B\times A$

证明：这里的结论只需从关系的定义出发即可证得，下面给出(1)和(5)的证明。

(1) 任取$(x,y)\in R$，由逆的定义有

$$\begin{aligned}&(x,y)\in(R^{-1})^{-1}\\ \Leftrightarrow&(y,x)\in R^{-1}\\ \Leftrightarrow&(x,y)\in R\end{aligned}$$

所以有$(R^{-1})^{-1}=R$。

(5) 任取 $x\in\mathrm{dom}\ R^{-1}$

$\Leftrightarrow\exists y((x,y)\in R^{-1})$

$\Leftrightarrow\exists y((y,x)\in R)$

$\Leftrightarrow x\in\mathrm{ran}\ R$

所以有 $\mathrm{dom}\ R^{-1}=\mathrm{ran}\ R$。

同理可证 $\mathrm{ran}\ R^{-1}=\mathrm{dom}\ R$。

定义 2.12 设 R 是从集合 A 到集合 B 的二元关系，S 是从集合 B 到集合 C 的二元关系，则 R 与 S 的**复合关系**(**合成关系**)$R\cdot S$ 是从 A 到 C 的关系，并且：

$$R\cdot S=\{(x,z)\mid x\in A\ 且\ z\in C\ 且存在\ y\in B\ 使得(x,y)\in R,(y,z)\in S\}$$

运算“.”称为**复合运算**或**合成运算**。

注意，在复合关系中，R 的值域B 一定是S 的定义域B，否则 R 和S 是不可复合的。复合的结果 $R\cdot S$ 的定义域就是R 的定义域A，值域就是 S 的值域C。如果对任意的 $x\in A$ 和$z\in C$，不存在 $y\in B$，使得$(x,y)\in R$ 和$(y,z)\in S$ 同时成立，则$R\cdot S$ 为空，否则为非空。

例 2.22 设 A 上的二元关系 $R=\{(x,y)\mid x,y\in A,x$ 是 y 的父亲$\}$，$S=\{(x,y)\mid x,y\in A,x$ 是 y 的母亲$\}$

(1) 说明 $R\cdot R$，$R^{-1}\cdot S^{-1}$，$R^{-1}\cdot S$ 的含义。

(2) 表示以下关系：

$\{(x,y)\mid x,y\in A, y$ 是 x 的外祖母$\}$

$\{(x,y)\mid x,y\in A, x$ 是 y 的祖母$\}$

解：(1) $R\cdot R$ 表示关系$\{(x,y)\mid x,y\in A, x$ 是 y 的祖父$\}$；

$R^{-1}\cdot S^{-1}$ 表示关系$\{(x,y)\mid x,y\in A, y$ 是 x 的祖母，$\exists t\in A$，使得$(x,t)\in R^{-1}$ 且$(t,y)\in S^{-1}\}$；

$R^{-1}\cdot S$ 表示空关系$\varnothing$。

(2) $\{(x,y)\mid x,y\in A, y$ 是 x 的外祖母$\}$表示为 $S^{-1}\cdot S^{-1}$。

$\{(x,y)\mid x,y\in A, x$ 是 y 的祖母$\}$表示为 $S\cdot R$。

例 2.23 设 $\mathbf{Z}$ 是整数集合，R,S 是 $\mathbf{Z}$ 到 $\mathbf{Z}$ 的两个关系：

$$R=\{(x,3x)\mid x\in\mathbf{Z}\};\quad S=\{(x,5x)\mid x\in\mathbf{Z}\}。$$

则 $R\cdot S=\{(x,15x)\mid x\in\mathbf{Z}\}$；$S\cdot R=\{(x,15x)\mid x\in\mathbf{Z}\}$；

$R\cdot R=\{(x,9x)\mid x\in\mathbf{Z}\}$；$S\cdot S=\{(x,25x)\mid x\in\mathbf{Z}\}$；

$(R\cdot R)\cdot R=\{(x,27x)\mid x\in\mathbf{Z}\}$；$(R\cdot S)\cdot R=\{(x,45x)\mid x\in\mathbf{Z}\}$。

若关系是定义在有限集上的，则关系的复合运算也可以用关系矩阵进行运算。

例 2.24 设集合 $A=\{1,2,3,4\}$，A 上的关系 $R=\{(1,1),(1,2),(2,3),(4,3)\}$，分别用集合表示法和关系矩阵的方法计算复合关系 R^2。

解：集合表示法：

$$R^2=\{(1,1),(1,2),(1,3)\}$$

关系 R 的关系矩阵为

$$\boldsymbol{M}_R=\begin{bmatrix}1&1&0&0\\0&0&1&0\\0&0&0&0\\0&0&1&0\end{bmatrix}$$

则有

$$\boldsymbol{M}_{R^2}=\boldsymbol{M}_R\cdot\boldsymbol{M}_R=\begin{bmatrix}1&1&0&0\\0&0&1&0\\0&0&0&0\\0&0&1&0\end{bmatrix}\cdot\begin{bmatrix}1&1&0&0\\0&0&1&0\\0&0&0&0\\0&0&1&0\end{bmatrix}$$

$$=\begin{bmatrix}1&1&1&0\\0&0&0&0\\0&0&0&0\\0&0&0&0\end{bmatrix}$$

对于复合关系，有下列结论成立。

定理 2.4 设 R 为定义在集合 A 上的关系，则

$$R\cdot I_A=I_A\cdot R=R$$

证明：任取(x,y)，有

$$\begin{aligned}(x,y)\in R\cdot I_A&\Leftrightarrow\exists t((x,t)\in R \text{ 且 } (t,y)\in I_A)\\&\Rightarrow\exists t((x,t)\in R \text{ 且 } t=y)\\&\Rightarrow(x,y)\in R\end{aligned}$$

$$
\begin{aligned}
有(x,y)\in R &\Rightarrow (x,y)\in R \text{ 且 } x,y\in A\\
&\Rightarrow (x,y)\in R \text{ 且 } (y,y)\in I_A\\
&\Rightarrow (x,y)\in R\cdot I_A
\end{aligned}
$$

所以 $R\cdot I_A=R$。

同理可证 $I_A\cdot R=R$。

定理 2.5 设 $R_1\subseteq A_1\times A_2$，$R_2\subseteq A_2\times A_3$，$R_3\subseteq A_3\times A_4$，则

(1) $(R_1\cdot R_2)\cdot R_3=R_1\cdot(R_2\cdot R_3)$

(2) $(R_1\cdot R_2)^{-1}=R_2^{-1}\cdot R_1^{-1}$

但复合关系不满足交换律，即 $R_1\cdot R_2\neq R_2\cdot R_1$。

证明：(1) 任取(x,y)，

$(x,y)\in(R_1\cdot R_2)\cdot R_3$

$\Leftrightarrow\exists t\in A_3$ 使得$(x,t)\in R_1\cdot R_2$ 且$(t,y)\in R_3$

$\Leftrightarrow\exists t\in A_3(\exists s\in A_2$ 使得$(x,s)\in R_1$ 且$(s,t)\in R_2$ 且$(t,y)\in R_3)$

$\Leftrightarrow\exists t\in A_3,\exists s\in A_2$，使得$(x,s)\in R_1$ 且$(s,t)\in R_2$ 且$(t,y)\in R_3$

$\Leftrightarrow(\exists s\in A_2$ 使得$(x,s)\in R_1)$且$(\exists t\in A_3$ 使得$(s,t)\in R_2$ 且$(t,y)\in R_3)$

$\Leftrightarrow\exists s\in A_2$ 使得$(x,s)\in R_1$ 且$(s,y)\in R_2\cdot R_3$ 且$(t,y)\in R_3$

$\Leftrightarrow(x,y)\in R_1\cdot(R_2\cdot R_3)$

所以$(R_1\cdot R_2)\cdot R_3=R_1\cdot(R_2\cdot R_3)$。

由归纳法，任意 n 个关系的合成也是可结合的。特别地，当 $A_1=A_2=\cdots=A_{n+1}=A$ 且 $R_1=R_2=\cdots=R_n=R$，合成关系 $R\cdot R\cdot\cdots\cdot R=R^n$ 是集合 A 上的一个关系。

(2) 任取$(z,x)\in(R_1\cdot R_2)^{-1}$，则$(x,z)\in R_1\cdot R_2$，由“.”的定义知，至少存在一个 $y\in B$，使得$(x,y)\in R_1$，$(y,z)\in R_2$，即 $(y,x)\in R_1^{-1}$，$(z,y)\in R_2^{-1}$。由$(z,y)\in R_2^{-1}$ 和$(y,x)\in R_1^{-1}$，有$(z,x)\in R_2^{-1}\cdot R_1^{-1}$。所以，$(R_1\cdot R_2)^{-1}\subseteq R_2^{-1}\cdot R_1^{-1}$。

反之，任取$(z,x)\subseteq R_2^{-1}\cdot R_1^{-1}$，由“.”的定义知：至少存在一个 $y\in B$，使得$(z,y)\in R_2^{-1}$ 和$(y,x)\in R_1^{-1}$，所以 $(x,y)\in R_1$，$(y,z)\in R_2$。

由“.”知 $(x,z)\in R_1\cdot R_2$，即有$(z,x)\in(R_1\cdot R_2)^{-1}$。

所以，$R_2^{-1}\cdot R_1^{-1}\subseteq(R_1\cdot R_2)^{-1}$。

由集合的性质知：$(R_1\cdot R_2)^{-1}=R_2^{-1}\cdot R_1^{-1}$。

定义 2.13 设 R 为 A 上的关系，n 为自然数，则 R 的 n **次幂**定义为：

(1) $R^0=\{(x,x)\mid x\in A\}=I_A$

(2) $R^{n+1}=R^n\cdot R$

例 2.25 设 $A=\{a,b,c,d,e,f\}$，$R=\{(a,a),(a,b),(b,c),(c,d),(d,e),(e,f)\}$。求 $R^n(n=1,2,3,4,\cdots)$。

解：$R^1=R$

$R^2=R\cdot R=\{(a,a),(a,b),(a,c),(b,d),(c,e),(d,f)\}$

$R^3=R\cdot R\cdot R=R^2\cdot R=\{(a,a),(a,b),(a,c),(a,d),(b,e),(c,f)\}$

$R^4=R^3\cdot R=\{(a,a),(a,b),(a,c),(a,d),(a,e),(b,f)\}$

$R^5=R^4\cdot R=\{(a,a),(a,b),(a,c),(a,d),(a,e),(a,f)\}$

$$R^6=R^5\cdot R=\{(a,a),(a,b),(a,c),(a,d),(a,e),(a,f)\}=R^5$$
$$R^7=R^6\cdot R=R^5$$
$$\cdots$$
$$R^n=R^5(n>5)$$

值得注意的是,幂集 R^n 的基数 $|R^n|$ 并非随着 n 的增加而增加,而是呈现出非递增的趋势,而且,当 $n\geqslant|A|$ 时,有 $R^n\subseteq\bigcup\limits_{i=1}^{|A|}R^i$。此外,关系的幂运算也可以用关系矩阵的运算实现。

2.4 关系的性质

有了关系的定义,可以定义关系的某些特殊性质,这些性质在以后的讨论中将起到极其重要的作用。本节主要讨论关系的五种性质,即自反性、反自反性、对称性、反对称性、传递性。

2.4.1 关系的五种性质

定义 2.14 设 R 为集合 A 上的二元关系,

(1) 若对任意的 $x\in A$,都有 $(x,x)\in R$,则称关系 R 在集合 A 上是**自反**的或称关系 R 具有**自反性**;否则,称 R 是非自反的。

(2) 若对任意的 $x\in A$,都有 $(x,x)\in R'$,则称关系 R 在集合 A 上是**反自反**的或称关系 R 具有**反自反性**。

例如,A 上的全关系 U_A,恒等关系 I_A 以及小于或等于关系、整除关系、包含关系,都是自反的;但小于关系、真包含关系不是自反的,却是反自反关系。

不难证明,如果 R 是 A 上自反的关系,则有 $I_A\subseteq R\subseteq U_A$;反之,若有 $I_A\subseteq R\subseteq U_A$,则 R 一定是 A 上具有自反性的关系。由此可见,I_A 是 A 上最小的自反关系,而全关系 U_A 是 A 上最大的自反关系。

例 2.26 设 $A=\{1,2,3\}$,$R_1=\{(1,1),(2,2)\}$,$R_2=\{(1,1),(2,2),(3,3),(1,2)\}$,$R_3=\{(1,3)\}$,说明 R_1,R_2,R_3 是否为 A 上自反的关系。

解:只有 R_2 是 A 上自反的关系,因为 $I_A\subseteq R_2$;而 R_1 和 R_3 都不是 A 上的自反关系,因为 $(3,3)\notin R_1$,所以 R_1 不是自反的,而 $(1,1),(2,2),(3,3)$ 都不属于 R_3,因此 R_3 不是自反的。

关系 R 是否为自反关系是相对集合 A 来说的。同一个关系在不同的集合上具有不同的性质。

例 2.27 设 $A=\{a,b,c,d\}$,在集合 A 上定义如下三个二元关系 R,S,T。

$$R=\{(a,a),(a,d),(b,b),(b,d),(c,c),(d,d)\}$$
$$S=\{(a,b),(a,d),(b,c),(b,d),(c,a),(d,c)\}$$
$$T=\{(a,a),(a,b),(a,c),(b,d),(c,a),(c,c),(d,c)\}$$

说明 R,S,T 在 A 上的自反性与反自反性。

解:因为 A 中每个元素 x,都有 $(x,x)\in R$,所以 R 在 A 上具备自反性。

因为 A 中每个元素 x，都有 $(x,x)\notin S$，所以 S 在 A 上具备反自反性。

因为 A 中有元素 b，使 $(b,b)\notin T$，所以 T 在 A 上不具备自反性；因为 A 中有元素 a，使 $(a,a)\in T$，所以 T 在 A 上也不具备反自反性。因此，T 在 A 上既不是自反的也不是反自反的。

任何不是自反的关系未必一定是反自反的关系，反之亦然。即存在既不是自反的也不是反自反的关系。

对于自反关系与反自反关系，有如下结论成立。

定理 2.6 设 R 是定义在集合 A 上的二元关系，R 是自反的当且仅当 $I_A\subseteq R$。

证明：

必要性： 设 R 在 A 上是自反的，则 $I_A\subseteq R$。

根据恒等关系的定义，对任意的 $x\in A$ 有 $(x,x)\in I_A$，又因为 R 在 A 上是自反的，即对于任意的 $x\in A$ 有 $(x,x)\in R$，因此 $I_A\subseteq R$。

充分性： 设 $I_A\subseteq R$，则 R 在 A 上是自反的。

对任意的 $x\in A$ 有 $(x,x)\in I_A$，而 $I_A\subseteq R$，因此对任意的 $x\in A$ 有 $(x,x)\in R$，即 R 在 A 上是自反的。

定理 2.7 设 R 是定义在集合 A 上的二元关系，R 是反自反的当且仅当 $R\cap I_A=\varnothing$。

证明：

必要性： 设 R 在 A 上是反自反的，则 $R\cap I_A=\varnothing$。

假设 $R\cap I_A\neq\varnothing$，因此存在 $(x,y)\in R\cap I_A$，即 $(x,y)\in R$ 且 $(x,y)\in I_A$，也即 $(x,y)\in R$ 且 $x=y$，即 $(x,x)\in R$，与 R 在 A 上是反自反的相矛盾。因此 $R\cap I_A=\varnothing$。

充分性： 设 $R\cap I_A=\varnothing$，则 R 在 A 上是反自反的。

对任意的 $x\in A$ 有 $(x,x)\in I_A$，由于 $R\cap I_A=\varnothing$，因此 $(x,x)\notin R$，即 R 在 A 上是反自反的。

对于有限集合 A 上的关系 R，若 R 具有自反性，则其对应的关系矩阵、关系图具有如下特点。

(1) 关系矩阵的主对角线上的元素均为 1。

(2) 关系图中的每一个顶点上都有一个自环。

对于有限集合 A 上的关系 R，若 R 具有反自反性，则其对应的关系矩阵、关系图具有如下特点。

(1) 关系矩阵的主对角线上的元素均为 0。

(2) 关系图中的每一个顶点上都没有自环。

定义 2.15 设 R 为 A 上的关系：

(1) 若对任意的 $x,y\in A$，当 $(x,y)\in R$ 时，则 $(y,x)\in R$，称 R 为 A 上**对称**关系；否则，称 R 是非对称的。

(2) 若对任意的 $x,y\in A$，当 $(x,y)\in R$，$(y,x)\in R$ 时，有 $x=y$，称 R 为 A 上的**反对称**关系。

例如，定义在集合 A 上的全关系、恒等关系、空关系都是对称的。定义在集合 A 上的恒等关系、空关系、小于关系、真包含关系都是反对称的。

例 2.28 设 $A=\{a,b,c\}$，定义 A 上的二元关系如下。

$$R=\{(a,a),(b,b)\}$$
$$S=\{(a,a),(a,b),(b,a)\}$$
$$T=\{(a,c),(a,b),(b,a)\}$$

试说明 R,S,T 是否是 A 上的对称关系和反对称关系。

解：根据定义可知，

R 是 A 上的对称关系与反对称关系。

S 是 A 上的对称关系。但 S 不是 A 上的反对称关系，因为 (a,b) 与 (b,a) 都是 S 中的元素，且 $a\neq b$，所以 S 不是 A 上的反对称关系。

T 既不是 A 上的对称关系，也不是 A 上的反对称关系。因为 (a,c) 是 T 中的元素，但是 (c,a) 不是 T 中的元素，因此不满足对称性，又因为 (a,b) 与 (b,a) 都是 T 中的元素，但是 $a\neq b$，因此也不满足反对称性。

对于关系的对称与反对称，有如下结论成立。

定理 2.8 设 R 是 A 上的二元关系，R 是对称的当且仅当 $R=R^{-1}$。

证明：

必要性：设 R 是对称的，则 $R=R^{-1}$。

$$(x,y)\in R\Leftrightarrow(y,x)\in R\Leftrightarrow(x,y)\in R^{-1}\Leftrightarrow R=R^{-1}$$

充分性：设 $R=R^{-1}$，则 R 是对称的。

$(x,y)\in R\Leftrightarrow(y,x)\in R^{-1}\Rightarrow(y,x)\in R$，因此 R 是对称的。

定理 2.9 设 R 是 A 上的二元关系，R 是反对称的当且仅当 $R\cap R^{-1}\subseteq I_A$。

证明：

必要性：设 R 是反对称的，则 $R\cap R^{-1}\subseteq I_A$。

$(x,y)\in R\cap R^{-1}\Leftrightarrow(x,y)\in R$ 且 $(x,y)\in R^{-1}\Leftrightarrow(x,y)\in R$ 且 $(y,x)\in R$，因为 R 是反对称的，根据反对称的定义，则 $x=y$，因此 $(x,y)=(y,x)=(x,x)\in I_A$，所以 $R\cap R^{-1}\subseteq I_A$。

充分性：设 $R\cap R^{-1}\subseteq I_A$，则 R 是反对称的。

$(x,y)\in R$ 且 $(y,x)\in R\Rightarrow(x,y)\in R$ 且 $(x,y)\in R^{-1}\Rightarrow(x,y)\in R\cap R^{-1}$ 因为 $R\cap R^{-1}\subseteq I_A$，所以 $(x,y)\in I_A$，即 $x=y$，因此 R 是反对称的。

对于有限集合 A 上的关系 R，若 R 具有对称性，则其对应的关系矩阵、关系图具有如下特点。

(1) 关系矩阵的 $\boldsymbol{M}_A=\boldsymbol{M}_A^{\tau}$。

(2) 关系图中的两个顶点之间，如果有连线，则连线一定是双向的。

对于有限集合 A 上的关系 R，若 R 具有反对称性，则其对应的关系矩阵、关系图具有如下特点。

(1) 关系矩阵的元素，当 $i\neq j$ 时，有 m_{ij} 与 m_{ji} 的乘积为 0，其中，$i,j\leqslant|A|$。

(2) 关系图中的两个顶点之间如果有连线，则一定是单向的。

定义 2.16 设 R 为 A 上的关系，若对任意的 x,y,z 有 $x,y,z\in A$ 且当 $(x,y)\in R$，$(y,z)\in R$ 时，有 $(x,z)\in R$，则称 R 是 A 上的**传递关系**，否则称 R 是**非传递关系**。

例如，定义在集合 A 上的全关系、空关系、小于关系、包含关系均为传递关系。

例 2.29 设 $A=\{1,2,3\}$，$R_1=\{(1,1)\}$，$R_2=\{(1,3),(2,3)\}$，$R_3=\{(1,1),(1,2),(2,3)\}$，说明 R_1,R_2,R_3 是否为集合 A 上的传递关系。

解：根据定义，R_1，R_2 是 A 上传递的关系；但 R_3 不是传递的，因为 $(1,2)\in R_3$，$(2,3)\in R_3$，而 $(1,3)\notin R_3$，由传递关系的定义知 R_3 不是传递的关系。

对于关系的传递性，有如下结论成立。

定理 2.10 设 R 是集合 A 上的二元关系，则 R 具有传递性当且仅当 $R\cdot R\subseteq R$。

证明：

必要性：设 R 具有传递性，则 $R\cdot R\subseteq R$。

设 $(x,y)\in R\cdot R$，$\exists z\in A$，使得 $(x,z)\in R$ 且 $(z,y)\in R$。因为 R 具有传递性，所以 $(x,y)\in R$，即有 $R\cdot R\subseteq R$。

充分性：设 $R\cdot R\subseteq R$，则 R 具有传递性。

$(x,y)\in R$ 且 $(z,y)\in R$。由复合关系的定义可得 $(x,z)\in R\cdot R$，因为 $R\cdot R\subseteq R$，所以 $(x,z)\in R$，即 R 具有传递性。

对于有限集合 A 上的关系 R，若 R 具有传递性，则其对应的关系矩阵、关系图具有如下特点。

(1) 若关系矩阵的元素 $m_{ij}=1$，$m_{ik}=1$，则 $m_{kj}=1$，其中，$i,j,k\leqslant|A|$。

(2) 关系图中，如果从顶点 a 到 b 有连线，b 到 c 有连线，则从 a 到 c 一定有连线。

2.4.2 关系性质的证明

在二元关系中，除了对一个具体的关系判断它具有哪些性质外，更多的是针对一个抽象的关系，利用它的特点来证明它具有某个性质。由于关系性质的定义全部都是按“如果……那么……”来描述的，在证明这类问题时，一般采用按照定义证明的方法。这种证明问题的方法在于：证明时不能仅利用题目所给的已知条件，还要同时结合定义中的“已知”，并且推出的并非整个定义，而是定义中的结论。

另外，由于关系是特殊的集合，当用集合的手段来描述关系的性质时，其证明的方法也是按集合中的定义证明方法来证。

例 2.30 设 R_1，R_2 是定义在集合 A 上的两个关系，并且 R_1，R_2 具有传递性，则 $R_1\cap R_2$ 也具有传递性。

证明：对任意 $x,y\in A$，则若

$(x,y)\in R_1\cap R_2$ 且 $(y,z)\in R_1\cap R_2$

$\Leftrightarrow(x,y)\in R_1$ 且 $(x,y)\in R_2$ 且 $(y,z)\in R_1$ 且 $(y,z)\in R_2$

$\Leftrightarrow((x,y)\in R_1$ 且 $(y,z)\in R_1)$ 且 $((x,y)\in R_2$ 且 $(y,z)\in R_2)$

又因为 R_1，R_2 具有传递性，因此

$\Leftrightarrow((x,y)\in R_1$ 且 $(y,z)\in R_1)$ 且 $((x,y)\in R_2$ 且 $(y,z)\in R_2)$

$\Leftrightarrow(x,z)\in R_1$ 且 $(x,z)\in R_2$

$\Leftrightarrow(x,z)\in R_1\cap R_2$

根据定义，$R_1\cap R_2$ 具有传递性。

例 2.31 设 R、S 是集合 A 上的对称关系，证明：$R\cdot S$ 对称的充要条件是 $R\cdot S=S\cdot R$。

证明：因为 R、S 是集合 A 上的对称关系，则有 $R=R^{-1}$，$S=S^{-1}$。

充分性：由 $R\cdot S=S\cdot R$，有 $R\cdot S=((S\cdot R)^{-1})^{-1}=(R^{-1}\cdot S^{-1})^{-1}=(R\cdot S)^{-1}$。

因此,$R \cdot S$ 对称。

必要性:因为 $R \cdot S$ 对称,所以 $R \cdot S=(R \cdot S)^{-1}=S^{-1} \cdot R^{-1}=S \cdot R$。

原结论成立。

关系的性质不仅反映在它的集合表达式上,也明显地反映在它的关系矩阵及关系图上.通过这三种表达方式(都是充要条件)可以判断关系的性质。

关系的性质结合关系的运算,将关系经过运算后得到的新关系的性质表示在表2.1中。

表2.1 两个关系运算后的性质

运算＼性质	自反性	反自反性	对称性	反对称性	传递性
$R \cup S$	√	√	√	×	×
$R \cap S$	√	√	√	√	√
$R-S$	×	√	√	√	×
R^{-1}	√	√	√	√	√
$R \cdot S$	√	×	×	×	×

2.5 关系的闭包

对于在非空集合 A 上定义的关系 R 不一定具备某种性质或某几种性质,而这些性质在研究某些具体的问题时又非常重要,这时就需要构造一个基于此关系的新关系,使其具备我们所需要的性质,即在关系 R 中添加一些适量的有序对以改变原有关系的性质,得到新的关系,使得新关系具有所需要的性质。但又不希望新关系与 R 相差太多,也就是说,要尽可能少地来添加有序对,满足这些要求的新关系就称为 R 的闭包。本节主要研究关系的自反、对称和传递闭包。

定义2.17 设 R 是非空集合 A 上的关系,R 的**自反(对称或传递)闭包**是 A 上的关系 R^C,使得 R^C 满足以下条件。

(1) R^C 是**自反**的(**对称**的或**传递**的)。

(2) $R \subseteq R^C$。

(3) 对 A 上任何包含 R 的自反(对称或传递)关系 R^P 有 $R^C \subseteq R^P$。

一般将 R 的自反闭包记作 $r(R)$,对称闭包记作 $s(R)$,传递闭包记作 $t(R)$。

有了关系闭包的概念,那么又该如何构造一个关系的闭包呢,下面的定理给出了构造关系闭包的方法。

定理2.11 设 R 为定义在非空集合 A 上的二元关系,则有:

(1) $r(R)=R \cup I_A$

(2) $s(R)=R \cup R^{-1}$

(3) $t(R)=R \cup R^2 \cup R^3 \cup \cdots$

证明:(1) 令 $R'=R \cup I_A$,则有:

① $I_A \subseteq R \cup I_A$,而 $R \cup I_A=R'$,因此 R' 是自反的。

② $R \subseteq R \cup I_A$,而 $R \cup I_A=R'$,因此 $R \subseteq R'$。

③ 假设R''是A上的任意自反关系并且$R \subseteq R''$，因为R''是自反的，所以$I_A \subseteq R''$，因此有$R' = R \cup I_A \subseteq R''$。

由自反闭包的定义，$R' = R \cup I_A$是R的自反闭包，即$r(R) = R' = R \cup I_A$。

(2) 令$R' = R \cup R^{-1}$，则有：

① $(R')^{-1} = (R \cup R^{-1})^{-1} = R^{-1} \cup (R^{-1})^{-1} = R^{-1} \cup R = R \cup R^{-1} = R'$，因此$R'$是对称的。

② $R \subseteq R \cup R^{-1}$，而$R' = R \cup R^{-1}$，因此$R \subseteq R'$。

③ 设R''是A上的任意对称关系并且$R \subseteq R'$，又$(x,y) \in R^{-1} \Rightarrow (y,x) \in R \Rightarrow (y,x) \in R''$，从而有$R' = R \cup R^{-1} \subseteq R''$。

因此R'是R的对称闭包，即$s(R) = R \cup R^{-1}$。

(3) 分两部分来证明所要的结论。先证$R \cup R^2 \cup R^3 \cup \cdots \subseteq t(R)$。

用数学归纳法来证，对任意自然数i，有$R^i \subseteq t(R)$。

① 当$i=1$时，由传递闭包的定义，$R^1 = R \subseteq t(R)$。

② 假设当$i=n$时，$R^n \subseteq t(R)$，下证$R^{n+1} \subseteq t(R)$。

对任意的$(x,y) \in R^{n+1}$，存在$c \in A$，使得$(x,c) \in R^n$且$(c,y) \in R$，即存在$c \in A$，使得$(x,c) \in t(R)$且$(c,y) \in t(R)$，则$(x,y) \in t(R)$。

即$R^{n+1} \subseteq t(R)$，因此，$R \cup R^2 \cup R^3 \cup \cdots \subseteq t(R)$。

再证$t(R) \subseteq R \cup R^2 \cup R^3 \cup \cdots$

显然，有$R \subseteq R \cup R^2 \cup R^3 \cup \cdots$成立，下证$R \cup R^2 \cup R^3 \cup \cdots$是传递的。

$(x,y) \in R \cup R^2 \cup R^3 \cup \cdots \subseteq t(R)$且$(y,z) \in R \cup R^2 \cup R^3 \cup \cdots$

$\Rightarrow \exists t \in A$，使得$(x,y) \in R^t$且$\exists s \in A$，使得$(y,z) \in R^s$

$\Rightarrow (x,z) \in R^t \cdot R^s = R^{t+s} \subseteq R \cup R^2 \cup R^3 \cup \cdots$

$\Rightarrow (x,z) \in R \cup R^2 \cup R^3 \cup \cdots$

由传递关系的定义，$R \cup R^2 \cup R^3 \cup \cdots$是传递的。

综上所述，$R \cup R^2 \cup R^3 \cup \cdots$是包含$R$的传递关系。而$R$的传递闭包是包含$R$的最小传递关系，因此$t(R) \subseteq R \cup R^2 \cup R^3 \cup \cdots$

即有$t(R) = R \cup R^2 \cup R^3 \cup \cdots$成立。

推论　设R是有限集合A上的关系，$|A| = n$，此时$t(R) = R \cup R^2 \cup R^3 \cup \cdots \cup R^n$。

例 2.32　设集合$A = \{a,b,c\}$，R是A上的二元关系，且$R = \{(a,b),(b,c),(c,a)\}$，求出关系$R$的自反、对称和传递闭包。

解：$r(R) = R \cup I_A = \{(a,a),(b,b),(c,c),(a,b),(b,c),(c,a)\}$

$s(R) = R \cup R^{-1} = \{(a,b),(b,c),(c,a),(b,a),(c,b),(a,c)\}$

$R^2 = \{(a,c),(b,a),(c,b)\}$

$R^3 = \{(a,a),(b,b),(c,c)\}$

$R^4 = \{(a,b),(b,c),(c,a)\}$

因此，有$R = R^4$

$R^2 = R^5$

$R^3 = R^6$

…

$$
\begin{aligned}
t(R) &= R\cup R^2\cup R^3\cup\cdots \\
&= R\cup R^2\cup R^3 \\
&= \{(a,a),(b,b),(c,c),(a,b),(b,c),(c,a),(a,c),(b,a),(c,b)\}
\end{aligned}
$$

例 2.33 设集合 $A=\{a,b,c\}$，R 是 A 上的二元关系，且 $R=\{(a,b),(b,c),(c,a)\}$，用关系矩阵求关系 R 的自反、对称和传递闭包。

解：关系 R 的关系矩阵为

$$
\boldsymbol{M}_R=\begin{bmatrix}0&1&0\\0&0&1\\1&0&0\end{bmatrix}
$$

$$
\boldsymbol{M}_R^2=\boldsymbol{M}_R\circ\boldsymbol{M}_R=\begin{bmatrix}0&1&0\\0&0&1\\1&0&0\end{bmatrix}\circ\begin{bmatrix}0&1&0\\0&0&1\\1&0&0\end{bmatrix}=\begin{bmatrix}0&0&1\\1&0&0\\0&1&0\end{bmatrix}
$$

$$
\boldsymbol{M}_R^3=\boldsymbol{M}_R^2\circ\boldsymbol{M}_R=\begin{bmatrix}0&0&1\\1&0&0\\0&1&0\end{bmatrix}\circ\begin{bmatrix}0&1&0\\0&0&1\\1&0&0\end{bmatrix}=\begin{bmatrix}1&0&0\\0&1&0\\0&0&1\end{bmatrix}
$$

因此，自反闭包的关系矩阵为

$$
\boldsymbol{M}_{r(R)}=\boldsymbol{M}_{(R\cup I_A)}=\boldsymbol{M}_R\vee\boldsymbol{M}_{I_A}=\begin{bmatrix}1&1&0\\0&1&1\\1&0&1\end{bmatrix}
$$

对称闭包的关系矩阵为

$$
\boldsymbol{M}_{s(R)}=\boldsymbol{M}_{(R\cup R^{-1})}=\boldsymbol{M}_R\vee\boldsymbol{M}_{R^{-1}}=\begin{bmatrix}0&1&0\\0&0&1\\1&0&0\end{bmatrix}\vee\begin{bmatrix}0&0&1\\1&0&0\\0&1&0\end{bmatrix}=\begin{bmatrix}0&1&1\\1&0&1\\1&1&0\end{bmatrix}
$$

传递闭包的关系矩阵为

$$
\boldsymbol{M}_{t(R)}=\boldsymbol{M}_R\vee\boldsymbol{M}_R^2\vee\boldsymbol{M}_R^3=\begin{bmatrix}1&1&1\\1&1&1\\1&1&1\end{bmatrix}
$$

定理 2.12 设 R 是非空集合 A 上的关系，

(1) 若 R 是自反的，则 $s(R)$ 与 $t(R)$ 也是自反的。

(2) 若 R 是对称的，则 $r(R)$ 与 $t(R)$ 也是对称的。

(3) 若 R 是传递的，则 $r(R)$ 是传递的，而 $s(R)$ 不一定传递。

证明：(1) 若 R 是自反的，则有 $I_A\subseteq R$。又因为 $R\subseteq s(R)$，且 $R\subseteq t(R)$，所以 $I_A\subseteq s(R)$ 且 $I_A\subseteq t(R)$，因此 $s(R)$ 与 $t(R)$ 是自反的。

(2) 因为 R 对称，有 $R=R^{-1}$。由于 $r(R)=R\cup I_A$，而

$$
(r(R))^{-1}=(R\cup I_A)^{-1}=R^{-1}\cup I_A^{-1}=R\cup I_A=r(R)
$$

因此 $r(R)$ 对称。

因为 R 对称，因此 $(R^i)^{-1}=(R^{-1})^i=R^i$。由于 $t(R)=R\cup R^2\cup R^3\cup\cdots$，于是

$$
\begin{aligned}
(t(R))^{-1} &= (R\cup R^2\cup R^3\cup\cdots)^{-1} \\
&= R^{-1}\cup(R^2)^{-1}\cup(R^3)^{-1}\cup\cdots
\end{aligned}
$$

$$=R \cup R^2 \cup R^3 \cup \cdots$$
$$=t(R)$$

所以 $t(R)$也对称。

(3) 因为 R 传递,所以 $R \cdot R \subseteq R$,而 $r(R)=R \cup I_A$,则有

$$\begin{aligned}r(R) \cdot r(R) &= (R \cup I_A) \cdot (R \cup I_A)\\ &= R \cdot (R \cup I_A) \cup I_A \cdot (R \cup I_A)\\ &= R \cdot R \cup R \cdot I_A \cup I_A \cdot (R \cup I_A)\\ &= R \cdot R \cup R \cup (R \cup I_A)\\ &\subseteq R \cup R \cup (R \cup I_A)\\ &= R \cup I_A\\ &= r(R)\end{aligned}$$

即 $r(R)$具有传递性。

下面举一反例说明 $s(R)$不具备传递性。

例 2.34 假设集合 $A=\{1,2,3\}$,$R=\{(1,2)\}$是定义在集合 A 上的且具有传递性,而 $s(R)=\{(1,1),(1,2),(2,1)\}$却不具备传递性。

定理 2.13 设 R_1 和 R_2 是定义在集合 A 上的两个二元关系,且 $R_1 \subseteq R_2$,则

$$r(R_1) \subseteq r(R_2)$$
$$s(R_1) \subseteq s(R_2)$$
$$t(R_1) \subseteq t(R_2)$$

证明:(1) 因为 $R_1 \subseteq R_2$,因此 $R_1 \cup I_A \subseteq R_2 \cup I_A$,所以 $r(R_1) \subseteq r(R_2)$。

用反证法,假设$(x,y) \in r(R_1)$,但$(x,y) \notin r(R_2)$,则 $r(R_1)-\{(x,y)\}$也是自反的,即 $x \neq y$;如果$(x,y) \in R_1$,则$(x,y) \in R_2$,那么$(x,y) \in r(R_2)$,导致矛盾,因此$(x,y) \notin R_1$,所以 $R_1 \subseteq r(R_1)-\{(x,y)\}$,那么 $r(R_1)$不是 R_1 的自反闭包,矛盾。因此$(x,y) \in r(R_2)$。所以 $r(R_1) \subseteq r(R_2)$。

(2) 因为 $R_1 \subseteq R_2$,$R_2 \subseteq s(R_2)$,因此 $R_1 \subseteq s(R_2)$。由于 $s(R_1)$是包含 R_1 的最小对称关系,所以 $s(R_1) \subseteq s(R_2)$。

(3) 因为 $R_1 \subseteq R_2$,$R_2 \subseteq t(R_2)$,因此 $R_1 \subseteq t(R_2)$。由于 $t(R_1)$是包含 R_1 的最小传递关系,所以 $t(R_1) \subseteq t(R_2)$。

定理 2.14 设 R_1 和 R_2 是定义在集合 A 上的两个二元关系,则以下各式成立。

(1) $r(R_1 \cup R_2)=r(R_1) \cup r(R_2)$

(2) $s(R_1 \cup R_2)=s(R_1) \cup s(R_2)$

(3) $t(R_1) \cup t(R_2) \subseteq t(R_1 \cup R_2)$

证明:(1)
$$\begin{aligned}r(R_1 \cup R_2) &= I_A \cup (R_1 \cup R_2)\\ &= (I_A \cup R_1) \cup (I_A \cup R_2)\\ &= r(R_1) \cup r(R_2)\end{aligned}$$

(2)
$$\begin{aligned}s(R_1 \cup R_2) &= (R_1 \cup R_2) \cup (R_1 \cup R_2)^{-1}\\ &= (R_1 \cup R_2) \cup (R_1^{-1} \cup R_2^{-1})\\ &= (R_1 \cup R_1^{-1}) \cup (R_2 \cup R_2^{-1})\\ &= s(R_1) \cup s(R_2)\end{aligned}$$

(3) 因为 $R_1 \subseteq R_1 \cup R_2$，$R_2 \subseteq R_1 \cup R_2$；所以 $t(R_1) \subseteq t(R_1 \cup R_2)$，$t(R_2) \subseteq t(R_1 \cup R_2)$；所以 $t(R_1) \cup t(R_2) \subseteq t(R_1 \cup R_2)$。

一般地，$t(R_1) \cup t(R_2) \neq t(R_1 \cup R_2)$，举例如下。

例 2.35 设集合 $A=\{1,2,3\}$，$R_1=\{(1,2),(2,3)\}$，$R_2=\{(3,2)\}$，有

$$t(R_1)=\{(1,2),(1,3),(2,3)\},t(R_2)=\{(3,2)\}$$

而

$$t(R_1 \cup R_2)=\{(1,2),(1,3),(2,2),(2,3),(3,2),(3,3)\}$$
$$t(R_1) \cup t(R_2)=\{(1,2),(1,3),(2,3),(3,2)\}$$

由此可见，$t(R_1) \cup t(R_2) \neq t(R_1 \cup R_2)$。

对于关系的闭包具备哪些性质，可以用表 2.2 做一个总结。

表 2.2 关系闭包的性质

运算 \ 性质	自反性	反自反性	对称性	反对称性	传递性
$r(R)$	√	×	√	√	√
$s(R)$	√	√	√	×	×
$t(R)$	√	×	√	×	√

定理 2.15 设 R 是集合 A 上的关系，则

(1) $rs(R)=sr(R)$。

(2) $rt(R)=tr(R)$。

(3) $st(R) \subseteq ts(R)$。

证明：(1)
$$\begin{aligned} sr(R) &= s(R \cup I_A) \\ &= (R \cup I_A) \cup (R \cup I_A)^{-1} \\ &= (R \cup I_A) \cup (R^{-1} \cup I_A) \\ &= R \cup R^{-1} \cup I_A \\ &= s(R) \cup I_A \\ &= rs(R) \end{aligned}$$

(2)
$$\begin{aligned} tr(R) &= t(R \cup I_A) \\ &= \bigcup_{i=1}^{\infty} (R \cup I_A)^i = \bigcup_{i=1}^{\infty} \left(\bigcup_{j=1}^{i} R^j \cup I_A\right) \\ &= \left(\bigcup_{i=1}^{\infty} \bigcup_{j=1}^{i} R^j\right) \cup \left(\bigcup_{i=1}^{\infty} I_A\right) \\ &= \bigcup_{i=1}^{\infty} R^i \cup I_A \\ &= t(R) \cup I_A \\ &= rt(R) \end{aligned}$$

(3) 若 $R \subseteq S$，则显然有 $s(R) \subseteq s(S)$，$t(R) \subseteq t(S)$。根据对称闭包的定义，$R \subseteq s(R)$，于是

$$t(R) \subseteq ts(R)$$
$$st(R) \subseteq sts(R)$$

若 $s(R)$ 对称，则 $ts(R)$ 也对称。

所以，由(1)可得，$sts(R)=ts(R)$。

即 $st(R)\subseteq ts(R)$。

传递闭包和自反传递闭包，常用于形式语言与程序设计中。

例 2.36 设 $A=\{1,2\}$，$R=\{(1,2)\}$，求 $st(R)$与 $ts(R)$。

解：$st(R)=s(t(R))=s(\{(1,2)\})=\{(1,2),(2,1)\}$

$ts(R)=t(s(R))=t\{(1,2),(2,1)\}=\{(1,2),(2,1),(1,1),(2,2)\}$

2.6 等价关系与划分

在日常生活或者数学等学科中，常常需要对某个集合上的元素按照某种方式进行分类，这种分类也称为对集合的划分。这是一个非常重要的而且应用十分广泛的概念，集合的划分与一种重要的关系——等价关系密切相关。利用等价关系，可以将集合中的元素分类，将一个大的集合分成若干个子集，并且同一个子集中的元素是相互等价的，这些子集也称为大的集合所包含的等价类。其主要意义在于它证实了应用抽象的一般原理的正确性，即在某方面等价的个体可以产生等价类，对全体的等价类进行分析常常比对全体本身进行分析更简单。

2.6.1 等价关系

定义 2.18 设 R 为非空集合 A 上的关系。如果 R 是自反的、对称的和传递的，则称 R 为 A 上的**等价关系**。设 R 是一个等价关系，若$(x,y)\in R$，称 x **等价于** y，记作 $x\sim y$。

例 2.37 (1) 集合 A 上的恒等关系，全域关系是等价关系。

(2) 三角形的全等关系、三角形的相似关系是等价关系。

(3) 在一个班级里“年龄相等”的关系是等价关系。

例 2.38 设关系 R 是定义在有理数集 $\mathbf{Q}$ 上的关系，并且$(x,y)\in R$，当且仅当 $x-y$ 是整数，试证 R 是等价关系。

证明：自反性。对任意一个有理数 $x\in\mathbf{Q}$，有 $x-x=0$ 是整数，即对所有的有理数有$(x,x)\in R$，因此 R 满足自反性。

对称性。假设 $x,y\in\mathbf{Q}$，并且$(x,y)\in R$，即 $x-y$ 是整数，则 $y-x=-(x-y)$也是整数，即$(y,x)\in R$，因此 R 满足对称性。

传递性。假设 $x,y,z\in\mathbf{Q}$，并且$(x,y)\in R$，$(y,z)\in R$，即 $x-y$ 与 $y-z$ 都是整数，则 $x-z=x-y+y-z=(x-y)+(y-z)$也是整数，即$(x,z)\in R$，因此 R 满足传递性。

所以 R 是等价关系。

例 2.39 设集合 $A=\{a,b,c,d\}$，在集合 A 上定义的关系 R 为

$$R=\{(a,a),(a,d),(b,b),(b,c),(c,b),(c,c),(d,a),(d,d)\}$$

试证 R 是 A 上的等价关系。

证明：写出关系 R 关系矩阵如下。

$$\boldsymbol{M}_R=\begin{bmatrix}1&0&0&1\\0&1&1&0\\0&1&1&0\\1&0&0&1\end{bmatrix}$$

由关系矩阵可以看出,该矩阵的主对角线的元素都是1,即关系 R 满足自反性。

该关系矩阵是对称的,即 R 满足对称性。

求出 R^2 的关系矩阵为

$$\boldsymbol{M}_R^2=\begin{bmatrix}1&0&0&1\\0&1&1&0\\0&1&1&0\\1&0&0&1\end{bmatrix}$$

即 R^2 的关系矩阵与 R 的关系矩阵相同,并且有 $R^3,\cdots,R^n$ 都与 R 的关系矩阵相同,因此有 $t(R)=R\cup R^2\cup R^3\cup\cdots\cup R^n$ 的关系矩阵也与 R 的关系矩阵相同,所以 R 是传递的。

由此可知,R 是 A 上的等价关系。

例 2.40 设 $A=\{1,2,\cdots,8\}$,如下定义 A 上的关系 $R=\{(x,y)\mid x,y\in A$ 且 $x\equiv y \bmod 3\}$,其中,$x\equiv y \bmod 3$ 叫作 x 与 y 模 3 相等,即 x 除以 3 的余数与 y 除以 3 的余数相等。试证 R 为 A 上的等价关系。

证明:$R=\{(1,4),(4,1),(1,7),(7,1),(2,5),(5,2),(2,8),(8,2),(3,6),(6,3)\}\cup I_A$

因为 $I_A\subseteq R$,因此 R 满足自反性。

对 $x,y\in A$,若 $(x,y)\in R$,即 $x\equiv y \bmod 3$,则有 $y\equiv x \bmod 3$,即 $(y,x)\in R$,因此 R 满足对称性。

对 $x,y,z\in A$,若 $(x,y)\in R,(y,z)\in R$,即 $x\equiv y \bmod 3,y\equiv z \bmod 3$,则有 $x\equiv z \bmod 3$,即 $(x,z)\in R$,因此 R 满足传递性。

综上所述,R 是等价关系。

可以将模 3 的同余关系推广到对整数集,即在整数集 $\mathbf{Z}$ 上模 m 的同余关系是等价关系。该结论的证明留给读者证。

定理 2.16 设 R 是定义在非空集合 A 上的自反关系,则 R 为等价关系的充要条件是 $R\cdot R^{-1}=R$。

证明:

必要性:R 为等价关系 $\Rightarrow R\cdot R^{-1}=R$

令 x,y 是集合 A 中的任意元素,且 $(x,y)\in R$,则

$(x,y)\in R\Rightarrow(x,y)\in R$ 且 $(y,x)\in R$

$\Rightarrow(x,y)\in R$ 且 $(y,x)\in R^{-1}$

$\Rightarrow\exists z$ 使得 $(x,y)\in R$ 且 $(z,y)\in R^{-1}$

$\Rightarrow(x,y)\in R\cdot R^{-1}$

于是,$R\subseteq R\cdot R^{-1}$。

另一方面,$(x,y)\in R\cdot R^{-1}\Leftrightarrow\exists z$ 使得 $(x,z)\in R$ 且 $(z,y)\in R^{-1}$

$\Rightarrow(x,z)\in R$ 且 $(y,z)\in R$

$\Rightarrow(x,z)\in R$ 且 $(z,y)\in R$

$\Rightarrow(x,y)\in R$

因此,$R\cdot R^{-1}\subseteq R$。

综上可知,必要性得证。

自反性:已知 R 是自反的。

充分性：由假设 $R \cdot R^{-1} = R$ 可知，

$$R^{-1} = (R \cdot R^{-1})^{-1} = (R^{-1})^{-1} \cdot R^{-1} = R \cdot R^{-1} = R$$

即 R 满足对称性。

传递性：$R^2 = R \cdot R = R \cdot R^{-1} = R$

即 R 满足传递性。

由此可推知，R 为同时满足自反性、对称性和传递性，因此 R 为等价关系，充分性得证。

原命题成立。

值得注意的是：当 R 是非空集合 A 上的一个等价关系时，并不是 A 中任何两个元素都有关系 R，而是有些元素在一个等价关系组，有些元素构成另一个等价关系组，即 A 中的元素按等价关系 R 分成了若干个类，每一个类就是 A 的一个非空子集，称为等价类。

定义 2.19 设 R 为集合 A 上的等价关系，对集合 A 中的任意元素 a，称 A 中与 a 等价的全体元素所组成的集合为由 a 生成的**等价类**，记作 $[a]_R$，即 $[a]_R = \{b \mid b \in A$ 且 $(a,b) \in R\}$，a 称为这一等价类的**代表元**或**生成元**。

例 2.41 设集合 $A = \{1,2,\cdots,8\}$，如下定义 A 上的二元关系 $R = \{(x,y) \mid x,y \in A$ 且 $x \equiv y \bmod 3\}$，其中，$x \equiv y \bmod 3$ 叫作 x 与 y 模 3 相等，即 x 除以 3 的余数与 y 除以 3 的余数相等，求 R 的等价类。

解：$[1]_R = \{1,4,7\}$

$[2]_R = \{2,5,8\}$

$[3]_R = \{3,6\}$

$[4]_R = \{1,4,7\}$

$[5]_R = \{2,5,8\}$

$[6]_R = \{3,6\}$

$[7]_R = \{1,4,7\}$

$[8]_R = \{2,5,8\}$

即 $[1] = [4] = [7] = \{1,4,7\}$

$[2] = [5] = [8] = \{2,5,8\}$

$[3] = [6] = \{3,6\}$

所以不同的等价类只有 3 个：$[1]_R, [2]_R, [3]_R$。

定义 2.20 设 R 为非空集合 A 上的等价关系，以 R 的所有等价类作为元素的集合称为 A 关于 R 的**商集**，记作 A/R，即

$$A/R = \{[a]_R \mid a \in A\}$$

A/R 的基数(即不同类的个数)称为 R 的**秩**。

例 2.42 在例 2.41 中的商集为 $A/R = \{\{1,4,7\},\{2,5,8\},\{3,6\}\}$，关系 R 的秩为 3。

例 2.43 整数集 $\mathbf{Z}$ 上模 m 的等价关系 $R = \{(x,y) \mid x,y \in \mathbf{Z}$ 且 $x \equiv y \bmod m\}$

其等价类是

$$[0]_R = \{km \mid k \in \mathbf{Z}\}$$

$$[1]_R = \{km + 1 \mid k \in \mathbf{Z}\}$$

$$\cdots$$

$$[m-1]_R = \{km + (m-1) \mid k \in \mathbf{Z}\}$$

因此商集为 $\mathbf{Z}/R = \{[0]_R, [1]_R, \cdots, [m-1]_R\}$。

定理 2.17 设 R 为非空集合 A 上的等价关系,则

(1) $a\in A$,$[a]_R$ 是 A 的非空子集。

(2) $a,b\in A$,如果$(a,b)\in R$,则$[a]_R=[b]_R$。

(3) $a,b\in A$,如果$(a,b)\notin R$,则$[a]_R\cap[b]_R=\varnothing$。

(4) $\bigcup\{[a]_R|a\in A\}=A$。

证明:(1) $a\in A$,由 R 的自反性,有$(a,a)\in R$,所以 $a\in[a]_R$,因此$[a]_R$ 非空;再由等价类定义,$[a]_R\subseteq A$。

(2) 对于$\forall x\in[a]_R$,则$(a,x)\in R$,又因为$(a,b)\in R$,由 R 的对称性与传递性可得$(b,x)\in R$,于是 $x\in[b]_R$,因此$[a]_R\subseteq[b]_R$。

同样可证$[b]_R\subseteq[a]_R$。

所以$[a]_R=[b]_R$。

(3) 反证法:如果有元素 $x\in[a]_R\cap[b]_R$,则$(a,x)\in R$ 且$(b,x)\in R$,由 R 的对称性和传递性,可得$(a,b)\in R$,与$(a,b)\notin R$ 矛盾,所以$[a]_R\cap[b]_R=\varnothing$。

(4) 先证 $\bigcup\{[a]_R|a\in A\}\subseteq A$。

任取 $b,b\in\bigcup\{[a]_R|a\in A\}\Rightarrow\exists a$ 使得 $a\in A$ 且 $b\in[a]_R$

$\Rightarrow b\in A$ (因为$[a]_R\subseteq A$)

所以 $\bigcup\{[a]_R|a\in A\}\subseteq A$

再证 $A\subseteq\bigcup\{[a]_R|a\in A\}$。

任取 $b,b\in A\Rightarrow b\in[b]_R$

$\Rightarrow b\in\bigcup\{[a]_R|a\in A\}$

所以 $A\subseteq\bigcup\{[a]_R|a\in A\}$成立。

综上所述得 $\bigcup\{[a]_R|a\in A\}=A$。

2.6.2 集合的划分

定义 2.21 设 A 是任意非空集合,$A_1,A_2,\cdots,A_m$ 是集合 A 的子集,满足:

(1) $A_i\neq\varnothing(i=1,2,\cdots,n)$;

(2) $A_i\cap A_j=\varnothing(i\neq j)$;

(3) $A_1\cup A_2\cup\cdots\cup A_m=A$。

则集合簇 $\pi=\{A_1,A_2,\cdots,A_m\}$为 A 的一个划分,而 $A_1,A_2,\cdots,A_m$ 为这个划分的划分块。

例 2.44 设集合 $A=\{1,2,3,4\}$,则

$\pi_1=\{\{1\},\{2\},\{3\},\{4\}\}$,$\pi_2=\{\{1\},\{2,3,4\}\}$,$\pi_3=\{\{1,2\},\{3,4\}\}$,$\pi_4=\{\{1,2,3,4\}\}$均为对集合 A 的划分。

例 2.45 设集合 $A=\{a,b,c,d\}$,判断下列集合簇是不是对集合 A 的划分?

(1) $\{\{a,b\},\{c,d\},\{b,d\}\}$

(2) $\{\{a,b\},\{c,d\}\}$

(3) $\{\{a,b\},\{c\},\varnothing\}$

(4) $\{\{a,b\},\{c\},\{d\}\}$

(5) $\{\{a,b,c,d\}\}$

解：根据划分的定义有，

(1),(3)不是 A 的划分,(2),(4),(5)是 A 的划分。

定义 2.22 设 $\pi_1=\{A_1,A_2,\cdots,A_n\}$和 $\pi_2=\{B_1,B_2,\cdots,B_m\}$是集合 S 的两种划分，如果 π_1 中的每个 A_i 都是 π_2 中某个 B_j 的子集，则称划分 π_1 是划分 π_2 的一个细分。如果 π_1 是 π_2 的细分，且 π_1 中至少有一个 A_i 是某个 B_j 的真子集，则称 π_1 是 π_2 的真细分。

例 2.46 设集合 $A=\{1,2,3,4\}$，则在例 2.44 中，划分

$\pi_1=\{\{1\},\{2\},\{3\},\{4\}\}$是 $\pi_2=\{\{1\},\{2,3,4\}\}$的细分，也是真细分。

$\pi_3=\{\{1,2\},\{3,4\}\}$是 $\pi_4=\{\{1,2,3,4\}\}$的细分，也是真细分。

对集合 $A=\{1,2,3,4\}$，有 $\pi_1=\{\{1\},\{2\},\{3\},\{4\}\}$是对集合 A 的任意一个划分的细分，而对集合 A 的任意一个划分都是划分 $\pi_4=\{\{1,2,3,4\}\}$的细分，对这两个特殊的划分，又称为是集合 A 的最大划分与最小划分。

定义 2.23 设 A 是非空集合，$G=\{\{a\}\mid a\in A\}$称为 A 的最大划分，$S=\{A\}$称为 A 的最小划分。

例 2.47 在例 2.44 中的划分 $\pi_1=\{\{1\},\{2\},\{3\},\{4\}\}$是对集合 A 的最大划分，划分 $\pi_4=\{\{1,2,3,4\}\}$是对集合 A 的最小划分。

定义 2.24 设 $\pi_1=\{A_1,A_2,\cdots,A_n\}$和 $\pi_2=\{B_1,B_2,\cdots,B_m\}$是集合 S 的两种划分，称 $\pi=\{A_i\cap B_j\mid A_i\cap B_j\neq\varnothing,1\leqslant i\leqslant n,1\leqslant j\leqslant m\}$为 π_1 和 π_2 的**交叉划分**。

例 2.48 设集合 $A=\{1,2,3,4\}$，则在例 2.44 中的划分 $\pi_2=\{\{1\},\{2,3,4\}\}$与划分 $\pi_3=\{\{1,2\},\{3,4\}\}$的交叉划分为 $\pi_2\cap\pi_3=\{\{1\},\{2\},\{3,4\}\}$。

从例 2.48 中，可以看出 $\pi_2\cap\pi_3=\{\{1\},\{2\},\{3,4\}\}$也是对集合 A 的一个划分，关于交叉划分，有如下结论成立。

定理 2.18 设 $\pi_1=\{A_1,A_2,\cdots,A_n\}$和 $\pi_2=\{B_1,B_2,\cdots,B_m\}$是集合 S 的两种划分，则其交叉划分 $\pi=\pi_1\cap\pi_2$ 也是 S 的一个划分。

证明：交叉划分 $\pi=\{A_i\cap B_j\mid A_i\cap B_j\neq\varnothing,1\leqslant i\leqslant n,1\leqslant j\leqslant m\}$。在 π 中任取两个元素 $A_i\cap B_h,A_j\cap B_k$，考察$(A_i\cap B_h)\cap(A_j\cap B_k)$是否满足集合划分定义中的三个条件：

(1) 若 $i\neq j$ 且 $h=k$，由于 $A_i\cap A_j=\varnothing$，则$(A_i\cap B_h)\cap(A_j\cap B_k)=\varnothing$。

(2) 若 $i\neq j$ 且 $h\neq k$，由于 $A_i\cap A_j=\varnothing,B_h\cap B_k=\varnothing$，则$(A_i\cap B_h)\cap(A_j\cap B_k)=\varnothing$。

(3) 若 $i=j$ 且 $h\neq k$，由于 $B_h\cap B_k=\varnothing$，则$(A_i\cap B_h)\cap(A_j\cap B_k)=\varnothing$。

由此可见，在交叉划分中，任意两个元素的交集均为$\varnothing$，且有交叉划分中所有元素的并集为

$$
\begin{aligned}
&(A_1\cap B_1)\cup(A_1\cap B_2)\cup\cdots\cup(A_1\cap B_m)\\
&\cup(A_2\cap B_1)\cup(A_2\cap B_2)\cup\cdots\cup(A_2\cap B_m)\\
&\cup\cdots\\
&\cup(A_n\cap B_1)\cup(A_n\cap B_2)\cup\cdots\cup(A_n\cap B_m)\\
=&(A_1\cap(B_1\cup B_2\cup\cdots\cup B_m))\cup(A_2\cap(B_1\cup B_2\cup\cdots\cup B_m))\cup\cdots\\
&\cup(A_n\cap(B_1\cup B_2\cup\cdots\cup B_m))\\
=&(A_1\cup A_2\cup\cdots\cup A_n)\cap(B_1\cup B_2\cup\cdots\cup B_m)\\
=&S\cap S\\
=&S
\end{aligned}
$$

因此交叉划分 $\pi=\pi_1\cap\pi_2$ 也是 S 的一个划分。

定理 2.19 任何两种划分的交叉划分,都是原来各自划分的一个细分。

证明:设 $\pi=\{A_i\cap B_j \mid A_i\cap B_j\neq\varnothing,1\leqslant i\leqslant n,1\leqslant j\leqslant m\}$ 为 $\pi_1=\{A_1,A_2,\cdots,A_n\}$ 和 $\pi_2=\{B_1,B_2,\cdots,B_m\}$ 的交叉划分,对 π 中的任意元素 $A_i\cap B_j$,都有 $A_i\cap B_j\subseteq A_i$ 与 $A_i\cap B_j\subseteq B_j$ 成立,因此 π 是原来各自划分的一个细分。

2.6.3 划分与等价关系

比较某非空集合 A 的划分与 A 的等价关系的商集的定义,可以发现,一个划分就是一个等价关系。

例 2.49 设集合 $A=\{1,2,3\}$,求出 A 上所有的等价关系。

解:写出 A 上所有的划分(见图 2.3),即可找出它们所对应的等价关系。

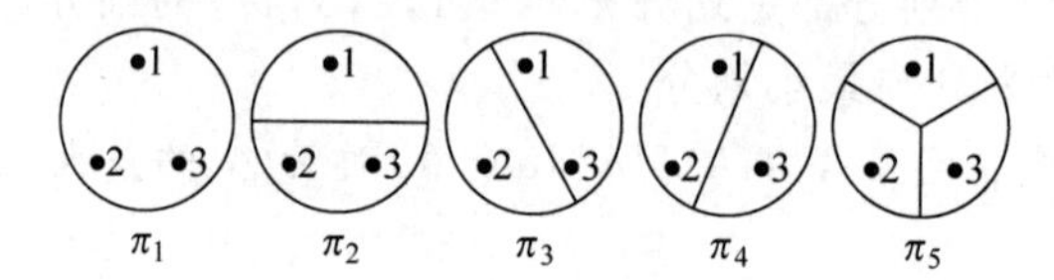

图 2.3 集合 A 的五种划分

A 的不同划分只有以上五种,设对应于划分 $\pi_i(i=1,2,\cdots,5)$ 的等价关系为 R_i,则有

$$R_1=\{(1,1),(2,2),(3,3),(1,2),(2,1),(1,3),(3,1),(2,3),(3,2)\}$$
$$R_2=\{(1,1),(2,2),(3,3),(2,3),(3,2)\}$$
$$R_3=\{(1,1),(2,2),(3,3),(1,3),(3,1)\}$$
$$R_4=\{(1,1),(2,2),(3,3),(1,2),(2,1)\}$$
$$R_5=\{(1,1),(2,2),(3,3)\}$$

例 2.50 设 $A=\{1,2,3,4,5\}$,A 上的二元关系 R 中,有多少个是等价关系?

解:对于 A 的划分可分为如下几种情况。

(1) 划分成 5 个都只含 1 个元素的块,共有 1 种。

(2) 划分成 1 个都只含 2 个元素,3 个都只含 1 个元素的块,共有 10 种。

(3) 划分成 2 个都只含 2 个元素,1 个都只含 1 个元素的块,共有 15 种。

(4) 划分成 1 个都只含 3 个元素,2 个都只含 1 个元素的块,共有 10 种。

(5) 划分成 1 个都只含 3 个元素,1 个都只含 2 个元素的块,共有 10 种。

(6) 划分成 1 个都只含 4 个元素,1 个都只含 1 个元素的块,共有 5 种。

(7) 划分成 1 个都只含 5 个元素的块,共有 1 种。

综上所述,A 上的等价关系共有 $1+10+15+10+10+5+1=52$ 种。

例 2.51 设 $A=\{1,2,3,4,5\}$,R 是 A 上等价关系,

$$R=\{(1,3),(2,4),(5,5),(3,1),(4,2)\}\cup I_A$$

写出集合 A 对应于等价关系 R 的划分。

解:由关系 R 可以看出,元素 1 与元素 3 等价,元素 2 与元素 4 等价,5 没有与之等价的元素,因此,对应于等价关系 R 的划分为

$$A/R=\{\{1,3\},\{2,4\},\{5\}\}$$

用 S_k^n 表示将非空集合 $A(|A|=n)$ 分为 k 类不同的划分个数，T_n 表示 n 个元素的集合的不同划分的总数，则有

$$T_n = S_1^n + S_2^n + \cdots + S_n^n$$

规定 $S_0^n = 0$

显然 $S_1^n = S_n^n = 1$

则有定理：

定理 2.20 划分个数 $S_k^{n+1} = S_{k-1}^n + kS_k^n$。

证明：设集合 $A = \{a_1, a_2, \cdots, a_n, a_{n+1}\}$，将 A 的 S_k^{n+1} 个 k 类划分为以下两大类型。

A 型：在 A 型的每个划分中，$\{a_{n+1}\}$ 是每个划分中的一类。于是，$\{a_1, a_2, \cdots, a_n\}$ 就被划分成 $k-1$ 类，即 A 型划分共有 S_{k-1}^n 个。

B 型：在 B 型的每个划分中，$\{a_{n+1}\}$ 不是一个类。在这种类型的每个划分中，a_{n+1} 所在的类中有两个以上的元素。于是，B 型划分可以从 $\{a_1, a_2, \cdots, a_n\}$ 的 S_k^n 个划分中的每一个划分的一类中，加入元素 a_{n+1}，从而得到 kS_k^n 个 B 型划分。

因此 $S_k^{n+1} = S_{k-1}^n + kS_k^n$。

由等价关系作出与其对应的划分，以及由划分作出与其对应的等价关系，从它们的做法定义来看，划分与等价关系的这种对应是唯一确定的。事实上，可以证明，不可能有两个不同的等价关系对应于同一个划分，也不可能有两个不同的划分对应于同一个等价关系。因此，有下面的结论成立。

定理 2.21 设 π 是集合 A 的划分，R 是 A 上的等价关系，那么，对应于 π 的等价关系为 R，当且仅当 R 对应的划分为 π。

证明：当 $A=\varnothing$ 时，只有 $\varnothing$ 划分和等价关系 $\varnothing$，结论显然成立。下设 $A \neq \varnothing$。

必要性：设对应 π 的等价关系为 R，R 对应的划分为 π'，欲证 $\pi=\pi'$。为此对任一元素 $a \in A$，设 B, B' 分别是 π, π' 中含 a 的单元。那么，对 A 中任一元素 b，

$b \in B \Leftrightarrow (a,b) \in R$（$R$ 是对应的等价关系）

$\Leftrightarrow b \in [a]_R$

$\Leftrightarrow b \in B'$（π' 是 R 对应的划分）

这就是说 $B=B'$。由于 a 是 A 中任意元素，故可断定 $\pi=\pi'$。

充分性：设 R 对应的划分为 π，π 对应的等价关系为 R'，欲证 $R=R'$。为此考虑 A 中任意元素 a, b：

$(a,b) \in R \Leftrightarrow b \in [a]_R$

$\Leftrightarrow \exists B$，使得 $B \in \pi$ 且 $[a]_R = B$ 且 $b \in B$（π 为 R 对应的划分）

$\Leftrightarrow \exists B$，使得 $B \in \pi$ 且 $a \in B$ 且 $b \in B$

$\Leftrightarrow (a,b) \in R'$（$R'$ 为 π 对应的等价关系）

故 $R=R'$。

例 2.52 设 $A=\{1,2,3,4,5\}$，A 上的等价划分 $\pi=\{\{1,2\},\{3,4\},\{5\}\}$，确定由 π 所产生的等价关系 R。

解：根据一个等价划分确定一个等价关系，则有等价关系 R 为

$$R=\{(1,2),(2,1),(3,4),(4,3)\} \cup I_A$$

由等价关系与划分是一一对应的原理,就可以给定一个非空集合上的等价关系,写出其对应的划分;同理,给定一个非空集合的划分,也可以写出该划分所对应的等价关系。

2.7 偏序关系

偏序关系是另一种特殊的关系,它是一个集合上的传递关系,提供了一种对集合的元素进行比较的方法(虽然有的次序关系不一定能对任意两个元素进行比较)。因此,在关系理论中,最早研究的对象就是属于次序关系。

2.7.1 偏序的定义及表示

定义 2.25 设 R 为非空集合 A 上的关系。如果 R 是自反的、反对称的和传递的,则称 R 为 A 上的**偏序关系**,记作 $\leqslant$,集合 A 与集合 A 上的偏序关系一起称为**偏序集**,即序偶 $(A,\leqslant)$ 为**偏序集**。序偶的逆也是一个偏序,记作 $\geqslant$。

例 2.53 非空集合 A 上的恒等关系 I_A、空关系、小于或等于关系、整除关系和包含关系都是集合 A 上的偏序关系。

定义 2.26 设 R 是非空集 A 上的关系,如 R 具有反自反性、传递性,则称 R 是 A 上的**拟序关系**,记该关系 R 为 $<$,如 $(a,b)\in R$,可记作 $a<b$,读作"a 小于 b"。

例 2.54 集合 $A=\{1,2,3,4\}$,R 是 A 上的大于关系。

解:关系 R 满足反自反性和传递性,是一个逆序关系,即 R 用描述法可以表示为:$R=\{(a,b)\mid a>b,a,b\in A\}$。

用列举法法可以表示为:$R=\{(2,1),(3,1),(3,2),(4,1),(4,2),(4,3)\}$。

定义 2.27 在偏序集 $(A,\leqslant)$ 中,对 $a,b\in A$,若 $a\leqslant b$ 或 $b\leqslant a$ 成立,则称 a,b 是可比的,$a\leqslant b$ 且 $a\neq b$,且 A 中无任何其他元素 c 满足 $a\leqslant c$ 且 $c\leqslant b$,称 b **盖住** a,或称 a 是 b 的**直接前趋**,b 是 a 的**直接后继**。盖住关系记为 $\mathrm{cov}(A)=\{(a,b)\mid a,b\in A \text{ 且 } b \text{ 盖住 } a\}$。

例 2.55 设集合 $A=\{1,2,3,4\}$,$\leqslant$ 为整除关系,$(A,\leqslant)$ 为偏序集,有:

对任意的 $a\in A$,$1\leqslant a$,因此 1 与 1,2,3,4 都是可比的。但是因为 2 不整除 3,所以 2 和 3 不可比;对于元素 1 与 2,有 $1\leqslant 2$,$1\neq 2$,而且在 1 与 2 之间没有元素 c 满足 $1\leqslant c\leqslant 2$,因此 2 盖住 1,即 1 是 2 的直接前趋,2 是 1 的直接后继;同理,1 也是 3 的直接前趋,3 是 1 的直接后继;对于元素 1 与 4,有 $1\leqslant 4$,且 1 整除 4,但是因为 $1\leqslant 2\leqslant 4$,因此有 4 不盖住 1,但是 4 盖住 2。

偏序作为一种关系,也可以用关系图或关系矩阵来表示,这里主要介绍关系图的表示方法,因为偏序关系的特殊性,在作关系图的时候,做如下几点规定,可以简化关系图的画法,对偏序关系的关系图,称为**哈斯图**,此图的作图方法如下。

(1) 对偏序集 $(A,\leqslant)$,A 中的每个元素用节点表示,节点的位置按它们在偏序中的次序由下向上排列,即小的元素放在下面,大的元素放在上面,箭头省去。

(2) 自身处的环省去。

(3) 只有当 $a\leqslant b$,且不存在元素 c,使得 $a\leqslant c\leqslant b$ 时,才在 a 与 b 之间连一条线。

例 2.56 设集合 $A=\{1,2,3,4,5,6,7,8,9\}$,偏序关系是 A 上的整除"$\mid$",画出偏序集 $(A,\mid)$ 的哈斯图。

解：哈斯图如图 2.4 所示。

例 2.57 已知偏序集$(R,\leqslant)$的哈斯图(见图 2.5)，求集合 A 的偏序关系$\leqslant$。

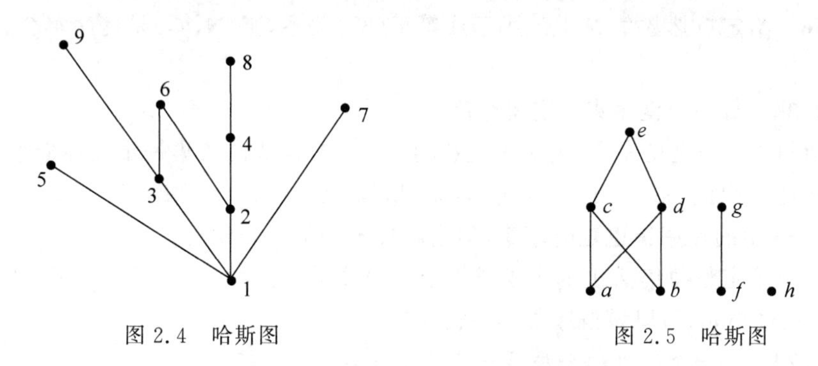

图 2.4　哈斯图　　　　图 2.5　哈斯图

解：写出集合 A 中的元素为 $A=\{a,b,c,d,e,f,g,h\}$

$$R=\{(a,c),(a,d),(a,e),(b,c),(b,d),(b,e),(c,e),(d,e),(f,g)\}\cup I_A$$

2.7.2　偏序集中的特殊元素

定义 2.28 设$(A,\leqslant)$为偏序集，$B\subseteq A$，$b\in B$。若对任意的元素 $x\in B$ 且不满足 $x\leqslant b$，则称 b 为 B 的**极小元**。若对任意的元素 $x\in B$ 且不满足 $b\leqslant x$，则称 b 为 B 的**极大元**。

例 2.58 若 $A=\{2,3,4,6,8\}$，偏序关系是整除关系，则 6 和 8 是 A 的极大元，2 和 3 是 A 的极小元。

例 2.59 在例 2.56 中，极大元是 5,6,7,8,9；极小元是 1。

例 2.60 在例 2.57 的哈斯图中，可以看到极大元有三个：e,g,h；极小元有 4 个：a,b,f,h。可以看到元素 h 既是极大元又是极小元。

定义 2.29 设$(A,\leqslant)$为偏序集，$B\subseteq A$，若存在 $b\in B$，使得 B 中任意元素 x 都有 $b\leqslant x$，则称 b 为 B 的**最小元**。同理，若存在 $b\in B$，使得 B 中任意元素 x 都有 $x\leqslant b$，则称 b 为 B 的**最大元**。

注意：在$(A,\leqslant)$中，不一定存在最大元和最小元。

例 2.61 若 $A=\{2,3,4,6,8\}$，偏序关系是整除关系。因为对整除关系来说，A 中所有元素的(最小)公分母和(最大)公约数均不属于 A，所以 A 中既没有最大元，也没有最小元。

例 2.62 在例 2.56 中，1 是最小元，没有最大元。

例 2.63 在例 2.57 的哈斯图中，既没有最小元也没有最大元。

定理 2.22 设$(A,\leqslant)$为偏序集，$B\subseteq A$，若 B 中有最大(最小)元，则必是唯一的。

证明：假定 a 和 b 都是 B 的最大元，则 $a\leqslant b$ 和 $b\leqslant a$，由偏序的反对称性，得 $a=b$。

2.7.3　全序集与良序集

定义 2.30 设 R 为非空集合 A 上的偏序关系，如果任意的 $a,b\in A$，都有 $a\leqslant b$ 或 $b\leqslant a$，则称 R 为 A 上的**全序关系**(或**线序关系**)，且$(A,\leqslant)$构成一个**全序集**或**链**。

由定义可以知道，全序集的哈斯图是一条直线段。

例 2.64 给定 $P=\{\varnothing,\{a\},\{a,b\},\{a,b,c\}\}$上的包含关系$\subseteq$，则$(P,\subseteq)$构成全序集。

例 2.65 给定自然数集 $\mathbf{N}$ 上的小于或等于$(\leqslant)$关系，则$(\mathbf{N},\leqslant)$构成全序集。

定义 2.31 任一偏序集$(A,\leqslant)$,若任意$S\subseteq A$且S中存在最小元,则称$(A,\leqslant)$为良序集。

例 2.66 给定自然数集$\mathbf{N}$上的小于或等于($\leqslant$)关系,则$(\mathbf{N},\leqslant)$是良序集合,其中,0是最小元。

定理 2.23 每一个良序集一定是全序集。

证明:设$(A,\leqslant)$是良序集,则对于任意的$a,b\in A$构成的子集一定存在最小元,该最小元不是a就是b,因此一定满足$a\leqslant b$或$b\leqslant a$,所以$(A,\leqslant)$是全序集。

如例2.66中的良序集也是全序集,但全序集不一定是良序集。

例 2.67 给定整数集$\mathbf{Z}$上的小于或等于($\leqslant$)关系,则$(\mathbf{Z},\leqslant)$构成全序集。但因为在整数集上不存在最小元,所以该偏序集不是良序集。

定理 2.24 任一个有限的全序集一定是良序集。

证明:设$(A,\leqslant)$是任一有限全序集,$B\subseteq A$为任一非空子集,则B也是全序集。设B中有n个元素,将B中的元素依次进行比较,找出最小的那个元素,则最多进行C_n^2次比较,即可找出最小元,因此$(A,\leqslant)$是良序。

习 题

1. 设$A=\{1,2\}$,$B=\{a,b\}$,计算$P(A)$,$P(B)$,$A\times B$,$P(A)\times P(B)$。

2. 设$A=\{x\mid 1\leqslant x\leqslant 3\}$,$\mathbf{R}$为实数集,试表示出笛卡儿积$A\times\mathbf{R}$与$\mathbf{R}\times A$,并将其在笛卡儿平面上表示出来。

3. 设A,B,C,D是四个任意集合,判断下列各式是否成立,如果成立,则给出证明;如果不成立,则给出反例。

(1) $(A-B)\times C=(A\times C)-(B\times C)$

(2) $(A\cap B)\times(C\cap D)=(A\times B)\cap(C\times D)$

(3) $(A-B)\times(C-D)=(A\times C)-(B\times D)$

(4) $(A\cup B)\times(C\cup D)=(A\times C)\cup(B\times D)$

4. 设集合$A=\{1,2\}$,$B=\{3\}$,试写出定义在集合A到B的所有二元关系。

5. 设集合$A=\{1,2,3\}$,试给出定义在集合A上的恒等关系及全关系。

6. 设集合$A=\{1,2,3\}$,$B=\{a,b,c\}$,R定义为从A到B的二元关系,且$R=\{(1,a),(1,b),(2,c),(3,a)\}$,求:

(1) R的关系矩阵;

(2) R的关系图;

(3) R的定义域与值域。

7. 设集合$A=\{1,2,3\}$,$B=\{a,b,c\}$,R与S是定义在集合A到B上的两个二元关系,且$R=\{(1,a),(1,b),(2,c),(3,a)\}$,$S=\{(1,a),(1,c),(2,a),(2,c),(3,a),(3,b)\}$,试求:$R\cup S$,$R\cap S$,$R-S$,$R^{-1}$。

8. 设集合$A=\{a,b,c,d\}$,R与S是定义在集合A上的两个二元关系,且$R=\{(a,a),(a,b),(b,c),(c,d)\}$,$S=\{(a,a),(b,a),(c,b),(c,d)\}$,试求:$R\cdot S$,$S\cdot R$,$R^{-1}\cdot S^{-1}$,$S^{-1}\cdot R^{-1}$。

9. 设集合 $A=\{a,b,c\}$，试举出 A 上一个二元关系 R，使 R 恰好具有自反性、对称性、传递性与反对称性。

10. 设集合 $A=\{a,b,c\}$，试写出其上的三个关系，使其分别具有下列性质。

(1) R 是自反的，但不是对称与传递的；

(2) R 是对称的，但不是自反与传递的；

(3) R 是传递的，但不是自反与对称的。

11. 设 R 与 S 是 A 上的任意关系，判断下列说法是否正确，若正确则给出证明；否则给出反例。

(1) 若 R 与 S 是自反的，则 $R \cdot S$ 也是自反的；

(2) 若 R 与 S 是反自反的，则 $R \cdot S$ 也是反自反的；

(3) 若 R 与 S 是对称的，则 $R \cdot S$ 也是对称的；

(4) 若 R 与 S 是传递的，则 $R \cdot S$ 也是传递的。

12. 设集合 $A=\{a,b,c,d\}$，R 为 A 上的二元关系 $R=\{(a,b),(b,a),(b,c),(c,d)\}$，试求：$r(R)$，$s(R)$，$t(R)$，并写出它们的关系矩阵，画出关系图。

13. 设 R 与 S 是 A 上的两个二元关系，则以下各式成立。

(1) $r(R\cap S)=r(R)\cap r(S)$

(2) $s(R\cap S)\subseteq s(R)\cap s(S)$

(3) $t(R\cap S)\subseteq t(R)\cap t(S)$

14. 设集合 $A=\{a,b,c,d\}$ 上的划分 $\pi=\{\{a,c\},\{b,d\}\}$，写出由 π 导出的 A 上的等价关系。

15. 设 R 是集合 A 上的一个自反关系，证明：R 是一个等价关系的充要条件是若 $(a,b)\in R$，$(a,c)\in R$，则 $(b,c)\in R$。

16. 设集合 $A=\{a,b,c,d\}$，问在集合 A 上可以定义多少个等价关系？

17. 设集合 $A=\{a,b,c,d\}$，R 是集合 A 上的一个等价关系，且

$R=\{(a,a),(b,b),(c,c),(d,d),(a,b),(b,a)\}$，计算 A/R。

18. 设集合 $A=\{a,b,c,d\}$，R 是集合 A 上的一个等价关系，且 $A/R=\{\{a\},\{b,c\},\{d\}\}$，求等价关系 R。

19. 设集合 $A=\{a,b,c,d,e\}$，R 是集合 A 上的一个偏序关系，且

$$R=\{(a,d),(a,c),(a,b),(a,e),(b,e),(c,e),(d,e)\}\cup I_A$$

画出 R 的哈斯图，并求出 A 的最大元、最小元、极大元、极小元。

20. 设集合 $A=\{1,2,3,4,5,6\}$，在其上定义关系 $R=\{(x,y)\mid x,y\in A, x\mid y\}$，证明 R 是 A 上的偏序关系并画出哈斯图。

21. 设集合 $A=\{2,4,8,16,32\}$，R 是集合 A 上的整除关系，画出 R 的哈斯图，并判断 R 是否是全序、良序。

第3章　函　数

函数是离散数学中最基本的概念之一。值得注意的是：函数是一种特殊的二元关系，主要涉及将一个有限集合进行适当的变换后，转换成另一个有限集合的离散函数，因此，本章讨论的函数的定义域与值域都是离散的情况，是一类应用广泛的重要函数。在本章里，主要介绍三个与函数相关的内容：函数的基本概念、特殊函数以及复合函数与逆函数。

本章主要包括如下内容。

- 函数的基本概念。
- 特殊函数。
- 复合函数与逆函数。

3.1　函数的基本概念

计算机科学中常常将输入和输出的关系看成是一种函数关系。函数在许多应用中起着重要的作用。在离散数学中，任何对象，包括集合都可以看成是自变量或函数值，并且函数仅指单值函数，也没对两个集合的元素做任何特殊限制。

定义3.1　设 f 是集合 A 到 B 的一个关系，如果对每个 $x\in A$，都存在唯一 $y\in B$，使得 $(x,y)\in f$，则称关系 f 为 A 到 B 的**函数**(或**映射**、**变换**)，记为 $f: A\rightarrow B$。当 $(x,y)\in f$ 时，通常记为 $y=f(x)$，这时称 x 为函数的**自变量**，称 y 为 x 在 f 下的**函数值**(或**像**)。

由函数的定义显然有：

(1) $\mathrm{dom}(f)=A$，称为函数 f 的**定义域**。

(2) $\mathrm{ran}(f)\subseteq B$，称为函数 f 的**值域**，B 称为函数 f 的**陪域**，$\mathrm{ran}(f)$ 也可记为 $f(A)$，并称 $f(A)$ 为 A 在 f 下的**像**。

(3) $(x,y)\in f,(x,z)\in f\Rightarrow y=z$。

(4) $|f|=|A|$。

需要注意的是：$f(x)$ 仅表示一个变值，但 f 却代表一个集合，因此有 $f\neq f(x)$，不能混淆这两个概念。同时，在定义一个函数时，必须指定函数的定义域、陪域及变换规则，且变换规则要覆盖定义域中所有的元素。

例3.1　设集合 $A=\{1,2,3\}$，集合 $B=\{a,b,c\}$，判断下列各式是否是函数？

(1) $f=\{(1,a),(2,b),(3,c)\}$。

(2) $f=\{(1,a),(1,b),(2,b),(2,c)\}$。

(3) $f=\{(1,a),(2,a),(3,c)\}$。

解：根据定义，(1)和(3)满足条件，因此是函数；(2)不是函数，因为在(2)中，集合 A 中的元素 1 对应集合 B 中的两个元素 a,b,故不是函数。

例 3.2 判断关系:

(1) $f_1=\{(a,1),(b,1),(c,2)\}$。

(2) $f_2=\{(a,1),(a,2),(b,1),(c,2)\}$。

是否为函数。

解:根据定义,有

(1) 对任意的 $x\in \mathrm{dom}f_1$,都存在唯一的 $y\in \mathrm{ran}f_1$,使得 $(x,y)\in f_1$ 成立,因此 f_1 是函数。

(2) 对 $a\in \mathrm{dom}f_2$,存在不同的 $1\in \mathrm{ran}f_2$,$2\in \mathrm{ran}f_2$,使得 $(a,1)\in f_2$ 与 $(a,2)\in f_2$ 同时成立,因此 f_2 是函数。

例 3.3 (1) 任意集合 A 上的恒等关系 I_A 是一个函数,常称为恒等函数,并且 $I_A(x)=x$(对任意 $x\in A$)。

(2) 自然数集合上的 m 倍关系是一个函数,若用 f 表示这一关系,那么 f: $\mathbf{N}\to\mathbf{N}$,可表示为: $y=f(x)=mx$。

如何表示一个函数?通常有以下三种方法。

(1) **列表法**。由于函数具有“单值性”,即对任一自变量有唯一确定的函数值,因此可将其序偶排列成一个表,将自变量与函数值一一对应起来。列表法一般适用于定义域为有限集合的情况。

(2) **图表法**。用笛卡儿平面上点的集合表示函数。与列表法一样,图表法一般适用于定义域有限的情况。

(3) **解析法**。用等式 $y=f(x)$ 表示函数,这时可认为 $y=f(x)$ 为函数的“命名式”,有别于“y 是 f 在 x 处的值”。$y=f(x)$ 具有双重意义,可依上下文加以区别。

由于函数是关系的一种特殊形式,因而函数相等的概念、包含的概念,也就是关系相等的概念及包含概念。

定义 3.2 设函数 f: $A\to B$ 与 g: $C\to D$,如果 $A=C$,$B=D$,并且对任意的 $a\in A$ 或 $a\in C$,都有 $f(a)=g(a)$,则称函数 f 与 g **相等**,记作 $f=g$。

函数作为一种特殊的二元关系,其函数相等的定义与关系相等的定义一致,即相等的两个函数必须有相同的定义域、陪域及序偶集合。因此,两个函数相等,一定满足下面两个条件。

(1) $\mathrm{dom}(f)=\mathrm{dom}(g)$。

(2) $\forall x\in \mathrm{dom}(f)=\mathrm{dom}(g)$,都有 $f(x)=g(x)$。

定义 3.3 设 A,B,C 是 3 个非空集合,函数 f: $A\to B$,$A\subseteq C$,f 在 $C-A$ 上无定义,则称 f 是 C 到 B 的**偏函数**。

定义 3.4 设 A,B,C 是 3 个非空集合,函数 f: $A\to B$; g: $C\to B$,如果 $C\subseteq A$,且对于所有的 $a\in C$,有 $g(a)=f(a)$,则称 g 是 f 的**限制**,f 是 g 的**扩充**。

如果 g 是 A 到 B 的偏函数,当对 g 无定义处规定一个值,即对 g 做一补充定义,即可构造出 g 的一个扩充。

例 3.4 设 $\mathbf{Z}$ 是整数集,并定义函数 f: $\mathbf{Z}\to\mathbf{Z}$,设 $f=\{(x,2x+1)\mid x\in \mathbf{Z}\}$,且 $\mathbf{N}\subseteq\mathbf{Z}$ 为自然数集合,求 f 在 $\mathbf{Z}$ 上的限制。

解：先写出 f 的集合表示形式如下：

$$f=\{\cdots,(-1,-1),(0,1),(1,3),\cdots\}$$

因此，f 在自然数集 **N** 上的限制为

$$g=\{(0,1),(1,3),\cdots\}$$

定义 3.5 设 A,B 是非空集合，所有从 A 到 B 的函数记作 B^A，读作"B 上 A"，符号化表示为：$B^A=\{f\mid f: A\to B\}$。

那从 A 到 B 上一共可以定义多少个函数呢？有如下结论成立。

定理 3.1 设 A,B 是非空有限集合，则从 A 到 B 共有 $|B|^{|A|}$ 个不同的函数。

证明：设 $|A|=n$，$|B|=m$。函数 f 是从 A 到 B 的任一函数，并且 f 由 A 中的 n 个元素的取值唯一确定，对于 A 中的任一元素，f 在该元素处的取值都有 m 种可能，因此从 A 到 B 可以定义 $m\cdot m\cdot\cdots\cdot m=m^n=|B|^{|A|}$ 个不同的函数。

例 3.5 设集合 $A=\{1,2,3\}$，集合 $B=\{a,b\}$，计算 B^A。

解：根据定义，有 $B^A=\{f_1,f_2,f_3,f_4,f_5,f_6,f_7,f_8\}$。

$f_1(1)=a,f_1(2)=a,f_1(3)=a$；$f_2(1)=a,f_2(2)=a,f_2(3)=b$；

$f_3(1)=a,f_3(2)=b,f_3(3)=a$；$f_4(1)=a,f_4(2)=b,f_4(3)=b$；

$f_5(1)=b,f_5(2)=a,f_5(3)=a$；$f_6(1)=b,f_6(2)=a,f_6(3)=b$；

$f_7(1)=b,f_7(2)=b,f_7(3)=a$；$f_8(1)=b,f_8(2)=b,f_8(3)=b$。

也可以表示成如下形式。

$f_1=\{(1,a),(2,a),(3,a)\}$；$f_2=\{(1,a),(2,a),(3,b)\}$；$f_3=\{(1,a),(2,b),(3,a)\}$；

$f_4=\{(1,a),(2,b),(3,b)\}$；$f_5=\{(1,b),(2,a),(3,a)\}$；$f_6=\{(1,b),(2,a),(3,b)\}$；

$f_7=\{(1,b),(2,b),(3,a)\}$；$f_8=\{(1,b),(2,b),(3,b)\}$。

例 3.6 设集合 $A=\{1,2\}$，集合 $B=\{a,b,c\}$，计算 B^A。

解：根据定义，有 $B^A=\{f_1,f_2,f_3,f_4,f_5,f_6,f_7,f_8,f_9\}$。

$f_1(1)=a,f_1(2)=a$；$f_2(1)=a,f_2(2)=b$；$f_3(1)=a,f_3(2)=c$；

$f_4(1)=b,f_4(2)=a$；$f_5(1)=b,f_5(2)=b$；$f_6(1)=b,f_6(2)=c$；

$f_7(1)=c,f_7(2)=a$；$f_8(1)=c,f_8(2)=b$；$f_9(1)=c,f_9(2)=c$。

也可以表示成如下形式：

$f_1=\{(1,a),(2,a)\}$；$f_2=\{(1,a),(2,b)\}$；$f_3=\{(1,a),(2,c)\}$；

$f_4=\{(1,b),(2,a)\}$；$f_5=\{(1,b),(2,b)\}$；$f_6=\{(1,b),(2,c)\}$；

$f_7=\{(1,c),(2,a)\}$；$f_8=\{(1,c),(2,b)\}$；$f_9=\{(1,c),(2,c)\}$。

因为函数是一种特殊的关系，所以一个函数确定一个关系；但一个关系不一定确定一个函数，如例 3.6 中，从 A 到 B 共有 64 个不同的关系，但仅有 9 个不同的函数。

定理 3.2 设 A,B,X,Y 是非空集合，$f: X\to Y$ 且 $A\subseteq f(X)$，$B\subseteq f(X)$，则

(1) $f(A\cup B)=f(A)\cup f(B)$。

(2) $f(A\cap B)\subseteq f(A)\cap f(B)$。

证明：(1) 先证 $f(A\cup B)\subseteq f(A)\cup f(B)$。

对任意的 $y\in f(A\cup B)$，存在 $x\in A\cup B$，使得

$$y=f(x)$$

即 $x\in A$ 或 $x\in B$ 时，有 $y=f(x)$，因此 $f(x)\in f(A)$ 或 $f(x)\in f(B)$，即 $y\in f(A)\cup f(B)$，则

$$f(A\cup B)\subseteq f(A)\cup f(B)$$

再证 $f(A)\cup f(B)\subseteq f(A\cup B)$。

对任意的 $y\in f(A)\cup f(B)$，有 $y\in f(A)$ 或 $y\in f(B)$，因此在集合 A,B 中至少有一个集合里有一个 x，使得

$$y=f(x)$$

即 $y=f(x)\in f(A\cup B)$，则

$$f(A)\cup f(B)\subseteq f(A\cup B)$$

因此 $f(A\cup B)=f(A)\cup f(B)$。

(2) 对任意的 $y\in f(A\cap B)$，存在 $x\in A\cap B$，使得

$$y=f(x)$$

即 $x\in A$ 且 $x\in B$ 时，有 $y=f(x)$，因此 $f(x)\in f(A)$ 且 $f(x)\in f(B)$，即 $y\in f(A)\cap f(B)$，则

$$f(A\cap B)\subseteq f(A)\cap f(B)$$

一般地，$f(A\cap B)\neq f(A)\cap f(B)$。

例 3.7 设集合 $X=\{1,2,3\}$，集合 $Y=\{a,b,c\}$，$A=\{1,2\}$，$B=\{3\}$ 且 $f: X\to Y$，$f(1)=a$，$f(2)=b$，$f(3)=b$。有 $A\cup B=\{1,2,3\}$，则 $f(A\cup B)=\{a,b\}$。

因此，$f(A)\cup f(B)=\{a,b\}\cup\{b\}=\{a,b\}$，即 $f(A\cup B)=f(A)\cup f(B)$ 成立。但是 $f(A\cap B)=f(A)\cap f(B)$ 不一定成立。

例 3.8 设集合 $X=\{1,2,3\}$，集合 $Y=\{a,b,c\}$，$A=\{1,2\}$，$B=\{3\}$ 且 $f: X\to Y$，$f(1)=a$，$f(2)=b$，$f(3)=b$。有 $A\cap B=\varnothing$，则 $f(A\cap B)=\varnothing$。

但是 $f(A)\cap f(B)=\{a,b\}\cap\{b\}=\{b\}$，即 $f(A\cap B)\subseteq f(A)\cap f(B)$ 成立。但是不满足 $f(A\cap B)=f(A)\cap f(B)$。

定义 3.6 设集合 $A=A_1\times A_2\times\cdots\times A_n$ 与集合 B，则对任意 $x\in A$，且 $x=(x_1,x_2,\cdots,x_n)$，其中，$x_i\in A_i$，$1\leqslant i\leqslant n$，有 $y\in B$，这时定义 $y=f(x)=f((x_1,x_2,\cdots,x_n))$，则称 f 为 A 到 B 的 n 元函数。

例 3.9 设 A,B 是非空集合，$f: A\times B\to A$ 的函数，若 $f(a,b)=a$，则 f 是一个二元函数，其中，$a\in A$，$b\in B$。

3.2 特殊函数

函数作为一种关系，也可以进行分类，如果从函数的最基本性质出发，可以讨论单射的、满射的和双射的函数类。本节主要讨论函数的基本性质及几种常用的函数。

定义 3.7 设 $f: A\to B$ 是一个函数。

(1) 如果对任意的 $x_1,x_2\in A$，当 $x_1\neq x_2$ 时，有 $f(x_1)\neq f(x_2)$，则称 f 为 A 到 B 的**单射函数**或**单射**，或称一对一的函数。

(2) 如果对任意的 $y\in B$，均有 $x\in A$，使 $y=f(x)$，即 $\mathrm{ran}(f)=B$，则称 f 为 A 到 B 的**满射函数**或**满射**，或称 A 到 B 的映上函数。

(3) 如果 f 既是 A 到 B 的单射，又是 A 到 B 的满射，则称 f 为 A 到 B 的**双射函数**或**双射**，或称一一对应的函数。

下面通过一个例子来理解这三种函数。

例 3.10 设集合 A,B，定义函数 $f:A\to B$，在图 3.1 中给出了四种不同情形下的函数。

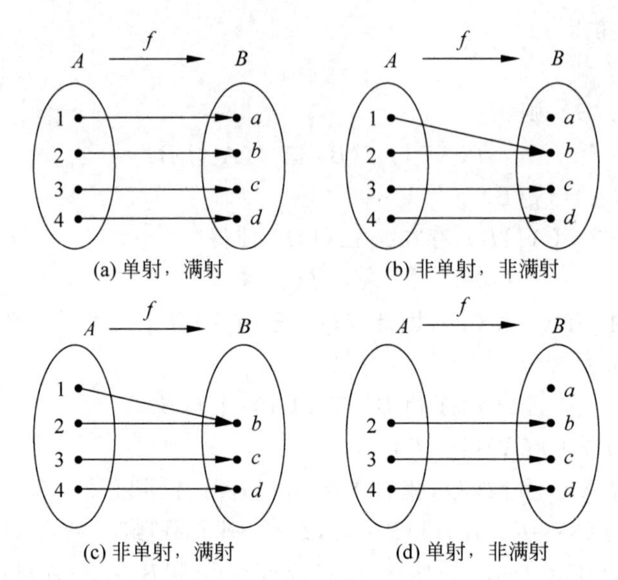

图 3.1　四种情形下的函数

由定义可知：当集合 A,B 为有限集时，有

(1) $f:A\to B$ 是单射的必要条件为 $|A|\leqslant|B|$。

(2) $f:A\to B$ 是满射的必要条件为 $|A|\geqslant|B|$。

(3) $f:A\to B$ 是双射的必要条件为 $|A|=|B|$。

例 3.11 在实数集上也可以找到这样的函数，例如，实数集上的函数 $y=5^x$ 是单射而非满射，多项式函数 $y=ax^3+bx^2+cx+d\,(a\neq0)$ 是满射而非单射，一次函数 $y=ax+b\,(a\neq0)$ 是双射，但二次函数 $y=ax^2+bx+c\,(a\neq0)$ 既非单射，又非满射。

例 3.12 设集合 $A=\{1,2,3,4,5,6,7,8,9,10\}$，找出一个从 A^2 到 A 的函数，能否找到一个从 A^2 到 A 的满射？能否找到一个从 A^2 到 A 的单射？

解：对任意的 $x,y\in A$，设

$$f(x,y)=\max(x,y)$$

则 f 是一个从 A^2 到 A 的函数，该函数也是一个从 A^2 到 A 的满射，因为

$$|A^2|=|A\times A|=10\times10=100$$

$$|A|=10$$

因此 $|A^2|>|A|$，这是满射函数存在的必要条件。但是找不到一个从 A^2 到 A 的单射，因为 $|A^2|>|A|$，不满足单射的必要条件。

例 3.13 设集合 $A=P(\{1,2,3\})$，集合 $B=\{1,2\}^{\{a,b,c\}}$，构造双射函数 $f:A\to B$。

解：$A=\{\varnothing,\{1\},\{2\},\{3\},\{1,2\},\{1,3\},\{2,3\},\{1,2,3\}\}$

$B=\{f_1,f_2,f_3,f_4,f_5,f_6,f_7,f_8\}$，其中：

$f_1=\{(a,1),(b,1),(c,1)\}$，$f_2=\{(a,1),(b,1),(c,2)\}$，

$f_3=\{(a,1),(b,2),(c,1)\}$，$f_4=\{(a,1),(b,2),(c,2)\}$，

$f_5=\{(a,2),(b,1),(c,1)\}$，$f_6=\{(a,2),(b,1),(c,2)\}$，

$f_7=\{(a,2),(b,2),(c,1)\}$，$f_8=\{(a,2),(b,2),(c,2)\}$。

令 $f: A \to B$，使得 $f(\phi)=f_1$，$f(\{1\})=f_2$，$f(\{2\})=f_3$，$f(\{3\})=f_4$，$f(\{1,2\})=f_5$，$f(\{1,3\})=f_6$，$f(\{2,3\})=f_7$，$f(\{1,2,3\})=f_8$。

定理 3.3 设 A 和 B 为有限集，若 $|A|=|B|$，则 $f: A \to B$ 是单射的充要条件是 $f: A \to B$ 为满射。

证明：

必要性： 若 $f: A \to B$ 是单射，则 $|A|=|f(A)|$，因为 $|A|=|B|$，所以

$$|f(A)|=|B|$$

因此，$B=f(A)$。否则，若存在 $b \in B$ 且 $b \notin f(A)$，又 B 是有限集，因此有 $|f(A)|<|B|=|A|$，与 $|f(A)|=|B|$ 矛盾。因此 $f: A \to B$ 是满射。

充分性： 若 $f: A \to B$ 是满射，根据定义有 $B=f(A)$，于是

$$|A|=|B|=|f(A)|$$

则 $f: A \to B$。否则，存在 $x_1, x_2 \in A$，尽管 $x_1 \neq x_2$，但仍有 $f(x_1)=f(x_2)$，因此，$|f(A)|<|A|=|B|$ 与 $|A|=|B|=|f(A)|$ 矛盾，所以 $f: A \to B$ 是单射。

定义 3.8 设函数 $f: A \to B$，给出几个特殊函数的定义如下。

(1) 若存在 $b \in B$，使得对任意的 $a \in A$ 都有 $f(a)=b$，则称 f 是从 A 到 B 的**常值函数**。

(2) 集合 A 上的恒等关系 I_A 称为集合 A 上的**恒等函数**，即对任意的 $a \in A$，都有 $I_A(a)=a$。

定义 3.9 设 U 是全集，且 $A \subseteq U$，函数 $\psi_A: U \to \{0,1\}$ 定义为

$$\psi_A(x)=\begin{cases}1, & x \in A \\ 0, & x \notin A\end{cases}$$

称 ψ_A 是集合 A 的**特征函数**。

由特征函数的定义可知，集合 A 的每一个子集都对应于一个特征函数，不同的子集对应于不同的特征函数。因此，可以利用特征函数来标识集合 A 的不同子集，及利用特征函数建立函数与集合之间的一一对应关系，有利于用计算机去解决集合中的问题。

例 3.14 设 $U=\{a,b,c,d\}$，$A=\{a,b\}$，则 A 的特征函数为

$$\psi_A: \{a,b,c,d\} \to \{0,1\}$$

$\psi_A(a)=\psi_A(b)=1$，$\psi_A(c)=\psi_A(d)=0$。

关于特征函数有下列性质成立。

定理 3.4 设 U 是全集，且 $A \subseteq U$，$B \subseteq U$，则对任意的 $x \in U$，有

(1) $\forall x(\psi_A(x)=0) \Leftrightarrow A=\varnothing$

(2) $\forall x(\psi_A(x)=1) \Leftrightarrow A=U$

(3) $\forall x(\psi_A(x) \leqslant \psi_B(x)) \Leftrightarrow A \subseteq B$

(4) $\forall x(\psi_A(x)=\psi_B(x)) \Leftrightarrow A=B$

(5) $\psi_{A'}(x)=1-\psi_A(x)$

(6) $\psi_{A\cap B}(x)=\psi_A(x)\cdot\psi_B(x)$

(7) $\psi_{A\cup B}(x)=\psi_A(x)+\psi_B(x)-\psi_{A\cap B}(x)$

(8) $\psi_{A-B}(x)=\psi_{A\cap B'}(x)=\psi_A(x)-\psi_A(x)\cdot\psi_B(x)$

证明：这里给出(6)的证明，其余的可类似证明。

① 若 $x\in A\cap B$，有 $x\in A$ 且 $x\in B$，则 $\psi_A(x)=1$ 且 $\psi_B(x)=1$，于是 $\psi_{A\cap B}(x)=1=\psi_A(x)\cdot\psi_B(x)$。

② 若 $x\notin A\cap B$，则 $\psi_{A\cap B}(x)=0$，又因为 $x\notin A\cap B$，则有 $x\notin A$ 或 $x\notin B$，因此 $\psi_A(x)=0$ 或 $\psi_B(x)=0$，于是 $\psi_A(x)\cdot\psi_B(x)=0=\psi_{A\cap B}(x)$。

由①，②有 $\psi_{A\cap B}(x)=\psi_A(x)\cdot\psi_B(x)$。

利用集合的特征函数可以证明一些集合恒等式。

例 3.15 利用特征函数证明 $A\cup(B\cap C)=(A\cup B)\cap(A\cup C)$。

证明：对任意的 x，有

$$
\begin{aligned}
\psi_{(A\cup B)\cap(A\cup C)}(x)&=\psi_{A\cup B}(x)\cdot\psi_{A\cup C}(x)\\
&=(\psi_A(x)+\psi_B(x)-\psi_{A\cap B}(x))\cdot(\psi_A(x)+\psi_C(x)-\psi_{A\cap C}(x))\\
&=(\psi_A(x)+\psi_B(x)-\psi_A(x)\cdot\psi_B(x))\cdot(\psi_A(x)+\psi_C(x)-\psi_A(x)\cdot\psi_C(x))\\
&=\psi_A(x)+\psi_A(x)\cdot\psi_C(x)-\psi_A(x)\cdot\psi_C(x)+\psi_A(x)\cdot\psi_B(x)+\\
&\quad\ \psi_B(x)\cdot\psi_C(x)-\psi_A(x)\cdot\psi_B(x)\cdot\psi_C(x)-\psi_A(x)\cdot\psi_B(x)-\\
&\quad\ \psi_A(x)\cdot\psi_B(x)\cdot\psi_C(x)+\psi_A(x)\cdot\psi_B(x)\cdot\psi_C(x)\\
&=\psi_A(x)+\psi_B(x)\cdot\psi_C(x)-\psi_A(x)\cdot\psi_B(x)\cdot\psi_C(x)\\
&=\psi_A(x)+\psi_{B\cap C}(x)-\psi_{A\cap B\cap C}(x)\\
&=\psi_{A\cup(B\cap C)}(x)
\end{aligned}
$$

因此 $A\cup(B\cap C)=(A\cup B)\cap(A\cup C)$。

定义 3.10 设 R 是定义在非空集合 A 上的等价关系，函数 $f: A\to A/R$，$f(x)=[x]_R$，其中，$[x]_R$ 是 x 关于 R 的等价类，则称 f 为从 A 到商集 A/R 的**自然映射**。

显然，自然映射是一个满射。但是当等价关系不是恒等关系时，自然映射都不是单射。

例 3.16 设 $A=\{1,2,3\}$，等价关系 $R=\{(1,1),(2,2),(3,3),(1,2),(2,1)\}$，写出从 A 到商集 A/R 的**自然映射**。

解：从 A 到商集 A/R 的**自然映射** $f: A\to A/R$，$f(1)=f(2)=\{1,2\}$，$f(3)=\{3\}$。

3.3 复合函数与逆函数

因为函数是一种特殊的关系，因此关系的复合运算及逆运算也适用于函数，即函数也可以进行复合运算与逆的运算。

3.3.1 复合函数

定义 3.11 设 A,B,C 是集合，有函数 $f: A\to B$ 和 $g: B\to C$，则 f 与 g 的**复合函数**是一个由 A 到 C 的函数，记作 $g\circ f$，符号化表示为

$$g \circ f = \{(a,c) \mid x \in A, c \in C, \text{且存在 } b \in B, \text{使得}(a,b) \in f, (b,c) \in g\}$$

对于 $\forall a \in A$，有 $(g \circ f)(a) = g(f(a))$。

约定：只有当两个函数中一个的定义域与另一个的值域相同时，它们的合成才有意义。当这一要求不满足时，可利用函数的限制与扩充来弥补。

例 3.17 设 f, g 均为实数集上的函数，$f(x) = x + 1, g(x) = x^2 + 1$，则

$$g \circ f(x) = g(f(x)) = (x+1)^2 + 1 = x^2 + 2x + 2$$

而 $f \circ g(x) = f(g(x)) = (x^2 + 1) + 1 = x^2 + 2$。

例 3.18 设集合 $A = \{a,b,c\}$ 上的两个函数：$f = \{(a,c),(b,a),(c,c)\}$，$g = \{(a,b),(b,a),(c,c)\}$，则

$$f \circ g = \{(a,c),(b,b),(c,c), \quad g \circ f = \{(a,a),(b,c),(c,c)\}$$

一般地，复合函数是不可交换的，即 $f \circ g \neq g \circ f$。对于复合函数有下列性质成立。

例 3.19 在不含 0 和 1 的实数集上定义函数：

$$f_1(x) = x, \quad f_2(x) = 1/x, \quad f_3(x) = 1 - x, \quad f_4(x) = 1/(1-x),$$

$$f_5(x) = (x-1)/x, \quad f_6(x) = x/(x-1)$$

证明：(1) $f_2 \circ f_3 = f_4$；(2) $f_3 \circ f_4 = f_6$；(3) $f_5 \circ f_6 = f_2$。

证明：(1) $f_2 \circ f_3(x) = f_2(f_3(x)) = f_2(1-x) = 1/(1-x) = f_4(x)$

因此 $f_2 \circ f_3 = f_4$。

(2) $f_3 \circ f_4(x) = f_3(f_4(x)) = f_3(1/(1-x)) = 1 - 1/(1-x) = x/(1-x) = f_6(x)$

因此 $f_3 \circ f_4 = f_6$。

(3) $f_5 \circ f_6(x) = f_5(f_6(x)) = f_5(x/(x-1))$

$$= ((x/(x-1) - 1)/(x/(x-1))$$

$$= 1/x = f_2(x)$$

因此 $f_5 \circ f_6 = f_2$。

由于二元关系的复合运算满足结合律，因此函数的复合运算也满足结合律，所以有

$$(f \circ g) \circ h = f \circ (g \circ h)$$

对于特殊函数的复合运算有如下定理。

定理 3.5 设集合 A、B、C，函数 $f: A \to B, g: B \to C$，则

(1) 若 f 与 g 是满射，则 $g \circ f: A \to C$ 是满射。

(2) 若 f 与 g 是单射，则 $g \circ f: A \to C$ 是单射。

(3) 若 f 与 g 是双射，则 $g \circ f: A \to C$ 是双射。

证明：(1) 对于任意的 $c \in C$，因为 g 是满射，所以存在 $b \in B$，使得 $c = g(b)$。而对于 $b \in B$，因为 f 是满射，所以存在 $a \in A$，使得 $b = f(a)$。于是

$$(g \circ f)(a) = g(f(a)) = g(b) = c$$

因此 $g \circ f$ 是满射。

(2) 对于任意的 $a, b \in A$，如果 $a \neq b$，则 $f(a) \neq f(b)$。又因为 g 是单射，所以 $g(f(a)) \neq g(f(b))$，因此 $g \circ f$ 是单射。

(3) 因为 f 与 g 是双射，即 f 与 g 既是单射又是满射，由(1)和(2)可知，$g \circ f$ 也既是单射又是满射，即 $g \circ f$ 是双射。

定理 3.6 设集合 A、B、C，函数 $f: A \to B, g: B \to C$，则

(1) 若 $g \circ f$ 是满射,则 g 是满射。

(2) 若 $g \circ f$ 是单射,则 f 是单射。

(3) 若 $g \circ f$ 是双射,则 g 是满射且 f 是单射。

证明:(1) 对于任意的 $c \in C$,因为 $g \circ f$ 是满射,所以存在 $a \in A$,使得 $c = g \circ f(a)$,即 $c = g(f(a))$。因此有 $b = f(a) \in B$,使得 $c = g(b)$,因此 g 是满射。

(2) 对于 $a, b \in A$,如果 $f(a) = f(b)$,又因为 g 是函数,所以 $g(f(a)) = g(f(b))$,即 $g \circ f(a) = g \circ f(b)$。由于 $g \circ f$ 是单射,所以 $a = b$,即 f 是单射。

(3) 因为 $g \circ f$ 是双射,所以 $g \circ f$ 既是满射又是单射,由(1)和(2)可知,g 是满射且 f 是单射。

注意:若 $g \circ f$ 是满射,则 f 不一定是满射;若 $g \circ f$ 是单射,则 g 不一定是单射。

例 3.20 设集合 A、B、C,函数 $f: A \to B$,$g: B \to C$,举例说明。

(1) $g \circ f$ 是满射,则 f 不是满射。

(2) $g \circ f$ 是单射,则 g 不是单射。

解:设 $A = \{a_1, a_2\}$,$B = \{b_1, b_2\}$,$C = \{c\}$,定义函数 $f(a_1) = f(a_2) = b_1$,$g(b_1) = g(b_2) = c$,则 $g \circ f: A \to C$ 为

$$g \circ f(a_1) = g \circ f(a_2) = c$$

可以验证 $g \circ f$ 是满射,但是 f 不是满射。

(2) 设 $A = \{a_1, a_2\}$,$B = \{b_1, b_2, b_3\}$,$C = \{c_1, c_2\}$,定义函数 $f(a_1) = b_1$,$f(a_2) = b_3$,$g(b_1) = g(b_2) = c_1$,$g(b_3) = c_2$,则 $g \circ f: A \to C$ 为

$$g \circ f(a_1) = c_1, \quad g \circ f(a_2) = c_2$$

可以验证 $g \circ f$ 是单射,但是 g 不是单射。

3.3.2 逆函数

函数作为关系可以求取它的逆关系。但是函数的逆关系不一定是函数,那在什么情况下函数的逆关系可以成为函数呢?我们做如下定义:

定义 3.12 设集合 A、B,函数 $f: A \to B$ 是双射,函数 $g: B \to A$ 使得对于每一个元素 $b \in B$,有 $g(b) = a$,其中,$a \in A$ 且使得 $f(a) = b$,则称 g 是 f 的**逆函数**,记作 f^{-1}。若 f 存在逆函数,则称 f 是**可逆的**。逆函数也称为**反函数**。

例 3.21 设 $A = \{1,2,3\}$,$B = \{a,b,c\}$,$f: A \to B$,$f = \{(1,a),(2,b),(3,b)\}$,因为 f 不是单射,因此 f 的逆关系 $\{(a,1),(b,2),(b,3)\}$ 不是函数,但是如果 $f = \{(1,a),(2,b),(3,c)\}$,则 f 是双射,f 的逆关系 $f^{-1} = \{(a,1),(b,2),(c,3)\}$ 则是 f 的反函数。

定理 3.7 若 f 是从集合 A 到 B 的双射,则它的逆关系 f^{-1} 是从 B 到 A 的双射。

证明:因为 f 是双射,所以逆关系 f^{-1} 是函数。

对于任意的 $a \in A$,存在唯一的元素 $b \in B$ 使得 $b = f(a)$,又由逆函数定义知,$a = f^{-1}(b)$,即 $a \in f^{-1}(B)$,因为 a 是任意的,所以 f^{-1} 是满射。

设 $b_1, b_2 \in B$,且 $b_1 \neq b_2$,由双射的定义可知,必有两个元素 $a_1, a_2 \in A$,且 $a_1 \neq a_2$,使得 $b_1 = f(a_1)$,$b_2 = f(a_2)$,于是 $a_1 = f^{-1}(b_1)$,$a_2 = f^{-1}(b_2)$,且 $f^{-1}(b_1) \neq f^{-1}(b_2)$,因此 f^{-1} 是单射。

所以 f^{-1} 是从 B 到 A 的双射。

定理 3.8 设集合 A、B、C，$f: A \to B$，$g: B \to C$，且 f 与 g 都是可逆的，则

(1) $(f^{-1})^{-1}=f$。

(2) $(g \circ f)^{-1}=f^{-1} \circ g^{-1}$。

证明：(1) 由条件可知，f 与 f^{-1} 都是双射，并且有 $(f^{-1})^{-1}$ 是从 A 到 B 的双射。下面证明 $(f^{-1})^{-1}=f$。

对于任意的 $a \in A$，设 $f(a)=b \in B$，有 $f^{-1}(b)=a$，因此 $(f^{-1})^{-1}(a)=b$，于是 $f(a)=(f^{-1})^{-1}(a)$，因为 a 是任意的，因此 $(f^{-1})^{-1}=f$。

(2) 从假设可知，等式两边都是从 C 到 A 的双射。下面证明 $(g \circ f)^{-1}=f^{-1} \circ g^{-1}$。

对于任意的 $c \in C$，存在 $b \in B$ 与 $a \in A$，使得 $g^{-1}(c)=b$，$f^{-1}(b)=a$，则

$$(f^{-1} \circ g^{-1})(c)=f^{-1}(g^{-1}(c))=f^{-1}(b)=a$$

另外，又有 $(g \circ f)(a)=g(f(a))=g(b)=c$

因此 $(g \circ f)^{-1}(c)=a$。因为 c 是任意的，所以有

$$(g \circ f)^{-1}=f^{-1} \circ g^{-1}$$

例 3.22 设 **R** 为实数集，函数 $f: \mathbf{R} \to \mathbf{R}$，$g: \mathbf{R} \to \mathbf{R}$，$f(x)=x+1$，$g(x)=x^2$，求 $f \circ g$，$g \circ f$。如果 f 与 g 存在逆函数，求出相应的逆函数。

解：$f \circ g=f(g(x))=(x^2)+1=x^2+1$

$g \circ f=g(f(x))=(x+1)^2+1=x^2+2x+2$

$f^{-1}(x)=x-1$

因为 g 不是双射，因此不存在逆函数。

习　题

1. 下面的关系哪些构成函数？其中，$(x,y) \in R$ 定义为 $x^2+y^2=1$，x，y 均为实数。

(1) $0 \leqslant x \leqslant 1$，$0 \leqslant y \leqslant 1$

(2) $-1 \leqslant x \leqslant 1$，$-1 \leqslant y \leqslant 1$

(3) $-1 \leqslant x \leqslant 1$，$0 \leqslant y \leqslant 1$

(4) x 任意，$0 \leqslant y \leqslant 1$

2. 设 $A=\{a,b,c\}$，问：

(1) A 到 A 可以定义多少种函数？

(2) $A \times A$ 到 A 可以定义多少种函数？

(3) $A \times A$ 到 $A \times A$ 可以定义多少种函数？

(4) A 到 $A \times A$ 可以定义多少种函数？

3. 设 $A=\{0,1,2\}$，$B=\{a,b\}$，问下列关系哪些是 A 到 B 的函数？

(1) $f_1=\{(0,a),(0,b),(1,a),(2,b)\}$

(2) $f_2=\{(0,a),(1,b),(2,a)\}$

(3) $f_3=\{(0,a),(1,b)\}$

(4) $f_4=\{(0,a),(1,b),(2,a),(2,b)\}$

4. 设 f 与 g 是函数，证明 $f \cap g$ 也是函数。

5. 设 f 与 g 是函数，且 $f \subseteq g$，$\mathrm{dom}(g) \subseteq \mathrm{dom}(f)$，则 $f=g$。

6. 设 $A=\{1,2,3,4,5\}$,$B=\{a,b,c,d,e\}$,问下列函数哪些是单射?哪些是满射?哪些是双射?

(1) $f_1=\{(1,a),(3,b),(2,d),(4,c),(5,e)\}$

(2) $f_1=\{(1,a),(3,a),(2,d),(4,c),(5,d)\}$

(3) $f_1=\{(1,a),(2,b),(3,d),(4,c),(5,e)\}$

7. 设 $A=\{1,2,3,4,5\}$,$B=\{a,b,c,d,e\}$,试给出满足下列条件的函数的例子。

(1) 是单射不是满射;

(2) 是满射不是单射;

(3) 不是单射也不是满射;

(4) 既是单射又是满射。

8. 设 f,g,h 都是实数集上的函数,且 $f(x)=2x+1$,$g(x)=x^2+2$,$h(x)=x^2-2$,求 $f\circ g$,$g\circ h$,$f\circ(g\circ h)$,$g\circ(h\circ f)$。

9. 设 $f:A\to B$,$g:B\to\rho(A)$,对于 $b\in B$,$g(b)=\{x\in A\mid f(x)=b\}$,证明:若 f 是 A 到 B 的满射函数,则 g 是单射函数。

10. 设 f 与 g 是函数,且 $f(x)=2x+1$,$g(x)=3x+2$,$x\in\mathbf{Z}$(整数集),求 $(f\circ g)^{-1}$,$(g\circ f)^{-1}$。

11. 证明:若 $(g\circ f)^{-1}$ 是一个函数,则 f 与 g 是单射不一定成立。

12. 设函数 $f:R\times R\to R\times R$,f 定义为

$$f(x,y)=(x+y,x-y)$$

(1) 证明 f 是单射;

(2) 证明 f 是满射;

(3) 求逆函数 f^{-1};

(4) 求复合函数 $f^{-1}\circ f$ 与 $f\circ f^{-1}$。

第4章 命题逻辑

数理逻辑又称符号逻辑、理论逻辑。它是数学的一个分支,是用数学方法研究逻辑或形式逻辑的学科。所谓数学方法就是指数学采用的一般方法,包括使用符号和公式,已有的数学成果和方法,特别是使用形式的公理方法来描述和处理思维形式的逻辑结构及其规律,从而把对思维的研究转变为对符号的研究。这样不但可以避免自然语言的歧义性,还可以将推理理论公式化。简而言之,数理逻辑就是精确化、数学化的形式逻辑。它是现代计算机技术的基础。新的时代将是数学大发展的时代,而数理逻辑在其中将会起到非常关键的作用。

那么,数理逻辑主要包括哪些内容呢?本书只介绍数理逻辑的两个最基本的也是最重要的组成部分,即"命题逻辑"和"谓词逻辑",本章主要讲解命题逻辑,谓词逻辑的内容将在第5章进行详细的讲解。

本章主要包括如下内容。

- 命题与命题连接词。
- 命题公式与真值表。
- 命题公式的等价关系和蕴涵关系。
- 命题公式的范式表示。
- 命题演算的推理理论。

4.1 命题与命题连接词

命题是逻辑学研究的出发点,命题逻辑是研究关于命题如何通过一些逻辑连接词构成更复杂的命题以及逻辑推理的方法,即命题是推理的基本单位。因此,首先要弄清楚什么是命题,什么不是命题,以及如何表示命题。

4.1.1 命题与真值

定义 4.1 具有具体意义的又能判断它是真还是假的陈述句,称为**命题**。

命题的定义中包含以下两层含义。

(1) 命题必须是能判断真和假的陈述句。因此,疑问句、祈使句和感叹句等均不是命题。

(2) 命题的真或假两种结果有且仅有一种出现。

陈述句为真或为假的这种性质,称为命题的**真值**。凡与事实相符合的命题为真命题,其真值为真;否则为假命题,其真值为假。也可以将真值符号化:用"1"表示"真",用"0"表示"假"。

例4.1 判断下面的句子是否是命题。

(1) 中国的首都在北京。

(2) 海洋的面积比陆地的面积大。

(3) 离散数学是计算机科学系的一门必修课。

(4) 三角形的三个内角之和为180°。

(5) 请勿吸烟!

(6) 我们要努力学习!

(7) 我们只有努力学习,才能取得好的成绩。

(8) 今天是星期天吗?

(9) 雪是黑的。

(10) $2+3>5$。

(11) 我正在说假话。

(12) 对等角相等。

解:(1)、(2)、(3)和(4)是命题。

(5) 和(6)是祈使句,因此不是命题。

(7) 是命题。

(8) 是疑问句,不是命题。

(9) 和(10)是命题。

(11) 不是命题,是悖论。

(12) 是命题。

在数理逻辑中,通常用大写字母或带有下标的大写字母表示命题,如P、Q、…,用来表示命题的符号称为命题的**标识符**,即可以用一个符号来表示命题,也称为命题的符号化。

例4.2 A:“中国的首都在北京。”

B:“上海是个美丽的城市。”

P:$z=x+y$

其中,命题A和B是**命题常元**,表示具体确定内容的命题,即命题常元有确定的真值。P是**命题变元**(变项),表示没有意义的、没有赋予具体内容的抽象命题,即命题变元的真值待定,只有当用某具体命题代入命题变元后,它才有确定的真值,如用三个命题$z=3$,$x=1$,$y=2$代入命题变元P,则有P是真命题;若用三个命题$z=4$,$x=1$,$y=2$代入命题变元P,则有P是假命题。用一个或多个具体的命题代入命题变元标识符P的过程,称为对P的**解释**或**赋值**。

若一个命题是一个简单的陈述句,则称为**简单命题**或**原子命题**,也就是说,简单命题或原子命题是不能再分解成其他命题的命题;由若干个原子命题经过连接词复合而成的陈述句,称为**复合命题**。例如,如果明天是晴天,那么我去新华书店。“明天是晴天”与“我去新华书店”是两个原子命题,经过连接词“如果……,那么……”复合构成一个复合命题;“明天不是星期天”,这也是一个复合命题,因为命题“是星期天”是原子命题,通过“不”连接词构成了一个复合命题“明天不是星期天”。在日常生活中,存在着许多这样的命题,比如我们日常的说话,很多语句都可以分成原子命题或复合命题。

4.1.2 命题连接词

在命题演算中也有类似日常生活中的连接词，称为**命题连接词**。下面介绍五种常用的**命题连接词**及相应的真值表。

1. 否定词"¬"

符号"¬"，读作"非"或"否定"。设命题为 P，则在 P 的前面加否定词"¬"，变成 $\neg P$，构成的复合命题为 P 的否命题，读作"P 的否定"或"非 P"。$\neg P$ 为真当且仅当 P 为假。命题 P 的真值表如表 4.1 所示。

表 4.1 命题 *P* 的真值表

P	$\neg P$
0	1
1	0

例 4.3 P："上海是一座美丽的城市。"

$\neg P$："上海不是一座美丽的城市。"

例 4.4 Q："地球是圆的。"

$\neg Q$："地球不是圆的。"

例 4.5 R："每一种生物均是动物。"

$\neg R$："有一些生物不是动物。"

例 4.5 中的 $\neg R$ 不能表示成"每一种生物都不是动物"，因为原命题 R 是一个假命题，真值为"0"，如果将 $\neg R$ 表示成"每一种生物都不是动物"，则 $\neg R$ 也是假命题了，就不能构成对 R 的否定了，也就不能成为 R 的否命题了。

注：对量化命题的否定，除对动词进行否定外，同时对量化词也要加以否定，具体内容将在谓词演算中讲解。

逻辑否定词"¬"是一个一元运算，它的意义是"否定"被否定命题的全部，而不是否定部分，对应真值表，就是将真命题否定为假命题，假命题否定为真命题。

否定的性质：$\neg(\neg P) \Leftrightarrow P$（双重否定律）

2. 合取词"∧"

符号"∧"，读作"合取""与"或"并且"。设 P、Q 为两个命题，则 $P \wedge Q$ 称为 P 与 Q 的合取，读作"P 与 Q""P 与 Q 的合取""P 并且 Q"等。$P \wedge Q$ 为真当且仅当 P 与 Q 均取值为真。$P \wedge Q$ 的真值表如表 4.2 所示。

表 4.2 $P \wedge Q$ 的真值表

P	Q	$P \wedge Q$
0	0	0
0	1	0
1	0	0
1	1	1

"∧"是日常语言中"并且""既……又……""与""和""以及"等连接词的逻辑抽象，但不完全等同，一般情况下，如果没有连接词，而是由逗号隔开的两个简单陈述句，也采用合取词"∧"。

注意：P 和 Q 是互为独立的，地位是平等的，P 和 Q 的位置可以交换而不会影响 $P \wedge Q$ 的结果。

例 4.6 P："小明的成绩很好。"

Q："小明的品德很好。"

则 $P \wedge Q$：“小明的成绩很好并且品德很好。”

例 4.7 P：“小明聪明。”

Q：“小明用功。”

则 $P \wedge Q$：“小明既聪明又用功。”

例 4.8 P：“小明去了学校。”

Q：“我去了工厂。”

则 $P \wedge Q$：“小明去了学校且我去了工厂。”

例 4.9 P：“今天是星期二。”

Q：“房间里有一台电视机。”

则 $P \wedge Q$：“今天是星期二与房间里有一台电视机。”

例 4.10 P：“中国的首都在北京。”

Q：“$3+3=6$。”

则 $P \wedge Q$：“中国的首都在北京与 $3+3=6$。”

由例 4.9 与例 4.10 可以看出，在日常生活中，合取词应用在两个有关系的命题之间。而在逻辑学中，我们关心的是复合命题与构成复合命题的各原子命题之间的真值关系，并不关心各语句的具体意义，因此合取词可以用在两个毫不相干的命题之间。

合取的性质：

$P \wedge P \Leftrightarrow P$（幂等律）

$P \wedge Q \Leftrightarrow Q \wedge P$（交换律）

$(P \wedge Q) \wedge R \Leftrightarrow P \wedge (Q \wedge R)$（结合律）

$P \wedge 0 \Leftrightarrow 0$（零一律）

$P \wedge 1 \Leftrightarrow P$（同一律）

$P \wedge \neg P \Leftrightarrow 0$（否定律）

3. 析取词“∨”

符号“∨”，读作“析取”“或”。设 P、Q 为两个命题，则 $P \vee Q$ 称作 P 与 Q 的“析取”，读作“P 或 Q”。$P \vee Q$ 的真值为“1”当且仅当 P 与 Q 至少有一个取值为“1”。$P \vee Q$ 的真值表如表 4.3 所示。

表 4.3 $P \vee Q$ 的真值表

P	Q	$P \vee Q$
0	0	0
0	1	1
1	0	1
1	1	1

析取词“∨”表示的是一种“可兼或”，相当于日常用语中的“或者”，允许所有部分命题同时为真。但是在日常生活中，“或”在有的场合下不同于上述意义。例如，“人固有一死，或重于泰山，或轻于鸿毛”，其中的“或”是不可兼的，即当发现有人的死既重于泰山又轻于鸿毛时，上述论断被认为假。在这种情况下就不能用“∨”连接词，此时需要用另一种连接词“⊕”，读作“异或”“排斥或”，表示二者不可兼或，只能取其中一种，即 $P \oplus Q$ 的真值为“1”当

且仅当 P 与 Q 的真值相反。$P\oplus Q$ 的真值表如表 4.4 所示。

表 4.4　$P\oplus Q$ 的真值表

P	Q	$P\oplus Q$
0	0	0
0	1	1
1	0	1
1	1	0

例 4.11　P：“我去学校。”

Q：“我去工厂。”

则 $P\vee Q$：“我去学校或去工厂。”

例 4.12　P：“今天是星期二。”

Q：“房间里有一台电视机。”

则 $P\vee Q$：“今天是星期二或房间里有一台电视机。”

例 4.13　P：“今晚我看书。”

Q：“今晚我去看电影。”

则 $P\vee Q$：“今晚我看书或者去看电影”。

例 4.14　P：“今晚我看书。”

Q：“今晚我去看电影。”

则 $P\oplus Q$：“今晚我看书或者去看电影”。

要注意区分例 4.13 和例 4.14 中的含义，在例 4.13 中的 $P\vee Q$ 表示当晚看了书，或者看了电影，或者既看了书又看了电影时，$P\vee Q$ 为真；只是在我既不看书也不看电影时 $P\vee Q$ 为假。而在例 4.14 中，$P\oplus Q$ 表示当晚看了书或者看了电影，有且仅有一个为真时，$P\oplus Q$ 为真，否则 $P\oplus Q$ 为假。

析取的性质：

$P\vee P\Leftrightarrow P$（幂等律）

$P\vee Q\Leftrightarrow Q\vee P$（交换律）

$(P\vee Q)\vee R\Leftrightarrow P\vee(Q\vee R)$（结合律）

$P\vee 0\Leftrightarrow P$（同一律）

$P\vee 1\Leftrightarrow 1$（零一律）

$P\vee\neg P\Leftrightarrow 1$（否定律）

$P\vee(P\wedge Q)\Leftrightarrow P$，$P\wedge(P\vee Q)\Leftrightarrow P$（吸收律）

$P\vee(Q\wedge R)\Leftrightarrow(P\vee Q)\wedge(P\vee R)$（分配律）

$P\wedge(Q\vee R)\Leftrightarrow(P\wedge Q)\vee(P\wedge R)$

$\neg(P\wedge Q)\Leftrightarrow\neg P\vee\neg Q$（德摩根律）

$\neg(P\vee Q)\Leftrightarrow\neg P\wedge\neg Q$

4. 蕴涵词“→”

符号“→”，读作“如果……则……”。设 P、Q 为两个命题，则 $P\rightarrow Q$ 称作 P 与 Q 的蕴涵式复合命题，其中，P 称为蕴涵式的前件、条件、前提、假设，Q 称为蕴涵式的后件、结论，读作“P 蕴涵 Q”“P 是 Q 的充分条件”“Q 是 P 的必要条件”“Q 当 P”“P 仅当 Q”等。$P \rightarrow Q$ 的真值为“0”当且仅当 P 为真 Q 为假,否则 $P \rightarrow Q$ 的真值为“1”。$P \rightarrow Q$ 的真值表如表4.5所示。

表4.5 $P \rightarrow Q$ 的真值表

P	Q	$P \rightarrow Q$
0	0	1
0	1	1
1	0	0
1	1	1

例4.15 P:“天气好。”

Q:“我去接你。”

则 $P \rightarrow Q$:“如果天气好,则我去接你”。当天气好时,我去接了你,这时 $P \rightarrow Q$ 为真;当天气好时,我没去接你,则 $P \rightarrow Q$ 假。当天气不好时,我无论去或不去接你均未食言,此时认定 $P \rightarrow Q$ 为真是适当的。

例4.16 P:“小明来了。”

Q:“2+2=4。”

则 $P \rightarrow Q$:“如果小明来了,则2+2=4。”

在例4.16中规定的蕴涵词称为实质蕴涵,因为它不要求 $P \rightarrow Q$ 中的 P、Q 有什么关系,只要 $P \rightarrow Q$ 为命题,$P \rightarrow Q$ 就有意义,因此在此命题中,无论小明来或不来,都有 $P \rightarrow Q$ 的真值为“1”。又例如:

例4.17 P:“大象会飞。”

Q:“小狗会说话。”

则 $P \rightarrow Q$:“如果大象会飞,则小狗会说话。”就是一个有意义的命题,并且根据定义其真值为“真”。

蕴含的性质:

$P \rightarrow Q \Leftrightarrow \neg P \vee Q$(归化)

所谓归化就是用连接词 $\vee$, $\wedge$, $\neg$ 表示其他连接词。

$$P \rightarrow Q \Leftrightarrow \neg Q \rightarrow \neg P$$

5. 等价词“$\leftrightarrow$”(双条件连接词)

符号“$\leftrightarrow$”,读作“等价”。设 P、Q 为两个命题,则 $P \leftrightarrow Q$ 称作 P 与 Q 的等价式复合命题,读作“P 当且仅当 Q”“P 等价 Q”“P 是 Q 的充要条件”等。$P \leftrightarrow Q$ 的真值为“1”当且仅当 P 与 Q 的取值相同,否则 $P \leftrightarrow Q$ 的真值为“0”。$P \leftrightarrow Q$ 的真值表如表4.6所示。

表4.6 $P \leftrightarrow Q$ 的真值表

P	Q	$P \leftrightarrow Q$
0	0	1
0	1	0
1	0	0
1	1	1

例 4.18　P："$\triangle ABC$ 是等腰三角形。"

Q："$\triangle ABC$ 有两个角相等。"

则 $P \leftrightarrow Q$："$\triangle ABC$ 是等腰三角形当且仅当$\triangle ABC$ 中有两个角相等。"

例 4.19　P："自然数 $a=b$。"

Q："$a \geqslant b$ 且 $b \geqslant a$。"

则 $P \leftrightarrow Q$："$a=b$ 当且仅当 $a \geqslant b$ 且 $b \geqslant a$。"

例 4.20　P："中国的首都在北京。"

Q："$3+3=6$。"

则 $P \leftrightarrow Q$："中国的首都在北京当且仅当 $3+3=6$。"

等价的性质：

$P \leftrightarrow Q \Leftrightarrow Q \leftrightarrow P$（交换律）

$(P \leftrightarrow Q) \leftrightarrow R \Leftrightarrow P \leftrightarrow (Q \leftrightarrow R)$（结合律）

$P \leftrightarrow Q \Leftrightarrow (P \rightarrow Q) \wedge (Q \rightarrow P)$

$P \leftrightarrow Q \Leftrightarrow (\neg P \vee Q) \wedge (\neg Q \vee P) \Leftrightarrow (P \wedge Q) \vee (\neg P \wedge \neg Q)$（归化）

以上介绍的是五个最常用、最重要的连接词，自然语言中还有其他连接词，有的可以直接用它们中的一个来表示，例如，"也"等同于"且"，"除非"等同于"当且仅当"；有的则可以用它们中的若干个来表示，例如，"不可兼或"可用 $\vee$，$\wedge$ 与 $\neg$ 来表示等。在一个复合命题中，如果用到多个命题连接词，按照如下规则使用连接词，命题连接词在使用时的优先级如下。

(1) 先括号内，后括号外。

(2) 运算时连接词的优先次序为：$\neg$，$\wedge$，$\vee$，$\rightarrow$，$\leftrightarrow$（由高到低）。

(3) 连接词按从左到右的次序进行运算，例如：$P \vee (Q \vee R)$可省去括号，因为"$\vee$"运算是可结合的；而 $P \rightarrow (Q \rightarrow R)$中的括号不能省去，因为"$\rightarrow$"不满足结合律。

(4) 最外层的括号一律均可省去，例如：

$$(P \rightarrow Q \vee R) \text{ 可写成 } P \rightarrow Q \vee R$$

数理逻辑的特点是把逻辑推理变成类似数学演算的完全形式化了的逻辑演算，为此，首先要把推理所涉及的各命题符号化。

命题符号化的步骤如下。

(1) 分析出各简单命题，分别将它们符号化。

(2) 根据自然语句中的逻辑关系，找出适当的命题连接词，把简单命题逐个连接起来，构成复合命题的符号化表示。

例 4.21　将下列命题符号化。

(1) 李明是计算机系的学生，他是男生或女生。

(2) 张三和李四是朋友。

(3) 如果你走路时看书，那么你一定会成为近视眼。

(4) 他虽有理论知识但无实践经验。

(5) 虽然交通堵塞，但是老王还是准时到达了车站。

(6) 只有一个角是直角的三角形才是直角三角形。

(7) 选老王或小李一人去北京出差。

解：(1) 首先用字母表示简单命题。

P：李明是计算机系的学生。

Q：李明是男生。

R：李明是女生。

该命题符号化为：$P\wedge(Q\oplus R)$。

(2)"张三和李四是朋友。"是一个简单句。

该命题符号化为：P。

(3) 首先用字母表示简单命题。

P：你走路。

Q：你看书。

R：你成为近视眼。

该命题符号化为：$(P\wedge Q)\rightarrow R$。

(4) 首先用字母表示简单命题。

P：他有理论知识。

Q：他有实践经验。

该命题符号化为：$P\wedge\neg Q$。

(5) 首先用字母表示简单命题。

P：交通堵塞。

Q：老王准时到达了车站。

该命题符号化为：$P\wedge Q$。

(6) 首先用字母表示简单命题。

P：三角形的一个角是直角。

Q：三角形是直角三角形。

该命题符号化为：$P\rightarrow Q$。

(7) 首先用字母表示简单命题。

P：老王去北京出差。

Q：小李去北京出差。

该命题符号化为：$P\oplus Q$。

也可符号化为：$(P\wedge\neg Q)\vee(\neg P\wedge Q)$。

在将命题用符号来表示的时候，要善于确定简单命题，不要把一个概念拆成几个概念，如例4.21中的(2)就是一个简单命题；同时还要善于识别自然语言中的连接词，如例4.21中的(6)，"只有……才……"对应着连接词"→"。命题连接词表达了自然语句中的一种客观性质，由于自然语句常常带有歧义，因此，人们可能对同一种语句有不同的理解，导致对同一自然语句不等价的描述，但是一旦用符号表示出来，歧义就不存在了，这也是命题符号化表示的奥妙之处，消除了自然语句的歧义性。

4.2 命题公式与真值表

4.1节讨论了命题、命题连接词及命题符号化。本节主要讨论命题公式及真值表，在讨论之前，做以下两点约定。

(1) 我们只注意命题的真假值，而不再去注意命题的汉语意义。

(2) 对命题连接词，我们只注意真值表的定义，而不注意它在日常生活中的含义。

定义 4.2 由命题常元、命题变元、命题连接词和圆括号等按照下述规则所组成的字符串，称为**命题公式**。

(1) 0,1 和命题变元是命题公式。

(2) 如果 P 和 Q 是命题公式，则 $\neg P, P \wedge Q, P \vee Q, P \to Q, P \leftrightarrow Q$ 也是命题公式。

(3) 只有有限次地利用上述(1),(2)而产生的符号串才是命题公式。

这里采用了递归的方式为命题公式下定义，递归是计算机科学常用的方法，它主要由(1)递归定义的基础、(2)递归定义的归纳和(3)递归定义的极小性三部分组成。

注意：命题公式没有真假。

例 4.22 $P \vee Q, (\neg P \vee Q \vee R) \wedge (\neg P \wedge \neg Q)$是命题公式。

例 4.23 $\neg P \vee Q \vee, (\neg P \wedge Q) \to, P \vee (Q \vee R \vee \cdots)$不是命题公式。

定义 4.3 如果命题公式 A 的一个子字符串 B 也是命题公式，则称 B 是 A 的**子命题公式**。

例 4.24 P、Q、R、$P \wedge Q$、$Q \wedge R$ 都是命题公式 $P \wedge Q \wedge R$ 的子命题公式，但是 $P \wedge R$ 不是命题公式 $P \wedge Q \wedge R$ 的子命题公式。

例 4.25 $P \wedge Q$ 是命题公式$(P \wedge Q \wedge R) \vee (\neg P \wedge \neg Q)$的子命题公式，但是 $R \vee \neg P$ 不是命题公式$(P \wedge Q \wedge R) \vee (\neg P \wedge \neg Q)$的子命题公式。

从例 4.24 与例 4.25 中可以看到，子命题公式必须是原命题公式中连续的符号串，而且必须满足命题公式的定义。

为简单起见，以后称命题公式为公式，子命题公式为子公式。

定义 4.4 设 F 为含有命题变元 $P_1, P_2, \cdots, P_n$ 的命题公式，给 $P_1, P_2, \cdots, P_n$ 各指定一个真值，称为公式 F 关于 $P_1, P_2, \cdots, P_n$ 的**一组真值指派**。

命题公式可以看成是一个以真假值为定义域和真假值为值域的一个函数。

定义 4.5 设 B：$(0,1)^n \to \{0,1\}$，$(n \geqslant 1)$，即此函数是以 n 个命题变元为自变量，其定义域和值域都是由 0 和 1 两个值构成，则称 B 为一个 n **元真值函数**。

一个命题公式只能取 0 或 1 为真值，取什么值取决于对命题公式中各原子公式的指派，以及命题公式中连接词的功能。一般地，含有 n 个命题变元的命题公式有 2^n 组不同的真值指派，对于每一组真值指派，命题公式都有一个确定的真值。把命题公式的全部可能的真值指派所取的真值构成的表，称为该命题公式的**真值表**。

命题公式的真值表的构造步骤如下。

(1) 找出给定命题公式中所有的命题变元，对命题变元列出所有可能的赋值。

(2) 按照从低到高的顺序写出命题公式的各层次。

(3) 对应每个赋值，计算命题公式各层次的值，直到最后计算出整个命题公式的值。

例 4.26 构造命题公式 $\neg P \wedge Q$ 的真值表。

解：命题公式 $\neg P \wedge Q$ 的真值表如表 4.7 所示。

表 4.7　$\neg P \wedge Q$ 的真值表

P	Q	$\neg P \wedge Q$
0	0	0
0	1	1
1	0	0
1	1	0

例 4.27　构造命题公式 $\neg(P \rightarrow (Q \wedge R))$ 的真值表。

解：命题公式 $\neg(P \rightarrow (Q \wedge R))$ 的真值表如表 4.8 所示。

表 4.8　$\neg(P \rightarrow (Q \wedge R))$ 的真值表

P	Q	R	$Q \wedge R$	$P \rightarrow (Q \wedge R)$	$\neg(P \rightarrow (Q \wedge R))$
0	0	0	0	1	0
0	0	1	0	1	0
0	1	0	0	1	0
0	1	1	1	1	0
1	0	0	0	0	1
1	0	1	0	0	1
1	1	0	0	0	1
1	1	1	1	1	0

例 4.28　构造命题公式 $(P \rightarrow (Q \wedge R)) \leftrightarrow (P \wedge Q)$ 的真值表。

解：命题公式 $(P \rightarrow (Q \wedge R)) \leftrightarrow (P \wedge Q)$ 的真值表如表 4.9 所示。

表 4.9　$(P \rightarrow (Q \wedge R)) \leftrightarrow (P \wedge Q)$ 的真值表

P	Q	R	$Q \wedge R$	$P \rightarrow (Q \wedge R)$	$P \wedge Q$	$(P \rightarrow (Q \wedge R)) \leftrightarrow (P \wedge Q)$
0	0	0	0	1	0	0
0	0	1	0	1	0	0
0	1	0	0	1	0	0
0	1	1	1	1	0	0
1	0	0	0	0	0	1
1	0	1	0	0	0	1
1	1	0	0	0	1	0
1	1	1	1	1	1	1

通过公式的真值表，对公式中所含命题变元的任意一组真值指派，都可以找到公式所对应的真值。除此以外，还可以通过公式的真值发现公式的某些性质，按照性质可以对公式进行一些分类。

定义 4.6　如果对命题公式的任何一组指派，公式取值恒为真，则称该公式为**重言式**或**永真式**，常用“1”表示；反之，如果对命题公式的任何一组指派，公式取值恒为假，则称该公式为**永假式**、**矛盾式**或**不可满足式**，常用“0”表示；如果存在至少一组指派使公式取值为 1，则称这个公式为**可满足式**。

例 4.29　运用真值表技术判断命题公式 $(P \wedge Q) \vee \neg P \vee \neg Q$ 的类别。

解：命题公式$(P \wedge Q) \vee \neg P \vee \neg Q$的真值表如表4.10所示。

表4.10　$(P \wedge Q) \vee \neg P \vee \neg Q$的真值表

P	Q	$P \wedge Q$	$(P \wedge Q) \vee \neg P \vee \neg Q$
0	0	0	1
0	1	0	1
1	0	0	1
1	1	1	1

由真值表可知，公式$(P \wedge Q) \vee \neg P \vee \neg Q$对命题变元$P$、$Q$的任意一组真值指派，所对应的真值均为1，因此该公式为永真式。

三种特殊公式之间的关系如下。

(1) 永真式的否定为永假式；永假式的否定为永真式。

(2) 永真式一定是可满足式。

(3) 可满足式的否定为不可满足式。

(4) 两个永真式的析取、合取、蕴含、等价均为永真式。

(5) 两个永假式的析取、合取为永假式，两个永假式的蕴含、等价为永真式。

构造一个公式的真值表，对于理解公式的性质很有帮助，它是公式的另一种表现方式。在实际应用中，只要掌握了公式的真值表，就相当于掌握了公式。但是当公式所包含的命题变元很多时，真值表方法的工作量会很大，这时就需要寻找其他一些切实可行的方法。

4.3　命题公式的等价关系和蕴涵关系

4.3.1　命题公式的等价关系

定义4.7　如果对两个公式A，B不论做何种指派，它们真值均相同，或公式$A \leftrightarrow B$的真值恒为1，则称A，B是逻辑等价的，或记作$A \Leftrightarrow B$。

两个命题等价的充要条件是它们对应的命题公式等价。

例4.30　判定公式A：$\neg(P \wedge Q)$和B：$\neg P \vee \neg Q$的等价性。

解：根据定义用真值表来验证，如表4.11所示。

表4.11　真值表

P	Q	$P \wedge Q$	$\neg(P \wedge Q)$	$\neg P \vee \neg Q$
0	0	0	1	1
0	1	0	1	1
1	0	0	1	1
1	1	1	0	0

由表4.11可以看出，$(\neg(P \wedge Q)) \leftrightarrow (\neg P \vee \neg Q)$的真值全为1。

在命题公式的等价关系中要注意符号“$\leftrightarrow$”和“$\Leftrightarrow$”的区别，归纳如下。

(1) 符号“$\Leftrightarrow$”不是命题连接词而是公式之间的关系符号。如$A \Leftrightarrow B$表示的是公式A和公式B有逻辑等价关系，$A \Leftrightarrow B$的结果不是命题公式。

(2) 符号"↔"是命题连接词,表示的是某个命题。

这二者具有密切的关系,即 $A\Leftrightarrow B$ 的充要条件是公式 $A\leftrightarrow B$ 为永真式。

例 4.31 证明 $P\leftrightarrow Q\Leftrightarrow(P\rightarrow Q)\wedge(Q\rightarrow P)$。

证明:构建公式 $P\leftrightarrow Q$ 与公式 $(P\rightarrow Q)\wedge(Q\rightarrow P)$ 的真值表,如表 4.12 所示。

表 4.12 真值表

P	Q	$P\rightarrow Q$	$Q\rightarrow P$	$P\leftrightarrow Q$	$(P\rightarrow Q)\wedge(Q\rightarrow P)$
0	0	1	1	1	1
0	1	1	0	0	0
1	0	0	1	0	0
1	1	1	1	1	1

从表 4.12 的后两列可以看到,无论 P 与 Q 给定哪一组指派,$P\leftrightarrow Q$ 与公式 $(P\rightarrow Q)\wedge(Q\rightarrow P)$ 的真值都相同,因此 $P\leftrightarrow Q\Leftrightarrow(P\rightarrow Q)\wedge(Q\rightarrow P)$。

命题公式之间的"⇔"是一个等价关系,满足:

(1) 自反性:$A\Leftrightarrow A$。

(2) 对称性:若 $A\Leftrightarrow B$,则 $B\Leftrightarrow A$。

(3) 可传递性:若 $A\Leftrightarrow B$,$B\Leftrightarrow C$,则 $A\Leftrightarrow C$。

两个命题公式的等价关系在推理理论中有着广泛的用途,以下列出命题公式的基本等价式,作为证明一般等价性的出发点,其中,A、B、C 表示任意命题公式。

(E1) $A\vee B\Leftrightarrow B\vee A$ (交换律)

$A\wedge B\Leftrightarrow B\wedge A$

(E2) $A\vee(B\vee C)\Leftrightarrow(A\vee B)\vee C$ (结合律)

$A\wedge(B\wedge C)\Leftrightarrow(A\wedge B)\wedge C$

(E3) $A\wedge(B\vee C)\Leftrightarrow(A\wedge B)\vee(A\wedge C)$ (分配律)

$A\vee(B\wedge C)\Leftrightarrow(A\vee B)\wedge(A\vee C)$

(E4) $A\vee 0\Leftrightarrow A$ (同一律)

$A\wedge 1\Leftrightarrow A$

(E5) $A\vee\neg A\Leftrightarrow 1$ (互补律)

$A\wedge\neg A\Leftrightarrow 0$

(E6) $\neg\neg A\Leftrightarrow A$ (双重否定律)

(E7) $A\vee A\Leftrightarrow A$ (幂等律)

$A\wedge A\Leftrightarrow A$

(E8) $A\vee 1\Leftrightarrow 1$ (零一律)

$A\wedge 0\Leftrightarrow 0$

(E9) $A\wedge(A\vee B)\Leftrightarrow A$ (吸收律)

$A\vee(A\wedge B)\Leftrightarrow A$

(E10) $\neg(A\vee B)\Leftrightarrow\neg A\wedge\neg B$ (德摩根律)

$\neg(A\wedge B)\Leftrightarrow\neg A\vee\neg B$

(E11) $A\rightarrow B\Leftrightarrow\neg A\vee B$ (蕴含等值式)

(E12) $A \to B \Leftrightarrow \neg B \to \neg A$　　　　(假言易位)

(E13) $A \leftrightarrow B \Leftrightarrow (A \to B) \land (B \to A)$　　　　(等价等值式)

$A \leftrightarrow B \Leftrightarrow (\neg A \lor B) \land (\neg B \lor A)$

$\neg (A \leftrightarrow B) \Leftrightarrow A \leftrightarrow \neg B$

(E14) $(A \to B) \land (A \to \neg B) \Leftrightarrow \neg A$　　　　(归谬论)

由基本等价公式可以推演出更复杂的命题公式，由已知的等值式推出另一些等值式的过程称为等值演算。在演算过程中要使用到置换规则和代入规则。

定理 4.1(置换规则) 假设 A 为含公式 X 的命题公式，Y 也为公式，且 $X \Leftrightarrow Y$，如果用 Y 置换 A 中的 X，得到新的公式为 B，则 $A \Leftrightarrow B$。

证明：因为 $X \Leftrightarrow Y$，因此对任意一组真值指派，X 和 Y 的真值都相同，而 A、B 除了 X 和 Y 外，其余部分均相同，所以 A 和 B 的真值都相同，即 $A \Leftrightarrow B$。

注意：一个命题公式 A，经多次置换，利用公式等价关系的传递性，可知所得到的新公式与原公式等价。

定理 4.2(代入规则) 对于重言(或矛盾)式中的任一命题变元出现的每一处均用同一命题公式代入，得到的仍是重言(矛盾)式。

注意：(1) 用命题公式只能代换原子命题变元。

(2) 要用命题公式同时代换同一个原子命题变元。

(3) 永真式的代换实例仍为永真式；反之，代换实例为永真式时，则不能断定原公式也一定是永真式。

例 4.32 证明 $(A \lor B) \to C \Leftrightarrow (A \to C) \land (B \to C)$。

证明：

$$
\begin{aligned}
& (A \lor B) \to C \\
\Leftrightarrow & \neg (A \lor B) \lor C \\
\Leftrightarrow & (\neg A \land \neg B) \lor C \\
\Leftrightarrow & (\neg A \lor C) \land (\neg B \lor C) \\
\Leftrightarrow & (A \to C) \land (B \to C)
\end{aligned}
$$

例 4.33 证明 $P \leftrightarrow Q \Leftrightarrow (P \to Q) \land (Q \to P)$

证明：

$$
\begin{aligned}
& (P \to Q) \land (Q \to P) \\
\Leftrightarrow & (\neg P \lor Q) \land (\neg Q \lor P) \\
\Leftrightarrow & (\neg P \land (\neg Q \lor P)) \lor (Q \land (\neg Q \lor P)) \\
\Leftrightarrow & (\neg P \land \neg Q) \lor (\neg P \land P) \lor (Q \land \neg Q) \lor (Q \land P) \\
\Leftrightarrow & (\neg P \land \neg Q) \lor 0 \lor 0 \lor (Q \land P) \\
\Leftrightarrow & (\neg P \land \neg Q) \lor (Q \land P) \\
\Leftrightarrow & P \leftrightarrow Q
\end{aligned}
$$

例 4.34 证明 $((P \lor Q) \land \neg (\neg P \land (\neg Q \lor \neg R))) \lor (\neg P \land \neg Q) \lor (\neg P \land \neg R)$ 为一永真式。

证明：

$$
\begin{aligned}
& ((P \lor Q) \land \neg (\neg P \land (\neg Q \lor \neg R))) \lor (\neg P \land \neg Q) \lor (\neg P \land \neg R) \\
\Leftrightarrow & ((P \lor Q) \land (P \lor (Q \land R))) \lor \neg (P \lor Q) \lor \neg (P \lor R) \\
\Leftrightarrow & ((P \lor Q) \land (P \lor Q) \land (P \lor R)) \lor \neg ((P \lor Q) \land (P \lor R)) \\
\Leftrightarrow & ((P \lor Q) \land (P \lor R)) \lor \neg ((P \lor Q) \land (P \lor R)) \\
\Leftrightarrow & 1
\end{aligned}
$$

证明两个命题公式具有等价关系,可以转换成证明由命题连接词"$\leftrightarrow$"连接而成的命题公式真值为 1,即欲证明命题公式 $A \Leftrightarrow B$,可以转换成证明 $A \leftrightarrow B \Leftrightarrow 1$。

例 4.35 证明 $(A \leftrightarrow B) \rightarrow (A \wedge B) \Leftrightarrow A \vee B$。

证明:要证 $(A \leftrightarrow B) \rightarrow (A \wedge B) \Leftrightarrow A \vee B$ 成立,只需证 $((A \leftrightarrow B) \rightarrow (A \wedge B)) \leftrightarrow (A \vee B) \Leftrightarrow 1$。

$$((A \leftrightarrow B) \rightarrow (A \wedge B)) \leftrightarrow (A \vee B)$$
$$\Leftrightarrow (\neg (A \leftrightarrow B) \vee (A \wedge B)) \leftrightarrow (A \vee B)$$
$$\Leftrightarrow (\neg ((A \wedge B) \vee (\neg A \wedge \neg B)) \vee (A \wedge B)) \leftrightarrow (A \vee B)$$
$$\Leftrightarrow ((\neg (A \wedge B) \wedge (A \vee B)) \vee (A \wedge B)) \leftrightarrow (A \vee B)$$
$$\Leftrightarrow ((\neg (A \wedge B) \vee (A \wedge B)) \wedge ((A \vee B) \vee (A \wedge B))) \leftrightarrow (A \vee B)$$
$$\Leftrightarrow ((A \vee B) \vee (A \wedge B)) \leftrightarrow (A \vee B)$$
$$\Leftrightarrow (A \vee B) \leftrightarrow (A \vee B)$$
$$\Leftrightarrow 1$$

因此,$(A \leftrightarrow B) \rightarrow (A \wedge B) \Leftrightarrow A \vee B$。

4.3.2 命题公式的蕴涵关系

定义 4.8 设 A,B 是两个公式,若公式 $A \rightarrow B$ 是重言式,即 $A \rightarrow B \Leftrightarrow 1$,则称公式 A 蕴涵公式 B,记为 $A \Rightarrow B$。

例 4.36 证明 $P \wedge Q \Rightarrow P$。

证明:
$$(P \wedge Q) \rightarrow P$$
$$\Leftrightarrow \neg (P \wedge Q) \vee P$$
$$\Leftrightarrow (\neg P \vee \neg Q) \vee P$$
$$\Leftrightarrow \neg P \vee \neg Q \vee P$$
$$\Leftrightarrow 1$$

因此,$P \wedge Q \Rightarrow P$。

命题公式之间的 $\Rightarrow$ 是一个偏序关系,满足:

(1) 自反性:$A \Rightarrow A$。

(2) 反对称性:若 $A \Rightarrow B$,$B \Rightarrow A$,则 $A \Leftrightarrow B$。

(3) 可传递性:若 $A \Rightarrow B$,$B \Rightarrow C$,则 $A \Rightarrow C$。

以下列出命题公式的基本蕴涵式,作为证明其他公式的出发点,其中,A、B、C 表示任意命题公式。

(I1) $A \wedge B \Rightarrow A$

(I2) $A \wedge B \Rightarrow B$

(I3) $A \Rightarrow A \vee B$

(I4) $B \Rightarrow A \vee B$

(I5) $\neg A \Rightarrow A \rightarrow B$

(I6) $B \Rightarrow A \rightarrow B$

(I7) $\neg (A \rightarrow B) \Rightarrow A$

(I8) $\neg (A \rightarrow B) \Rightarrow \neg B$

(I9) $A \wedge (A \rightarrow B) \Rightarrow B$

(I10) $\neg A \land (A \to B) \Rightarrow \neg A$

(I11) $\neg A \land (A \lor B) \Rightarrow B$

(I12) $(A \to B) \land (B \to C) \Rightarrow A \to C$

(I13) $(A \lor B) \land (A \to C) \land (B \to C) \Rightarrow C$

(I14) $A \to B \Rightarrow (A \lor C) \to (B \lor C)$

(I15) $A \to B \Rightarrow (A \land C) \to (B \land C)$

(I16) $(A \to B) \land (C \to D) \Rightarrow (A \land C) \to (B \land D)$

(I17) $(A \leftrightarrow B) \land (B \leftrightarrow C) \Rightarrow A \leftrightarrow C$

定理 4.3 设 A,B 是两个命题公式,$A \Leftrightarrow B$ 当且仅当 $A \Rightarrow B$ 且 $B \Rightarrow A$。

证明:

必要性:设 $A \Leftrightarrow B$,则 $A \leftrightarrow B$ 是永真式。

因为 $A \leftrightarrow B \Leftrightarrow (A \to B) \land (B \to A)$,所以,$A \to B$ 和 $B \to A$ 均为永真式,即 $A \Rightarrow B$ 且 $B \Rightarrow A$。

充分性:设 $A \Rightarrow B$ 且 $B \Rightarrow A$,则 $A \to B$ 和 $B \to A$ 均为永真式,因此 $A \leftrightarrow B$ 是永真式,即 $A \Leftrightarrow B$。

定理 4.3 的充分性也是蕴涵关系的反对性。

例 4.37 证明蕴涵关系 $(P \to Q) \land (Q \to R) \Rightarrow P \to R$。

证明:

$$
\begin{aligned}
& (P \to Q) \land (Q \to R) \to (P \to R) \\
\Leftrightarrow & ((\neg P \lor Q) \land (\neg Q \lor R)) \to (\neg P \lor R) \\
\Leftrightarrow & \neg((\neg P \lor Q) \land (\neg Q \lor R)) \lor (\neg P \lor R) \\
\Leftrightarrow & ((P \land \neg Q) \lor (Q \land \neg R)) \lor (\neg P \lor R) \\
\Leftrightarrow & (P \land \neg Q) \lor ((Q \land \neg R) \lor (\neg P \lor R)) \\
\Leftrightarrow & (P \land \neg Q) \lor ((Q \lor \neg P \lor R) \land (\neg R \lor \neg P \lor R)) \\
\Leftrightarrow & (P \land \neg Q) \lor ((Q \lor \neg P \lor R) \land 1) \\
\Leftrightarrow & (P \land \neg Q) \lor (Q \lor \neg P \lor R) \\
\Leftrightarrow & (P \lor Q \lor \neg P \lor R) \land (\neg Q \lor Q \lor \neg P \lor R) \\
\Leftrightarrow & 1 \land 1 \\
\Leftrightarrow & 1
\end{aligned}
$$

所以 $(P \to Q) \land (Q \to R) \Rightarrow P \to R$。

其实给定公式 A 和 B,要判定 $A \Rightarrow B$ 成立,只要判定 $A \to B$ 为永真式即可。由蕴涵连接词"→"的真值表可知,有一种情况比较特殊,即蕴涵连接词当且仅当 A 为真,B 为假时,$A \to B$ 的值为"假",因此,可有如下判定方法。

(1) 假设前件 A 为真,检查在此情况下,其后件 B 不可能为假,即 B 一定也为真。如果后件也为真,说明 $A \to B$ 是重言式,因而 $A \Rightarrow B$,否则该蕴涵关系不成立。

(2) 假设后件 B 为假,检查在此情况下,其前件 A 不可能为真,即 A 一定也为假,如果前件 A 为假,说明 $A \to B$ 是重言式,因而 $A \Rightarrow B$,否则该蕴涵关系不成立。

例 4.38 证明 $\neg B \land (A \to B) \Rightarrow \neg A$。

证明 1:假设前件为真。

假设 $\neg B \land (A \to B)$ 为真,则 $\neg B$ 为真,$A \to B$ 为真,由 $\neg B$ 为真,得 B 为假,又 $A \to B$ 为真,则 A 为假,因此有 $\neg A$ 为真,所以 $\neg B \land (A \to B) \Rightarrow \neg A$。

证明2：假设后件为假。

假设$\neg A$为假，则A为真。如果B为真，则$\neg B$为假，那么$\neg B \wedge (A \rightarrow B)$为假；如果$B$为假，则$A \rightarrow B$也为假，得$\neg B \wedge (A \rightarrow B)$为假。因此无论$B$为真还是为假，均有$\neg B \wedge (A \rightarrow B)$为假，所以$\neg B \wedge (A \rightarrow B) \Rightarrow \neg A$成立。

例4.39 证明蕴涵关系$(P \rightarrow Q) \wedge (Q \rightarrow R) \Rightarrow P \rightarrow R$。

证明1：假设前件为真。

假设$(P \rightarrow Q) \wedge (Q \rightarrow R)$为真，则$P \rightarrow Q$与$Q \rightarrow R$为真。

(1) 若P为真，由$P \rightarrow Q$为真，则Q一定为真；Q为真，由$Q \rightarrow R$为真，则R也为真。因此$P \rightarrow R$为真，所以$(P \rightarrow Q) \wedge (Q \rightarrow R) \Rightarrow P \rightarrow R$。

(2) 若P为假，无论R的真值为真或假，都有$P \rightarrow R$为真，所以$(P \rightarrow Q) \wedge (Q \rightarrow R) \Rightarrow P \rightarrow R$。

证明2：假设后件为假。

假设$P \rightarrow R$为假，则P为真，R为假。

(1) 若Q为真，有$P \rightarrow Q$为真，$Q \rightarrow R$为假，则$(P \rightarrow Q) \wedge (Q \rightarrow R)$为假，因此，$(P \rightarrow Q) \wedge (Q \rightarrow R) \Rightarrow P \rightarrow R$。

(2) 若Q为假，有$P \rightarrow Q$为假，$Q \rightarrow R$为真，则$(P \rightarrow Q) \wedge (Q \rightarrow R)$为假，因此，$(P \rightarrow Q) \wedge (Q \rightarrow R) \Rightarrow P \rightarrow R$。

在基本等价公式中，很多定律是关于连接词$\wedge$和$\vee$成对出现的，用对偶原理可以成对地记忆公式。

定义4.9 设公式A仅含连接词$\neg, \wedge, \vee$，A^D为将A中的符号$\wedge, \vee, 1, 0$分别改换为$\vee, \wedge, 0, 1$后所得的公式，那么称A^D为A的对偶(dual)。

显然A与A^D互为对偶，即$(A^D)^D \Leftrightarrow A$。

例4.40 $P \vee \neg P$与$P \wedge \neg P$，$P \vee (Q \wedge R)$与$P \wedge (Q \vee R)$，$(1 \wedge P) \vee \neg Q$与$(0 \vee P) \wedge \neg Q$，$P \vee F \Leftrightarrow P$与$P \wedge T \Leftrightarrow P$均互为对偶。

例4.41 求$(P \rightarrow Q) \wedge (P \rightarrow R)$的对偶式。

解：根据定义，不能直接写出对偶式，因此先去掉符号"→"，将原公式等价置换成$(\neg P \vee Q) \wedge (\neg P \vee R)$，这样就可以写出原公式的对偶式为$(\neg P \wedge Q) \vee (\neg P \wedge R)$。

由此，有下面的对偶原理成立。

定理4.4 设A和A^D为互为对偶的两个公式，$P_1, P_2, \cdots, P_n$是其命题变元，则$\neg A(P_1, P_2, \cdots, P_n) \Leftrightarrow A^D(\neg P_1, \neg P_2, \cdots, \neg P_n)$。

证明：利用德摩根律将$\neg A(P_1, P_2, \cdots, P_n)$前的否定词$\neg$逐步深入至各层括号，直至$\neg P_1, \neg P_2, \cdots, \neg P_n$之前。很明显，$\neg$深入过程中，将$A^D$中的$\wedge, \vee, 1, 0$，分别改换为$\vee, \wedge, 0, 1$(据德摩根律及分配律)，最后将$\neg P_1, \neg P_2, \cdots, \neg P_n$变换为$\neg\neg P_1, \neg\neg P_2, \cdots, \neg\neg P_n$，它们可替换为$P_1, P_2, \cdots, P_n$，从而使整个公式演化回$A$。由于这一变换过程始终保持逻辑等价性，因此$\neg A(P_1, P_2, \cdots, P_n) \Leftrightarrow A^D(\neg P_1, \neg P_2, \cdots, \neg P_n)$。

定理4.5 设$A(P_1, P_2, \cdots, P_n)$和$B(P_1, P_2, \cdots, P_n)$是两个公式，若$A \Leftrightarrow B$，则$A^D \Leftrightarrow B^D$。

例4.42 令$A \Leftrightarrow (P \wedge Q) \vee (\neg P \vee (\neg P \vee Q))$，$B \Leftrightarrow \neg P \vee Q$，可以证明$A \Leftrightarrow B$；而$A$的对偶式为$A^D \Leftrightarrow (P \vee Q) \wedge (\neg P \wedge (\neg P \wedge Q))$，$B$的对偶式为$B^D \Leftrightarrow \neg P \wedge Q$，根据对偶原理，则$A^D \Leftrightarrow B^D$也成立。

4.4　命题公式的范式表示

对于给定公式的判定问题，可用真值表和等值演算方法加以解答。但当公式中命题变元的数目较大时，这两种方法就都比较麻烦。如真值表技术，每增加一个命题变元，真值表的行数目就比原来增加一倍，从而使计算量增加一倍。为解决这一问题，需要研究公式标准型问题，由此引入主范式的概念，将命题公式标准化。根据标准化，同一真值函数对应的所有的命题公式具有相同的标准形式，就可以根据命题的形式结构来判断命题公式是否等价，并且可以判断公式的类型。

4.4.1　析取范式与合取范式

在讨论范式以前，先介绍一些术语。

定义 4.10　命题常元、变元及它们的否定，称为**文字**。

文字或有限个文字的析取称为**质析取式**或**简单析取式**。

文字或有限个文字的合取称为**质合取式**或**简单合取式**。

例 4.43　(1) $1, P, \neg P$ 是文字、质析取式、质合取式。

(2) $P \vee Q \vee \neg R$ 是质析取式。

(3) $P \wedge Q \wedge \neg R$ 是质合取式。

定义 4.11　由有限个质合取式构成的析取式称为析取范式，即 $A \Leftrightarrow A_1 \vee A_2 \vee \cdots \vee A_n$，其中，$A_i$ 为质合取式，$i=1,2,\cdots,n$。

由有限个质析取式构成的合取式称为合取范式，即 $A \Leftrightarrow A_1 \wedge A_2 \wedge \cdots \wedge A_n$，其中，$A_i$ 为简单析取式，$i=1,2,\cdots,n$。

例 4.44　(1) $P, \neg P, P \vee Q \vee \neg R, P \wedge Q \wedge \neg R$ 既是析取范式也是合取范式。

(2) $(P \wedge Q) \vee (P \wedge \neg R)$是析取范式。

(3) $(P \vee Q) \wedge (P \vee \neg R)$是合取范式。

注意：(1) 一个命题变元或其否定可以是文字、质合取式、质析取式，也可以是析取范式、合取范式。

(2) 质析取式和质合取式既是析取范式也是合取范式。

(3) 析取范式、合取范式仅含连接词集$\{\neg, \wedge, \vee\}$。

对于任意命题公式，可以通过逻辑等价公式求出等价于它的析取范式与合取范式，具体步骤如下。

(1) 利用等价公式中的等价式和蕴涵式将公式中的连接词“$\rightarrow$、$\leftrightarrow$、$\oplus$”用连接词“$\neg$、$\wedge$、$\vee$”来取代。

(2) 利用德摩根定律将否定号$\neg$移到各个命题变元的前端。

(3) 利用结合律、分配律、吸收律、等幂律、交换律等将公式化成与其等价的析取范式或合取范式。

例 4.45　求$(P \rightarrow Q) \rightarrow P$ 的析取范式和合取范式。

解：原式$\Leftrightarrow \neg(\neg P \vee Q) \vee P$

$\Leftrightarrow (P \wedge \neg Q) \vee P$　　　　析取范式

$\Leftrightarrow P$　　　　析取范式

原式$\Leftrightarrow (P \wedge \neg Q) \vee P$

$\Leftrightarrow P \wedge (\neg Q \vee P)$ 合取范式

$\Leftrightarrow P$ 合取范式

例 4.46 求$\neg P \to \neg (P \to Q)$的析取范式及合取范式。

解:原式$\Leftrightarrow P \vee \neg (\neg P \vee Q)$

$\Leftrightarrow P \vee (P \wedge \neg Q)$ 析取范式

$\Leftrightarrow P$ 析取范式,合取范式

$\Leftrightarrow P \wedge (P \vee \neg Q)$ 合取范式

例 4.47 求$(P \wedge \neg Q) \leftrightarrow (P \to R)$的析取范式和合取范式。

解:原式$\Leftrightarrow ((P \wedge \neg Q) \to (P \to R)) \wedge ((P \to R) \to (P \wedge \neg Q))$

$\Leftrightarrow (\neg (P \wedge \neg Q) \vee (P \to R)) \wedge (\neg (P \to R) \vee (P \wedge \neg Q))$

$\Leftrightarrow ((\neg P \vee Q) \vee (\neg P \vee R)) \wedge (\neg (\neg P \vee R) \vee (P \wedge \neg Q))$

$\Leftrightarrow (\neg P \vee Q \vee \neg P \vee R) \wedge ((P \wedge \neg R) \vee (P \wedge \neg Q))$

$\Leftrightarrow (\neg P \vee Q \vee R) \wedge (P \wedge (P \vee \neg Q) \wedge (\neg R \vee P) \wedge (\neg R \vee \neg Q))$

$\Leftrightarrow (\neg P \vee Q \vee R) \wedge P \wedge (\neg R \vee \neg Q)$ 合取范式

$\Leftrightarrow ((\neg P \wedge P) \vee (Q \wedge P) \vee (R \wedge P)) \wedge (\neg R \vee \neg Q)$

$\Leftrightarrow ((Q \wedge P) \vee (R \wedge P)) \wedge (\neg R \vee \neg Q)$

$\Leftrightarrow (Q \wedge P \wedge \neg R) \vee (R \wedge P \wedge \neg R) \vee (Q \wedge P \wedge \neg Q) \vee (R \wedge P \wedge \neg Q)$

$\Leftrightarrow (Q \wedge P \wedge \neg R) \vee (R \wedge P \wedge \neg Q)$ 析取范式

利用析取范式和合取范式可对公式进行判定。

定理 4.6 公式A为永假式的充要条件是A的析取范式中每个质合取式至少包含一个命题变元及其否定。

定理 4.7 公式A为永真式的充要条件是A的合取范式中每个质析取式至少包含一个命题变元及其否定。

证明:只证明定理4.7,定理4.6留给读者。

充分性:因为对任意的命题变元P,有$P \vee \neg P$为1,并且对任意命题变元Q,$(P \vee \neg P) \vee Q \Leftrightarrow 1$。所以,在每个简单析取式中,由于至少包含一个命题变元及其否定,故A的合取范式中的每个简单析取式均为1,所以A为永真式。

必要性:(反证法)假设公式A的合取范式为永真式,但存在某个简单析取式不同时包含一个命题变元及其否定,则该简单析取式不可能为永真式,从而导致A的合取范式不是永真式。这与假设矛盾,证毕。

例 4.48 判定公式$(P \to (Q \to R)) \to ((P \to Q) \to (P \to R))$是否是永真式。

解: $(P \to (Q \to R)) \to ((P \to Q) \to (P \to R))$

$\Leftrightarrow \neg (P \to (Q \to R)) \vee (\neg (P \to Q) \vee (P \to R))$

$\Leftrightarrow \neg (\neg P \vee (\neg Q \vee R)) \vee (\neg (\neg P \vee Q) \vee (\neg P \vee R))$

$\Leftrightarrow (P \wedge Q \wedge \neg R) \vee ((P \wedge \neg Q) \vee \neg P \vee R)$

$\Leftrightarrow (P \wedge Q \wedge \neg R) \vee (P \wedge \neg Q) \vee \neg P \vee R$ (析取范式)

$\Leftrightarrow (P \wedge Q \wedge \neg R) \vee (\neg P \vee \neg Q \vee R)$

$\Leftrightarrow (P \wedge Q \wedge \neg R) \vee \neg P \vee \neg Q \vee R$ (析取范式)

$\Leftrightarrow (P\wedge Q\wedge \neg R)\vee \neg (P\wedge Q\wedge \neg R)$

$\Leftrightarrow 1$

即公式$(P\to (Q\to R))\to ((P\to Q)\to (P\to R))$是永真式。

范式为命题公式提供了一种统一的表达形式,但从例 4.45～例 4.48 中可以看出,这种表达形式并不唯一。这种不唯一的表达形式也给研究问题带来了不便,而公式的主范式解决了这个问题。下面分别讨论主范式中的主析取范式和主合取范式。

4.4.2 主范式

定义 4.12 设 $P_1,P_2,\cdots,P_n$ 是 n 个命题变元,如果一个质合取式(质析取式)恰好包含所有这 n 个命题变元或命题变元的否定,命题变元或其否定只能出现一个且必须出现一个,并且在质合取式(质析取式)中的排列顺序与 $P_1,P_2,\cdots,P_n$ 的顺序一致,则称此质合取式(质析取式)为关于 $P_1,P_2,\cdots,P_n$ 的一个最小项(最大项)。

我们列出一个公式中如果有两个命题变元或三个命题变元时所构成的最小项和最大项的表示形式,分别如表 4.13 和表 4.14 所示。

表 4.13 p,q 形成的最小项与最大项

最 小 项			最 大 项		
公 式	成真赋值	名 称	公 式	成假赋值	名 称
$\neg p\wedge \neg q$	0 0	m_0	$p\vee q$	0 0	M_0
$\neg p\wedge q$	0 1	m_1	$p\vee \neg q$	0 1	M_1
$p\wedge \neg q$	1 0	m_2	$\neg p\vee q$	1 0	M_2
$p\wedge q$	1 1	m_3	$\neg p\vee \neg q$	1 1	M_3

表 4.14 p,q,r 形成的最小项与最大项

最 小 项			最 大 项		
公 式	成真赋值	名 称	公 式	成假赋值	名 称
$\neg p\wedge \neg q\wedge \neg r$	0 0 0	m_0	$p\vee q\vee r$	0 0 0	M_0
$\neg p\wedge \neg q\wedge r$	0 0 1	m_1	$p\vee q\vee \neg r$	0 0 1	M_1
$\neg p\wedge q\wedge \neg r$	0 1 0	m_2	$p\vee \neg q\vee r$	0 1 0	M_2
$\neg p\wedge q\wedge r$	0 1 1	m_3	$p\vee \neg q\vee \neg r$	0 1 1	M_3
$p\wedge \neg q\wedge \neg r$	1 0 0	m_4	$\neg p\vee q\vee r$	1 0 0	M_4
$p\wedge \neg q\wedge r$	1 0 1	m_5	$\neg p\vee q\vee \neg r$	1 0 1	M_5
$p\wedge q\wedge \neg r$	1 1 0	m_6	$\neg p\vee \neg q\vee r$	1 1 0	M_6
$p\wedge q\wedge r$	1 1 1	m_7	$\neg p\vee \neg q\vee \neg r$	1 1 1	M_7

由表 4.13 与表 4.14 有 $m_i\Leftrightarrow \neg M_i$ 成立。

最小项的性质:

(1) 没有两个最小项是等价的,即各最小项的真值表都是不同的。

(2) 任意两个不同的最小项的合取式是永假式,即 $m_i\wedge m_j\Leftrightarrow 0,i\neq j$。

(3) 全体最小项的析取式为永真式,即 $m_1\vee m_2\vee \cdots \vee m_k\Leftrightarrow 1,k=2n$。

(4) 每个最小项只有一个真值指派为真,且其真值 1 位于主对角线上,其余均为假。

最大项的性质：

(1) 没有两个最大项是等价的，即各最大项的真值表都是不同的。

(2) 任意两个不同的最大项的析取式是永真式，即 $M_i \vee M_j \Leftrightarrow 1, i \neq j$。

(3) 全体最大项的合取式为永假式，即 $M_1 \wedge M_2 \wedge \cdots \wedge M_k \Leftrightarrow 0, k=2n$。

(4) 每个最大项只有一个真值指派为假，且其真值0位于主对角线上，其余均为真。

定义4.13 由有限个最小项组成的析取范式称为**主析取范式**。

定义4.14 由有限个最大项组成的合取范式称为**主合取范式**。

如果一个主析取范式不包含任何最小项，则称该主析取范式为"空"；如果一个主合取范式不包含任何最大项，则称该主合取范式为"空"。

定理4.8 任何一个公式都有与之等价的主析取范式和主合取范式。

证明该定理的方法与过程，实际也就是求一个公式的主析取范式和主合取范式的方法，主要有两种不同的方法，一种是真值表技术，另一种是等值演算法。

利用真值表技术求命题公式的主析取(合取)范式的步骤如下。

(1) 列出公式的真值表。

(2) 找出公式的成真赋值(成假赋值)。

(3) 求每个成真赋值(成假赋值)对应的最小项(最大项)，最小项(最大项)构成的析取(合取)式，就是所求的主析取(合取)范式。

下面通过具体的例子来说明真值表技术的使用。

例4.49 利用真值表技术求公式 $(P \rightarrow Q) \rightarrow P$ 的主析取范式和主合取范式。

解：列出公式的真值表，如表4.15所示。

表4.15 真值表

P	Q	$P \rightarrow Q$	$(P \rightarrow Q) \rightarrow P$
0	0	1	0
0	1	1	0
1	0	0	1
1	1	1	1

由表4.15可知，公式 $(P \rightarrow Q) \rightarrow P$ 的主析取范式为 $(P \wedge \neg Q) \vee (P \wedge Q)$。

公式 $(P \rightarrow Q) \rightarrow P$ 的主合取范式为 $(P \vee Q) \wedge (P \vee \neg Q)$。

例4.50 利用真值表技术求公式 $(P \rightarrow Q) \leftrightarrow R$ 的主析取范式和主合取范式。

解：列出公式的真值表，如表4.16所示。

表4.16 真值表

P	Q	R	$P \rightarrow Q$	$(P \rightarrow Q) \leftrightarrow R$
0	0	0	1	0
0	0	1	1	1
0	1	0	1	0
0	1	1	1	1
1	0	0	0	1
1	0	1	0	0
1	1	0	1	0
1	1	1	1	1

由表 4.16 可知，公式$(P \to Q) \leftrightarrow R$ 的主析取范式为

$$(\neg P \wedge \neg Q \wedge R) \vee (\neg P \wedge Q \wedge R) \vee (P \wedge \neg Q \wedge \neg R) \vee (P \wedge Q \wedge R)$$

公式$(P \to Q) \leftrightarrow R$ 的主合取范式为

$$(P \vee Q \vee R) \wedge (P \vee \neg Q \vee R) \wedge (\neg P \vee Q \vee \neg R) \wedge (\neg P \vee \neg Q \vee R)$$

例 4.51 求$(P \wedge \neg Q) \leftrightarrow (P \to R)$的主析取范式和主合取范式。

解：列出公式的真值表，如表 4.17 所示。

表 4.17 真值表

P	Q	R	$P \wedge \neg Q$	$P \to R$	$(P \wedge \neg Q) \leftrightarrow (P \to R)$
0	0	0	0	1	0
0	0	1	0	1	0
0	1	0	0	1	0
0	1	1	0	1	0
1	0	0	1	0	0
1	0	1	1	1	1
1	1	0	0	0	1
1	1	1	0	1	0

由表 4.17 可知，公式$(P \wedge \neg Q) \leftrightarrow (P \to R)$的主析取范式为

$$(P \wedge \neg Q \wedge R) \vee (P \wedge Q \wedge \neg R)$$

公式$(P \to Q) \leftrightarrow R$ 的主合取范式为

$$(P \vee Q \vee R) \wedge (P \vee Q \vee \neg R) \wedge (P \vee \neg Q \vee R) \wedge (P \vee \neg Q \vee \neg R)$$
$$\wedge (\neg P \vee Q \vee R) \wedge (\neg P \vee \neg Q \vee \neg R)$$

等值演算技术求命题公式的主析取(合取)范式的步骤如下。

(1) 利用等价公式中的等价式和蕴涵式将公式中的$\to$、$\leftrightarrow$用连接词$\neg$、$\wedge$、$\vee$来取代。

(2) 利用德摩根定律将否定号$\neg$移到各个命题变元的前端。

(3) 利用结合律、分配律、吸收律、等幂律、交换律等将公式化成与其等价的析取范式和合取范式。

(4) 在析取范式和合取范式的子公式中，如同一命题变元出现多次，则将其化成只出现一次的形式。

(5) 去掉析取范式中所有永假式的质合取式和合取范式中所有永真式的质析取式，即去掉公式中含有形如 $P \wedge \neg P$ 和 $P \vee \neg P$ 的子公式。

(6) 若析取范式的某一个质合取式中缺少该命题公式中所规定的命题变元，如缺少命题变元 P，则可用公式

$$(\neg P \vee P) \wedge Q \Leftrightarrow Q$$

将命题变元 P 补进去，并利用分配律展开，然后合并相同的质合取式，此时得到的质合取式即是最小项；若合取范式的某一个质析取式中缺少该命题公式中所规定的命题变元，如缺少命题变元 P，则可用公式

$$(\neg P \wedge P) \vee Q \Leftrightarrow Q$$

将命题变元 P 补进去，并利用分配律展开，然后合并相同的质析取式，此时得到的质析取式即是最大项。

(7) 利用等幂律将相同的最小项和最大项合并,同时利用交换律进行顺序调整,由此可转换成主析取范式和主合取范式。

下面将例4.50与例4.51用等值演算的方法来求主析取范式与主合取范式。

例4.52 利用等值演算技术求公式$(P\rightarrow Q)\rightarrow P$的主析取范式和主合取范式。

解:原式$\Leftrightarrow\neg(\neg P\vee Q)\vee P$

$\Leftrightarrow(P\wedge\neg Q)\vee P$

$\Leftrightarrow P$

$\Leftrightarrow P\vee(Q\wedge\neg Q)$

$\Leftrightarrow(P\vee Q)\wedge(P\vee\neg Q)$ 主合取范式

原式$\Leftrightarrow P$

$\Leftrightarrow P\wedge(\neg Q\vee Q)$

$\Leftrightarrow(P\wedge\neg Q)\vee(P\wedge Q)$ 主析取范式

例4.53 利用等值演算技术求公式$(P\rightarrow Q)\leftrightarrow R$的主析取范式和主合取范式。

解:原式$\Leftrightarrow((P\rightarrow Q)\rightarrow R)\wedge(R\rightarrow(P\rightarrow Q))$

$\Leftrightarrow(\neg(\neg P\vee Q)\vee R)\wedge(\neg R\vee(\neg P\vee Q))$

$\Leftrightarrow((P\wedge\neg Q)\vee R)\wedge(\neg R\vee\neg P\vee Q)$

$\Leftrightarrow(P\vee R)\wedge(\neg Q\vee R)\wedge(\neg P\vee Q\vee\neg R)$

$\Leftrightarrow((P\vee R)\vee(Q\wedge\neg Q))\wedge((\neg Q\vee R)\vee(P\wedge\neg P))\wedge(\neg P\vee Q\vee\neg R)$

$\Leftrightarrow(P\vee Q\vee R)\wedge(P\vee\neg Q\vee R)\wedge(\neg P\vee\neg Q\vee R)\wedge$

$(\neg P\vee Q\vee\neg R)$ 主合取范式

$\Leftrightarrow(\neg P\wedge\neg Q\wedge R)\vee(\neg P\wedge Q\wedge R)\vee(P\wedge\neg Q\wedge\neg R)\vee$

$(P\wedge Q\wedge R)$ 主析取范式

任何一个公式的主析取范式和主合取范式不仅要取决于该公式,而且取决于该公式所包含的命题变元。如有两个公式:

$$A(P,Q)\Leftrightarrow(P\rightarrow Q)\wedge Q \text{ 和 } B(P,Q,R)\Leftrightarrow(P\rightarrow Q)\wedge Q$$

尽管公式A和B是一样的,但由于它们包含的命题变元不一样,因此求出的相应的主析取范式和主合取范式是不同的,公式A是依赖于两个命题变元的,公式B是依赖于三个命题变元的。

定理4.9 任意含有n个命题变元的命题公式,若不计其中最小项和最大项的排列次序,则其主析取范式与主合取范式是唯一的。

证明:(反证法)假设公式A含n个命题变元并且存在两个不同的主析取范式A_1和A_2。显然$A_1\Leftrightarrow A_2$。由于A_1和A_2是不同的主析取范式,故至少存在一个最小项,如m_i,只出现在A_1和A_2之一中,不妨令m_i在A_1中而不在A_2中,取m_i的成真指派S,于是$S(A_1)$为真,而$S(A_2)$为假,这与已知$A_1\Leftrightarrow A_2$矛盾,证毕。

同理,可证主合取范式也是唯一的。

4.4.3 主范式的应用

利用主范式可以求解判定问题或者证明等价式成立。

1. 判定问题

根据主范式的定义和定理，也可以判定含 n 个命题变元的公式，其关键是先求出给定公式的主范式 A；其次按下列条件判定。

(1) 若 $A \Leftrightarrow 1$，或 A 可化为与其等价的、含 2^n 个最小项的主析取范式，则 A 为永真式。

(2) 若 $A \Leftrightarrow 0$，或 A 可化为与其等价的、含 2^n 个最大项的主合取范式，则 A 为永假式。

(3) 若 A 不与 1 或者 0 等价，且又不含 2^n 个最小项或者最大项，则 A 为可满足的。

例 4.54 利用主范式判定公式 $(P \rightarrow Q) \vee R$ 的性质。

解：$(P \rightarrow Q) \vee R \Leftrightarrow (\neg P \vee Q) \vee R$

$\Leftrightarrow \neg P \vee Q \vee R$ （主合取范式）

在此主合取范式中仅含有一项最大项，因此，$(P \rightarrow Q) \vee R$ 为可满足式。

例 4.55 利用主范式判定公式 $(P \rightarrow (Q \rightarrow R)) \rightarrow ((P \rightarrow Q) \rightarrow (P \rightarrow R))$ 的性质。

解：

$(P \rightarrow (Q \rightarrow R)) \rightarrow ((P \rightarrow Q) \rightarrow (P \rightarrow R))$

$\Leftrightarrow \neg (P \rightarrow (Q \rightarrow R)) \vee (\neg (P \rightarrow Q) \vee (P \rightarrow R))$

$\Leftrightarrow \neg (\neg P \vee (\neg Q \vee R)) \vee (\neg (\neg P \vee Q) \vee (\neg P \vee R))$

$\Leftrightarrow (P \wedge Q \wedge \neg R) \vee ((P \wedge \neg Q) \vee \neg P \vee R)$

$\Leftrightarrow (P \wedge Q \wedge \neg R) \vee (P \wedge \neg Q) \vee \neg P \vee R$

$\Leftrightarrow (P \wedge Q \wedge \neg R) \vee (\neg P \vee \neg Q \vee R)$

$\Leftrightarrow (P \wedge Q \wedge \neg R) \vee \neg P \vee \neg Q \vee R$

$\Leftrightarrow (P \wedge Q \wedge \neg R) \vee (\neg P \wedge (Q \vee \neg Q) \wedge (R \vee \neg R)) \vee (\neg Q \wedge (P \vee \neg P) \wedge (R \vee \neg R))$
$\vee (R \wedge (P \vee \neg P) \wedge (Q \vee \neg Q))$

$\Leftrightarrow (P \wedge Q \wedge \neg R) \vee (\neg P \wedge Q \wedge R) \vee (\neg P \wedge \neg Q \wedge R) \vee (\neg P \wedge Q \wedge \neg R)$
$\vee (\neg P \wedge \neg Q \wedge \neg R) \vee (P \wedge \neg Q \wedge R) \vee (P \wedge \neg Q \wedge \neg R) \vee (P \wedge Q \wedge R)$

该公式中的主析取范式包含 8 个最小项，即公式 $(P \rightarrow (Q \rightarrow R)) \rightarrow ((P \rightarrow Q) \rightarrow (P \rightarrow R))$ 是永真式。

2. 证明等价式成立

由于任一公式的主范式是唯一的，所以可分别求出两个给定的公式的主范式，若主范式相同，则给定的两公式是等价的。

例 4.56 利用主范式证明 $P \rightarrow (Q \rightarrow R) \Leftrightarrow (P \wedge Q) \rightarrow R$ 成立。

证明：$P \rightarrow (Q \rightarrow R) \Leftrightarrow \neg P \vee (\neg Q \vee R)$

$\Leftrightarrow \neg P \vee \neg Q \vee \neg R$ （主合取范式）

$(P \wedge Q) \rightarrow R \Leftrightarrow \neg (P \wedge Q) \vee R$

$\Leftrightarrow \neg P \vee \neg Q \vee \neg R$ （主合取范式）

因为 $P \rightarrow (Q \rightarrow R)$ 与 $(P \wedge Q) \rightarrow R$ 的主合取范式相同，因此，$P \rightarrow (Q \rightarrow R) \Leftrightarrow (P \wedge Q) \rightarrow R$ 成立。

4.5 命题演算的推理理论

命题逻辑主要包括三方面的内容：概念、判断、推理。任何一个推理都由前提和结论组成。前提就是推理所根据的已知命题，结论则是从前提出发，通过推理而得到的新命题。凡前提和结论之间的关系是必然的,此类推理称为演绎推理,所得的结论称为有效结论。这里最关心的不是结论的真实性而是推理的有效性。前提的实际真值不作为确定推理有效性的依据。但是,如果前提全为真,则有效结论也应该为真而绝非是假。

这里需要特别注意的是:推理的有效性和结论的真实性是不同的,有效的推理不一定产生真实的结论;而产生真实结论的推理过程未必是有效的,因为有效的推理中可能包含为"假"的前提,而无效的推理却可能包含为"真"的前提。由此可见,推理是一回事,前提与结论的真实与否是另一回事。推理有效,指的是它的结论是它的前提的合乎逻辑的结果。也即,如果它的前提都为真,那么所得的结论也必然为真,而并不是要求前提或结论一定为真或为假,如果推理有效,那么不可能它的前提都为真时,而它的结论为假。

本节主要讨论推理的概念、形式、规则及判别有效结论的方法。

4.5.1 推理形式

定义 4.15 在数理逻辑中,前提 H 是一个或者 n 个命题公式 $H_1,H_2,\cdots,H_n$;结论是一个命题公式 C。由前提到结论的推理形式可表示为 $H_1,H_2,\cdots,H_n \Rightarrow C$,其中,符号$\Rightarrow$表示推出。并称$\{H_1,H_2,\cdots,H_n\}$为**前提集合**。可见,推理形式是命题公式的一个有限序列,它的最后一个公式是结论,余下的为前提或假设。

判断 $H_1 \wedge H_2 \wedge \cdots \wedge H_n \rightarrow C$ 是否为永真式,即证明 $H_1 \wedge H_2 \wedge \cdots \wedge H_n \rightarrow C \Leftrightarrow 1$ 是否成立,从而证明 C 是否为前提集合$\{H_1,H_2,\cdots,H_n\}$的结论。

例 4.57 证明$(P\rightarrow Q)\wedge(R\rightarrow \neg Q)\wedge R\rightarrow \neg P$ 是永真式。

证明:

$$
\begin{aligned}
&(P\rightarrow Q)\wedge(R\rightarrow \neg Q)\wedge R\rightarrow \neg P\\
\Leftrightarrow&\neg((\neg P\vee Q)\wedge(\neg R\vee \neg Q)\wedge R)\vee \neg P\\
\Leftrightarrow&(\neg(\neg P\vee Q)\vee\neg(\neg R\vee\neg Q)\vee\neg R)\vee\neg P\\
\Leftrightarrow&((P\wedge\neg Q)\vee(R\wedge Q)\vee\neg R)\vee\neg P\\
\Leftrightarrow&((P\vee R\vee\neg R)\wedge(P\vee Q\vee\neg R)\wedge(\neg Q\vee R\vee\neg R)\wedge(\neg Q\vee Q\vee\neg R))\vee\neg P\\
\Leftrightarrow&(1\wedge(P\vee Q\vee\neg R)\wedge 1\wedge 1)\vee\neg P\\
\Leftrightarrow&(P\vee Q\vee\neg R)\vee\neg P\\
\Leftrightarrow&1
\end{aligned}
$$

因此,$(P\rightarrow Q)\wedge(R\rightarrow \neg Q)\wedge R\rightarrow \neg P$ 是永真式。

定义 4.16 若一个推理的前提集合的合取式是一个可满足式,则称前提集合是**相容的**或**一致的**。否则,称前提集合是**不相容的**或**不一致的**。

例 4.58 判断下列前提是否相容?推理是否正确?

(1) 前提 H_1: P; H_2: $P\rightarrow Q$; 结论 C: Q。

(2) 前提 H_1: $P\rightarrow Q$; H_2: $\neg Q$; 结论 C: $\neg P$。

(3) 前提 H_1: $(P\wedge\neg P)\rightarrow\neg R$; H_2: $P\wedge\neg P$; 结论 C: $\neg R$。

解:(1) $P\wedge(P\rightarrow Q)\Leftrightarrow P\wedge(\neg P\vee Q)\Leftrightarrow P\wedge Q$ 为可满足式,因此前提是相容的。

推理对应的蕴涵式为

$$
\begin{aligned}
&(P\wedge(P\rightarrow Q))\rightarrow Q\\
\Leftrightarrow&\neg(P\wedge(\neg P\vee Q))\vee Q\\
\Leftrightarrow&(\neg P\vee\neg(\neg P\vee Q))\vee Q
\end{aligned}
$$

$$\Leftrightarrow(\neg P \vee (P \wedge \neg Q)) \vee Q$$
$$\Leftrightarrow \neg P \vee \neg Q \vee Q$$
$$\Leftrightarrow 1$$

所以推理正确。

(2) $(P \rightarrow Q) \wedge \neg Q \Leftrightarrow (\neg P \vee Q) \wedge \neg Q \Leftrightarrow \neg P \wedge \neg Q$ 为可满足式，因此前提是相容的。

推理对应的蕴涵式为

$$((P \rightarrow Q) \wedge \neg Q) \rightarrow \neg P$$
$$\Leftrightarrow \neg((\neg P \vee Q) \wedge \neg Q) \vee \neg P$$
$$\Leftrightarrow(\neg(\neg P \vee Q) \vee Q) \vee \neg P$$
$$\Leftrightarrow \neg(\neg P \vee Q) \vee (Q \vee \neg P)$$
$$\Leftrightarrow 1$$

所以推理正确。

(3) $((P \wedge \neg P) \rightarrow \neg R) \wedge (P \wedge \neg P)$

$\Leftrightarrow 1 \wedge 0$

$\Leftrightarrow 0$

为矛盾式，因此前提是不相容的。

推理对应的蕴涵式为

$$(((P \wedge \neg P) \rightarrow \neg R) \wedge (P \wedge \neg P)) \rightarrow \neg R$$
$$\Leftrightarrow 0 \rightarrow \neg R$$
$$\Leftrightarrow 1$$

所以推理正确。

例 4.59 张三说李四在说谎，李四说王五在说谎，王五说张三、李四都在说谎。问谁说真话，谁说假话？

解：设 A："张三说真话"；B："李四说真话"；C："王五说真话"。

则有 $A \leftrightarrow \neg B$，$B \leftrightarrow \neg C$，$C \leftrightarrow \neg A \wedge \neg B$。

寻找相容性：

$(A \leftrightarrow \neg B) \wedge (B \leftrightarrow \neg C) \wedge (C \leftrightarrow \neg A \wedge \neg B)$

$\Leftrightarrow(\neg A \vee \neg B) \wedge (B \vee A) \wedge (\neg B \vee \neg C) \wedge (C \vee B) \wedge (\neg C \vee (\neg A \wedge \neg B))$

$\Leftrightarrow((\neg A \wedge B) \vee \neg B \wedge A)) \wedge ((\neg B \wedge C) \vee (\neg C \wedge B)) \wedge ((\neg C \vee \neg A) \wedge$
$(\neg C \vee \neg B))$

$\Leftrightarrow((\neg A \wedge B \wedge \neg C) \vee (A \wedge \neg B \wedge C)) \wedge (\neg C \vee \neg A)$

$\Leftrightarrow \neg A \wedge B \wedge \neg C$

要使上式相容，只能 $A \Leftrightarrow 0$，$B \Leftrightarrow 1$，$C \Leftrightarrow 0$，即李四说真话，张三和王五说谎话。

4.5.2 推理规则

当前提和结论都是比较复杂的命题公式或包含很多命题变元时，直接按照定义进行推理将会变得比较复杂，因此，要寻求更有效的推理方法。在数理逻辑中，从前提推导出结论，可以使用以下公认的推理规则。

(1) P 规则(前提引入规则)：在推导过程中，前提可视需要引入使用。前提可以用在证明过程中的任何步骤上。

(2) T规则(结论引入规则):在推导过程中,利用推理定律可引入前面已导出的结论的有效结论。

(3) E规则(置换规则):在推导过程中,命题公式的子公式都可以用与之等价的其他命题公式置换。

(4) I规则(代入规则):在推导过程中,永真式中的任一命题变元都可以用命题公式代入,得到的仍是重言式。

(5) CP规则(附加前提规则):若推出有效结论为条件式 $R \to C$ 时,只需将其前件 R 引入到前提中作为附加前提,再去推出后件 C 即可。

CP规则的正确性可由下面的定理得到保证。

定理 4.10 若前提集合为 $\{H_1, H_2, \cdots, H_n\}$,结论为 $R \to C$,则 $\{H_1, H_2, \cdots, H_n\} \Rightarrow R \to C$ 等价于 $\{H_1, H_2, \cdots, H_n, R\} \Rightarrow C$。

证明:要证 $\{H_1, H_2, \cdots, H_n\} \Rightarrow R \to C$ 等价于 $\{H_1, H_2, \cdots, H_n, R\} \Rightarrow C$,只需证 $\{H_1, H_2, \cdots, H_n\} \to (R \to C)$ 等价于 $\{H_1, H_2, \cdots, H_n, R\} \to C$。即证

$$(H_1 \wedge H_2 \wedge \cdots \wedge H_n) \to (R \to C) \Leftrightarrow (H_1 \wedge H_2 \wedge \cdots \wedge H_n \wedge R) \to C \text{ 成立。}$$

因为 $(H_1 \wedge H_2 \wedge \cdots \wedge H_n) \to (R \to C)$

$\Leftrightarrow \neg (H_1 \wedge H_2 \wedge \cdots \wedge H_n) \vee (\neg R \vee C)$

$\Leftrightarrow \neg (H_1 \wedge H_2 \wedge \cdots \wedge H_n) \vee \neg R \vee C$

$\Leftrightarrow (\neg (H_1 \wedge H_2 \wedge \cdots \wedge H_n) \vee \neg R) \vee C$

$\Leftrightarrow \neg (H_1 \wedge H_2 \wedge \cdots \wedge H_n \wedge R) \vee C$

$\Leftrightarrow (H_1 \wedge H_2 \wedge \cdots \wedge H_n \wedge R) \to C$

因此CP规则成立。

下面通过一些例子来介绍一下推理规则的使用。

例 4.60 前提:$A, A \to \neg B, \neg B \to C, C \to D$。

结论:D。

证明:

(1) A	P
(2) $A \to \neg B$	P
(3) $\neg B$	(1),(2),I,T
(4) $\neg B \to C$	P
(5) C	(3),(4),I,T
(6) $C \to D$	P
(7) D	(5),(6),I,T

例 4.61 前提:$P \to (Q \to S), \neg R \vee P, Q$。

结论:$R \to S$。

证明:因为 $R \to S$ 是条件式,所以在推理中可用CP规则。

(1) R	CP
(2) $\neg R \vee P$	P
(3) P	(1),(2),I,T
(4) $P \to (Q \to S)$	P

(5) $Q \to S$　　(3),(4),I,T

(6) Q　　P

(7) S　　(5),(6),I,T

(8) $R \to S$　　(2),(7),CP,T

例 4.62　前提：$P \vee Q, P \to \neg R, S \to T, \neg S \to R, \neg T$。

结论：Q。

证明：(1) $\neg T$　　P

(2) $S \to T$　　P

(3) $\neg S$　　(1),(2),I,T

(4) $\neg S \to R$　　P

(5) R　　(3),(4),I,T

(6) $P \to \neg R$　　P

(7) $\neg P$　　(5),(6),I,T

(8) $P \vee Q$　　P

(9) Q　　(7),(8),I,T

例 4.63　前提：$\neg P \vee \neg Q, \neg P \to R, R \to \neg S$。

结论：$S \to \neg Q$。

证明：(1) S　　CP

(2) $R \to \neg S$　　P

(3) $S \to \neg R$　　(2),E

(4) $\neg R$　　(1),(3),I,T

(5) $\neg P \to R$　　P

(6) $\neg R \to P$　　(5),E

(7) P　　(4),(6),I,T

(8) $\neg P \vee \neg Q$　　P

(9) $P \to \neg Q$　　(8),E

(10) $\neg Q$　　(7),(9),I,T

(11) $S \to \neg Q$　　(1),(10),CP,T

例 4.64　前提：如果马会飞或羊吃草，则母鸡就会是飞鸟；如果母鸡是飞鸟，那么烤熟的鸭子还会跑；烤熟的鸭子不会跑。

结论：羊不吃草。

(**注意**：一般以"；"表示一个完整独立的前提语句。)

解：首先将命题符号化。设

P：马会飞。

Q：羊吃草。

R：母鸡是飞鸟。

S：烤熟的鸭子还会跑。

则上述命题符号化为：

前提：$P \vee Q \to R, R \to S, \neg S$。

结论：$\neg Q$。

证明：

(1) $\neg S$	P
(2) $R \to S$	P
(3) $\neg R$	(1),(2),I,T
(4) $P \vee Q \to R$	P
(5) $\neg(P \vee Q)$	(3),(4),I,T
(6) $\neg P \wedge \neg Q$	(5),E
(7) $\neg Q$	(6),I,T

例 4.65 前提：如果今天是星期一，则10点钟要进行离散数学或程序设计语言两门课程中的一门课的考试；如果程序设计语言课程的老师出差，则不考程序设计语言；今天是星期一，并且程序设计语言课程的老师出差。

结论：今天进行离散数学的考试。

解：首先将命题符号化。

设 P：今天是星期一。

Q：10点钟要进行离散数学考试。

R：10点钟要进行程序设计语言考试。

S：程序设计语言课程的老师出差。

则上述命题可符号化为：

前提：$P \to Q \oplus R, S \to \neg R, P \wedge S$。

结论：Q。

证明：

(1) $P \wedge S$	P
(2) S	(1),I,T
(3) $S \to \neg R$	P
(4) $\neg R$	(2),(3),I,T
(5) P	(1),I,T
(6) $P \to Q \oplus R$	P
(7) $Q \oplus R$	(5),(6),I,T
(8) Q	(4),(7),I,T

例 4.66 前提：或者是天晴，或者是下雨；如果是天晴，我去看电影；如果我去看电影，我就不看书。

结论：如果我在看书，则天在下雨。

解：首先将命题符号化，设

P：天晴。

Q：下雨。

S：我去看电影。

R：我看书。

则命题符号化为：

前提：$P \leftrightarrow \neg Q, P \rightarrow S, S \rightarrow \neg R$。

结论：$R \rightarrow Q$。

证明：

(1) R CP

(2) $S \rightarrow \neg R$ P

(3) $\neg S$ (1),(2),I,T

(4) $P \rightarrow S$ P

(5) $\neg P$ (3),(4),I,T

(6) $P \leftrightarrow \neg Q$ P

(7) Q (5),(6),I,T

(8) $R \rightarrow Q$ (1),(7),CP,T

除了使用推理规则来证明我们所要的结论，还可以根据具体情况使用其他的方法，如间接法，又称反证法，它是把结论的否定作为附加前提，与给定前提一起推证，若能引出矛盾，则说明结论是有效的。

$$
\begin{aligned}
& H_1, H_2, \cdots, H_n, \neg C \Rightarrow R \wedge \neg R \\
\Leftrightarrow & H_1, H_2, \cdots, H_n \Rightarrow \neg C \rightarrow (R \wedge \neg R) \\
\Leftrightarrow & H_1, H_2, \cdots, H_n \Rightarrow C \vee (R \wedge \neg R) \\
\Leftrightarrow & H_1, H_2, \cdots, H_n \Rightarrow C \vee 0 \\
\Leftrightarrow & H_1, H_2, \cdots, H_n \Rightarrow C
\end{aligned}
$$

例 4.67 前提：$P \rightarrow Q, \neg(Q \vee R)$。

结论：$\neg P$。

证明：使用反证法，把结论的否定作为假设的附加前提，加入到前提集合中，然后推出一个矛盾式。

(1) P CP

(2) $P \rightarrow Q$ P

(3) Q (1),(2),I,T

(4) $\neg(Q \vee R)$ P

(5) $\neg Q \wedge \neg R$ (4),E

(6) $\neg Q$ (5),I,T

(7) $Q \wedge \neg Q$ (3),(6),T

得出矛盾，因此假设不成立，原结论成立，即 $\neg P$ 成立。

例 4.68 前提：$P \vee Q, P \rightarrow R, Q \rightarrow R$。

结论：R。

证明：使用反证法，把结论的否定作为假设的附加前提，加入到前提集合中，然后推出一个矛盾式。

(1) $\neg R$ CP

(2) $P \rightarrow R$ P

(3) $\neg P$ (1),(2),I,T

(4) $Q \rightarrow R$ P

(5) $\neg Q$ (2),(4),I,T

(6) $P \vee Q$ P

(7) P (5),(6),I,T

(8) $P \wedge \neg P$ (3),(7),I,T

得出矛盾,假设不成立,原结论 R 成立。

例 4.69 在意甲比赛中,假如有四只球队,其比赛情况如下:如果国际米兰队获得冠军,则AC米兰队或尤文图斯队获得亚军;若尤文图斯队获得亚军,国际米兰队不能获得冠军;若拉齐奥队获得亚军,则AC米兰队不能获得亚军;最后,国际米兰队获得冠军。所以,拉齐奥队不能获得亚军。

证明:首先将命题符号化,设

P:国际米兰队获得冠军。

Q:AC米兰队获得亚军。

R:尤文图斯队获得亚军。

S:拉齐奥队获得亚军。

则原命题可符号化为:

前提:$P \rightarrow Q \oplus R$,$R \rightarrow \neg P$,$S \rightarrow \neg Q$,P。

结论:$\neg S$。

使用反证方法:

(1) $\neg(\neg S)$ CP

(2) S (1),E

(3) $S \rightarrow \neg Q$ P

(4) $\neg Q$ (2),(3),I,T

(5) P P

(6) $P \rightarrow Q \oplus R$ P

(7) $Q \oplus R$ (5),(6),I,T

(8) R (4),(7),I,T

(9) $R \rightarrow \neg P$ P

(10) $\neg P$ (8),(9),I,T

(11) $P \wedge \neg P$ (6),(10),I,T

得出矛盾,因此假设不成立,原结论成立,即拉齐奥队不能获得亚军。

所以,如果对于任意一个命题公式,如果存在一种间接证明方法,则必存在一种直接证明方法,反过来也成立。因此,从逻辑的角度来讲,间接证明法与直接证明法同样有效,只是其方便程度因问题的不同而不同。我们可根据实际问题选择一种方法加以证明。

习 题

1. 判断下列语句哪些是命题,哪些不是命题?若是命题,给出其真值。

(1) 禁止吸烟。

(2) 明天是星期二。

(3) 今天我不上班。

(4) $1+1=1$。

(5) 你要去哪里?

(6) 离散数学是计算机科学系的一门必修课。

(7) 不存在最大的自然数。

(8) 我们要努力学习。

(9) 火星上有生物。

(10) $x+y=1$。

(11) 这朵花真美丽啊!

2. 将下列命题符号化。

(1) 只有付出劳动,才会有收获。

(2) 如果今天不下雨,我就去看电影。

(3) 若 a 与 b 是奇数,则 a 与 b 的和是偶数。

(4) 小明不但学习好,而且乐于帮助同学。

(5) 小明一边骑自行车,一边听音乐。

(6) 今天是周二,我必须准备下周开会的材料。

3. 设 p:天下大雨;q:小明乘公交车上班;r:小明骑自行车上班。将下列命题符号化。

(1) 只有天下大雨,小明才乘公交车上班。

(2) 如果天不下雨,小明就骑自行车上班。

(3) 如果天不下雨,小明或者骑自行车上班,或者乘公交车上班。

4. 运用真值表技术判断下列公式是重言式、永假式或可满足式。

(1) $(P\wedge Q)\vee(P\wedge\neg Q)$

(2) $(P\rightarrow Q)\wedge(Q\rightarrow P)$

(3) $P\vee(P\wedge Q)$

(4) $P\rightarrow(Q\vee R)$

(5) $P\rightarrow(P\vee Q)$

5. 证明下列等价式。

(1) $P\rightarrow(Q\rightarrow P)\Leftrightarrow\neg P\rightarrow(P\rightarrow\neg Q)$

(2) $\neg(P\rightarrow Q)\Leftrightarrow P\wedge\neg Q$

(3) $\neg P\rightarrow(P\rightarrow\neg Q)\Leftrightarrow P\rightarrow(Q\rightarrow P)$

(4) $(P\wedge Q)\rightarrow R\Leftrightarrow(P\rightarrow R)\vee(Q\rightarrow R)$

6. 求下列命题公式的合取范式与析取范式。

(1) $(P\rightarrow Q)\rightarrow(P\vee Q)$

(2) $((\neg P\vee Q)\rightarrow R)\rightarrow((P\wedge\neg Q)\vee R)$

(3) $(P\vee Q)\rightarrow(P\wedge Q)$

(4) $P\vee(P\rightarrow Q)$

7. 求下列命题公式的主范式。

(1) $(P\rightarrow Q)\leftrightarrow(P\vee Q)$

(2) $((\neg P \vee Q) \leftrightarrow R) \rightarrow ((P \wedge \neg Q) \vee R)$

(3) $\neg (P \rightarrow Q) \leftrightarrow (P \rightarrow \neg Q)$

(4) $(P \rightarrow R) \vee (P \rightarrow Q)$

8. 用将公式化为主范式的方法,证明下列公式等价。

(1) $((Q \wedge S) \rightarrow R) \wedge (S \rightarrow (P \vee R)) \Leftrightarrow (S \wedge (P \rightarrow Q)) \rightarrow R$

(2) $P \rightarrow (Q \wedge (P \vee Q)) \Leftrightarrow P \rightarrow Q$

(3) $(P \rightarrow Q) \wedge (P \rightarrow R) \Leftrightarrow P \rightarrow (Q \wedge R)$

9. 用等值演算的方法证明下列推理是有效的。

(1) $P \vee Q, P \rightarrow R, Q \wedge S \Rightarrow S \vee R$

(2) $\neg (P \wedge \neg Q), \neg Q \vee R, \neg R \Rightarrow \neg P$

10. 利用推理规则证明下列推理成立。

(1) $\neg P \leftrightarrow Q, S \rightarrow \neg Q, \neg R, R \vee S \Rightarrow P$

(2) $\neg (A \rightarrow B) \rightarrow \neg (C \vee D), (B \rightarrow A) \vee \neg C, C \Rightarrow A \leftrightarrow B$

11. 利用 CP 规则证明下列推理成立。

(1) $A \rightarrow (B \rightarrow C), (C \wedge D) \rightarrow E, \neg D \vee E \rightarrow H \Rightarrow (A \wedge B) \rightarrow H$

(2) $P \rightarrow (Q \rightarrow R), R \rightarrow (Q \rightarrow S) \Rightarrow P \rightarrow (Q \rightarrow S)$

12. 如果他是计算机系的本科生,那么他一定学过 C 语言或 Java 语言;只要他学过 C 语言或 Java 语言,那么他就会编程序。因此如果他是计算机系的本科生,那么他就会编程序。用命题逻辑推理的方法,证明该推理是有效的。

13. 如果 6 是偶数,则 2 不能整除 7;或者 7 不是素数,或者 2 整除 7。7 是素数,因此 6 是奇数。用命题逻辑推理的方法,证明该推理是有效的。

第5章 一阶谓词逻辑

在命题逻辑中，将简单命题作为基本研究单位，不再对它进行分解，从而无法揭示原子命题内部的特征。因此，命题逻辑的推理中存在着很大的局限性，如要表达“某两个原子公式之间有某些共同的特点”或者是要表达“两个原子公式的内部结构之间的联系”等，命题逻辑就无法将其表示出来。此外，有些简单的推理形式，如典型的逻辑三段论，用命题演算的推理理论也无法验证它。例如，苏格拉底三段论：

前提：所有的人都是要死的；

苏格拉底是人。

结论：所以，苏格拉底是要死的。

上述三个命题有着密切的关系，当前两个命题为真时，第三个命题必定是真。但是，在命题逻辑中，设 P：所有的人都是要死的；Q：苏格拉底是人；R：苏格拉底是要死的。则苏格拉底三段论符号化为

$$P,Q \Rightarrow R$$

根据逻辑蕴涵关系，命题公式表示为

$$P \land Q \to R$$

应为永真公式，即在任何解释下，公式的取值应为真，但实际上并非如此。如当 P 取“1”，Q 取“1”，R 取“0”时：

$$P \land Q \to R \Leftrightarrow 0$$

也就是说，命题公式 $P \land Q \to R$ 不是永真公式，即 $P,Q \Rightarrow R$ 不能成立。所以用命题逻辑已无法正确地描述上述情况，这就显示了命题逻辑的局限性。

出现这类问题的主要原因是在这类推理中，各命题之间的逻辑关系不是体现在原子命题之间，而是体现在构成原子命题的内部组成成分之间，即体现在命题结构的更深层次上，而命题逻辑无法将这种内在联系反映出来，要反映这种内在联系，就必须对简单命题做进一步的分析，分析出其中的个体词、谓词和量词等，研究它们的形式结构及逻辑关系，总结出正确的推理形式和规则。例如：

“所有人都要死的”

这句话可以分解“所有的”“人”“都要死的”三个部分，这样就有可能考虑任意一个特定的人。此时，就可以研究它们的形式结构和逻辑关系、正确的推理形式和规则，这正是一阶逻辑研究的基本内容，一阶逻辑也称谓词逻辑。

本章在命题逻辑的基础上，引入量词的概念、谓词公式及其解释，讨论在一阶谓词逻辑中谓词公式的等价与蕴涵关系及范式，并介绍相应的推理理论。

本章主要包括如下内容。

- 一阶逻辑的基本概念(谓词、个体、量词)。
- 谓词公式及其解释。
- 谓词公式之间的关系与范式表示。
- 谓词演算的推理理论。

5.1 一阶谓词逻辑的基本概念

在命题逻辑中,命题是能够判断真假的陈述句,从语法上分析,一个陈述句由主语和谓语两部分组成。例如句子:

"张明是上海财经大学的学生。"

可分解成两个部分:"张明"是主语,"是上海财经大学的学生"是谓语。

再例如:

"李天是大学生。"

"张明是大学生。"

此时,在命题逻辑中,若用命题 P、Q 分别表示上述两句话,则 P、Q 显然是两个毫无关系的命题,无法来显示它们之间的共同特征。但是,由这两句话可以看出这两个命题所表达的一个共同的特征:

"是大学生"

因此,若将句子分解成

"主语+谓语"

同时将相同的谓词部分抽取出来,则可表示这一类的语句。此时,若用 P 表示:

P:是大学生。

P 后紧跟

"某某人"

则上述两个句子可写为:P(李天);P(张明)。

因此,为了揭示命题内部结构及其命题的内部结构的关系,就按照这两部分对命题进行分析,分解成主语和谓语。

5.1.1 谓词、个体词和个体域

定义 5.1 **个体词**是指所研究对象中可以独立存在的具体的或抽象的客体。表示具体的、特指的个体词,称为**个体常元**,常用小写字母 $a,b,c,\cdots$ 来表示。表示抽象的、泛指的或在一定范围内变化的个体词,称为**个体变元**,常用小写字母 $x,y,z,\cdots$ 来表示。

个体变元的取值范围为**个体域**(或称**论域**),常用符号 D 表示。个体域可以是有限个体的集合,如$\{1,2,3\}$,$\{a,b,c\}$,{上海财经大学全体在校学生};也可以是无限个体的集合,如自然数全体、整数全体。

最大的个体域是包含宇宙中全体事物的个体域,称为全总个体域。当无特殊声明时,默认个体域为全总个体域。

例 5.1 上海、北京、李天、张明、计算机班、定理、熊猫等都是个体常元。

例 5.2 (1) 上海是一座美丽的城市。

(2) 离散数学是计算机专业的基础课程。

(3) 李天是大学生。

(4) 人会学习。

其中,"上海""离散数学"和"李天"是个体常元,"人"是个体变元。

定义 5.2 用来刻画一个个体的性质或多个个体之间关系的词,称为**谓词**。谓词中包含个体的数目称为谓词的**元数**。谓词常用大写字母 $P,Q,R,\cdots$ 来表示。

如 $P(x)$即是一个一元谓词,其中,x 为个体变元;$P(a,b)$为二元谓词,其中,a,b 为个体常元。

表示有具体确定意义的性质或关系的谓词,称为**谓词常元**,常用大写字母 $A,B,C,\cdots$ 表示,否则称为**谓词变元**,即表示抽象的和泛指的谓词。

通常情况下,一元谓词用来刻画个体的性质,而多元谓词则用来描述多个个体之间的关系。

例 5.3 将下列命题符号化。

(1) x 是有理数。

(2) 小王与小李同岁。

(3) 上海位于南京与杭州之间。

(4) 2 是偶数且是素数。

解:(1) x 是个体变元,"……是有理数"是谓词,记为 G,命题符号化形式为 $G(x)$。

(2) 小王、小李都是个体常元,"…… 与…… 同岁"是谓词,记为 H,命题符号化形式为 $H(a,b)$,其中,a:小王,b:小李。

(3) 上海、南京与杭州是个体常元,"……位于……与……之间"是谓词,记为 M,命题符号化形式为 $M(a,b,c)$,其中,a:上海,b:南京,c:杭州。

(4) 2 是个体常元,"…是偶数"是谓词,记为 E,"…是素数"也是谓词,记为 P,命题符号化形式为 $E(2) \wedge P(2)$。

定义 5.3 一个由 n 个个体和 n 元谓词所组成的命题可以表示为 $P(a_1,a_2,\cdots,a_n)$,其中,P 表示 n **元谓词**,$a_1,a_2,\cdots,a_n$ 分别表示 n 个个体。$a_1,a_2,\cdots,a_n$ 的排列次序非常重要,不能随便交换。不含个体的谓词称为**零元谓词**。

例 5.4 将下列命题符号化。

(1) 张三是李四的表哥。

(2) 李明选修了离散数学与机器学习课程。

(3) 李明是一个认真学习的学生。

解:(1) a:张三;b:李四;P:……是……的表哥。因此,该命题可以符号化为:$P(a,b)$,为二元谓词。

(2) a:李明;$L(x)$:x 选修了离散数学;$J(x)$:x 选修了机器学习。因此,该命题可以符号化为:$L(a) \wedge J(a)$,为二元谓词。

(3) a:李明;$L(x)$:x 是一个认真学习的学生。因此,该命题可以符号化为:$L(a)$为一元谓词。

使用谓词时要注意如下事项。

(1) n 元谓词中,个体项的次序很重要,不能交换。

例 5.5 上海位于南京与杭州之间。

a:上海;b:南京;c:杭州。

$F(a,b,c)$表示上海位于南京与杭州之间。其真值为1。若写成$F(b,a,c)$表示南京位于上海与杭州之间,则有$F(b,a,c)$的真值为0。

(2) 在讨论一个问题时,必须先确定好个体域 D。如不做限制,均指**全总个体域**。

(3) 同一个 n 元谓词,取不同的个体,真假会不同。

例 5.6 $A(x)$:x 是大学生。

若 a 表示小明,并且小明只有3岁,则$A(a)$真值为假。

若 b 表示小李,并且小李20岁,当小李确实是大学生时,有$A(b)$真值为真,否则$A(b)$真值为假。

(4) 对于同一谓词,个体域 D 不同,真值可能也不同。

例 5.7 对于$A(x)$,x 是大学生。

如 $D=\{$大学生全体$\}$,$A(x)$是重言式。

如 $D=\{$学生全体$\}$,$A(x)$是仅可满足式。

如 $D=\{$计算机全体$\}$,$A(x)$是永假式。

定义 5.4 由一个谓词和若干个体变元组成的表达式称为**简单命题函数**。由 n 元谓词和 n 个个体变元 $x_1,x_2,\cdots,x_n$ 组成的命题函数,表示为$P(x_1,x_2,\cdots,x_n)$。由有限个简单命题函数以及逻辑连接词组成的命题形式称为**复合命题函数**。简单命题函数和复合命题函数统称为**命题函数**。

命题逻辑中的连接词在谓词逻辑中都可以使用。

例 5.8 (1) $P(x,y)$是一个简单命题函数。

(2) $P(x,y)\wedge Q(x)$是一个复合命题函数。

在命题逻辑中,简单命题用一个大写的符号表示,因此,命题逻辑中的简单命题可以看成是0元谓词,即作为谓词的一种特殊情况。

在谓词逻辑中,与个体有关的全体和个别的概念是用量词符号"$\forall$"和"$\exists$"来表达的,这就涉及量词的概念。

5.1.2 量词

定义 5.5 称表示数量的词为**量词**。量词有两种,包括"全称量词"和"存在量词"。

全称量词:表示日常语言中的"所有的""任意的""一切""全部"等词,用符号"$\forall$"表示。$\forall x$ 表示个体域中的所有个体,x 为**全称性变元**。$\forall xA(x)$表示个体域中的所有个体都具有性质 A。

例 5.9 符号化下列命题。

(1) 所有人都要呼吸。

(2) 每个学生都要参加离散数学课程的期末考试。

(3) 所有大学生都热爱祖国。

(4) 每个有理数都是实数。

解：可以有两种表示方式。

限定个体域的方法：

(1) 个体域为人，$H(x)$：x 要呼吸，则命题符号化为：$\forall xH(x)$。

(2) 个体域为学生全体，$D(x)$：x 参加离散数学课程期末考试，则命题符号化为：$\forall xD(x)$。

(3) 个体域为大学生全体，$L(x)$：x 热爱祖国，则命题符号化为：$\forall xL(x)$。

(4) 个体域为有理数全体，$R(x)$：x 是实数，则命题符号化为：$\forall xR(x)$。

不限定个体域的方法：

(1) 设 $M(x)$：x 是人；$H(x)$：x 要呼吸。则命题符号化为：$\forall x(M(x)\rightarrow H(x))$。

(2) 设 $M(x)$：x 是学生；$D(x)$：x 参加离散数学课程期末考试。则命题符号化为：$\forall x(M(x)\rightarrow D(x))$。

(3) 设 $S(x)$：x 是大学生；$L(x)$：x 热爱祖国。则命题符号化为：$\forall x(S(x)\rightarrow L(x))$。

(4) 设 $N(x)$：x 是有理数；$R(x)$：x 是实数。则命题符号化为：$\forall x(N(x)\rightarrow R(x))$。

例 5.9 中的谓词 $M(x)$、$S(x)$ 与 $N(x)$ 称为**特性谓词**。为了讨论个体域中某部分个体的性质，就要引入刻画这部分个体性质的谓词，称为**特性谓词**。对全称量词后的特性谓词应作为蕴涵式的前件；对存在量词后的特性谓词应作为合取式的一项。

存在量词：表示日常语言中的"存在着""有些""至少存在一个""有一个"等的词，用符号"$\exists$"表示，$\exists x$ 表示个体域中的个体，x 为**存在性变元**。$\exists xA(x)$ 表示存在着个体域中的个体具有性质 A。

例 5.10 符号化下列命题。

(1) 有些学生要参加离散数学课程的期末考试。

(2) 有的自然数是素数。

(3) 有人早饭吃面包。

(4) 有人坐地铁上班。

解：限定个体域的表示方法：

(1) 个体域为学生全体，$Y(x)$：x 参加离散数学课程期末考试，则命题符号为：$\exists xY(x)$。

(2) 个体域为自然数集，$P(x)$：x 是素数，则命题符号化为：$\exists xP(x)$。

(3) 个体域为人，$E(x)$：x 早饭吃面包，则命题符号化为：$\exists xE(x)$。

(4) 个体域为人，$T(x)$：x 坐地铁上班，则命题符号化为：$\exists xT(x)$。

不限定个体域的表示方法：

(1) 设 $Y(x)$：x 参加离散数学课程期末考试；$R(x)$：x 是学生。则命题符号化为：$\exists x(R(x)\wedge Y(x))$。

(2) 设 $N(x)$：x 是自然数；$P(x)$：x 是素数。则命题符号化为：$\exists x(N(x)\wedge P(x))$。

(3) 设 $M(x)$：x 是人；$E(x)$：x 是早饭吃面包。则命题符号化为：$\exists x(M(x)\wedge E(x))$。

(4) 设 $M(x)$：x 是人；$T(x)$：x 坐地铁上班。则命题符号化为：$\exists x(M(x)\wedge T(x))$。

在例 5.9 与例 5.10 中出现的逻辑表达式，也称为谓词公式，关于谓词公式的严格定义，将在 5.2 节中给出。

定义 5.6 在谓词公式中，$\forall xA(x)$ 或 $\exists xA(x)$ 称为 x 的约束部分，变元 x 称为**指导变元**，$A(x)$ 称为相应量词的**辖域**。而 x 在公式的 x 约束部分的任一出现都称为 x 的**约束**

出现。当x不是约束出现时,称x的出现是**自由出现**。公式中约束出现的变元是**约束变元**,即与指导变元相同的变元。自由出现的变元是**自由变元**,即与指导变元不同的变元。

例 5.11 指出各公式的指导变元、辖域、约束变元和自由变元。

(1) $\forall x(P(x)\rightarrow\exists yQ(x,y))$

(2) $\forall xP(x)\rightarrow\exists yQ(x,y)$

解:(1) $\forall x$中的x与$\exists y$中的y是指导变元,$P(x)$与$Q(x,y)$中的个体变元x与y是约束变元,$\forall x$的辖域是$P(x)\rightarrow\exists yQ(x,y)$,$\exists y$的辖域是$Q(x,y)$。

(2) $\forall x$中的x与$\exists y$中的y是指导变元,$\forall xP(x)$中的x是约束变元,$\forall x$的辖域是$P(x)$;$Q(x,y)$中的y是约束变元,x是自由变元,$\exists y$的辖域是$Q(x,y)$。

在例5.11的(2)中,可以看到$\forall xP(x)$中的约束变元x与$\exists yQ(x,y)$中的自由变元x重名了,这就使得我们在使用公式的时候,容易引起混淆。为了避免这种情况的发生,必须将其中的一个变元换名,可以运用换名规则与代入规则来替换掉公式中的重名变元。

5.1.3 换名规则与代入规则

换名规则 对约束变元进行换名。

量词辖域内出现的某个约束变元及其相应量词中的指导变元,可以换成别的变元,该变元不能与本辖域内的其他变元同名,最好也不要与辖域内的其他约束变元同名,公式中的其他部分不改变。

例 5.12 对下面的公式使用换名规则,将重名的约束变元替换掉。

(1) $\forall xF(x,y)\wedge\exists xG(x,y)$

(2) $\forall x(F(x,y)\rightarrow P(x))\wedge\exists y(Q(x,y)\rightarrow R(x))$

解:使用换名规则。

(1) $\forall xF(x,y)\wedge\exists zG(z,y)$或$\forall zF(z,y)\wedge\exists xG(x,y)$

(2) $\forall u(F(u,y)\rightarrow P(u))\wedge\exists v(Q(x,v)\rightarrow R(x))$

在运用换名规则时不能改变整个公式中个体变元的属性,原公式中的约束变元在换名后依然是约束变元,自由变元换名后依然是自由变元。

代入规则 对自由变元进行代入。

整个谓词公式中同一个自由变元是指同一个个体名词,因此可以用其他符号来代替,且要求整个公式中该自由变元同时用同一个符号代替,该符号不能与原公式中其余的任何变元相同。

例 5.13 对下面的公式使用代入规则,将重名的自由变元替换掉。

(1) $\forall xF(x,y)\wedge\exists yG(u,y)$

(2) $\forall x(F(x,y)\rightarrow P(x))\wedge\exists y(Q(x,y)\rightarrow R(x))$

解:使用代入规则。

(1) $\forall xF(x,z)\wedge\exists yG(u,y)$

(2) $\forall x(F(x,u)\rightarrow P(x))\wedge\exists y(Q(v,y)\rightarrow R(v))$

在替换重名的约束变元或自由变元时,两种规则可以同时使用。

例 5.14 替换下面的公式中重名的变元。

(1) $\forall xF(x,y)\wedge\exists x\exists yG(x,y)$

(2) $\forall x(F(x,y)\to P(x))\land\exists y(Q(x,y)\to R(x))$

解：(1) $\forall uF(u,v)\land\exists x\exists yG(x,y)$

(2) $\forall u(F(u,v)\to P(u))\land\exists y(Q(x,y)\to R(x))$

自由变元换名后不能改变整个公式中的个体变元的属性，要保证原公式中自由出现的变元在使用代入规则后依然是自由变元，约束变元依然是约束变元。

说明：

(1) 不含量词的谓词公式 $G(x)$，它不是命题，而是命题函数，其真值依赖于 x 从个体域中取的个体词的不同而不同。

例 5.15 D 表示某班全体学生，$G(x)$表示 x 是男生。如果李刚是男生，王芳是女生，则 G(李刚)是真，而 G(王芳)是假。而 $\forall xG(x)$ 与 $\exists xG(x)$ 是命题，x 仅是一个"指导变元"，$\forall xG(x)$与 $\forall yG(y)$ 意义完全相同。

$\forall xG(x)$：全班每个人均是男生。

$\exists xG(x)$：班里存在一个人是男生。

即含量词的谓词公式的真值不再依赖于 x 的选取。

(2) 对于一个谓词，如其每个变量均在量词的管辖下，则该表达式不是命题函数，而是命题，它有确定的真值。

例 5.16 假设个体域 $D=\{a,b,c\}$，则

$$\forall xG(x)\Leftrightarrow G(a)\land G(b)\land G(c) \text{ 与 } \exists xG(x)\Leftrightarrow G(a)\lor G(b)\lor G(c)$$

具有确定的真值了，变成命题，而不再是命题函数。

(3) $\forall xG(x)$的真值规定如下。

① $\forall xG(x)$的命题是"对任意 $x\in D$，均有 $G(x)$"。

② $\forall xG(x)$的真值为 1，当且仅当对一切 $x\in D$，$G(x)$真值均为 1。

③ $\forall xG(x)$的真值为 0，当且仅当存在 $x_0\in D$，$G(x_0)$真值为 0。

(4) $\exists xG(x)$的真值规定如下。

① $\exists xG(x)$的命题是"存在 $x_0\in D$，使得 $G(x_0)$成立"。

② $\exists xG(x)$的真值为 1，当且仅当存在 $x_0\in D$，$G(x_0)$的真值为 1。

③ $\exists xG(x)$的真值为 0，当且仅当对一切 $x\in D$，$G(x)$的真值为 0。

(5) 当多个量词连续出现，它们之间如果没有括号分隔时，约定按照从左到右的次序读出，后面的量词在前面量词的辖域之中。

例如，$\forall x\exists y(x<y)$，x,y 的个体域为实数集。

则有全称量词 $\forall$ 的辖域为 $\exists y(x<y)$，存在量词 $\exists$ 的辖域为 $x<y$，存在量词 $\exists$ 在全称量词 $\forall$ 的辖域内。

(6) 量词不能随便换顺序。对于 $\forall$ 和 $\exists$ 这两个量词交换位置，其意义就不同了，相应真值也可能改变。

例 5.17 D 为实数全体；$G(x,y)$：x 小于 y。

解：$\forall x\exists yG(x,y)$表示任意一个实数 x，总存在实数 y，使得 x 小于 y，该命题是真命题。

$\exists y\forall xG(x,y)$表示存在一个实数 y，使得对一切实数 x，有 x 小于 y，即 y 是最大的实数。该命题是假命题。

例 5.18 将"有人在唱歌"符号化为谓词表达式。

解：取个体域 D 为全总个体域，令 $M(x)$：x 是人；$F(x)$：x 在唱歌。则"有人在唱歌"可符号化为 $\exists x(M(x) \wedge F(x))$，$M(x)$ 即是特性谓词。

例 5.19 将"每个自然数都有后继数"符号化为谓词表达式。

解：取个体域 D 为全总个体域，令 $N(x)$：x 是自然数；$H(x,y)$：y 是 x 的后继数。则"每个自然数都有后继数"可符号化为 $\forall x(N(x) \rightarrow \exists y(N(y) \wedge H(x,y)))$，$N(x)$ 即是特性谓词。

例 5.20 将"有的整数是自然数"符号化为谓词表达式。

解：取个体域 D 为全总个体域，令 $Z(x)$：x 是整数；$E(x)$：x 是自然数。则"有的整数是自然数"可符号化为 $\exists x(Z(x) \wedge E(x))$，$Z(x)$ 即是特性谓词。

例 5.21 将苏格拉底三段论符号化。

解：取个体域 D 为全总个体域，令 $A(x)$：x 是人；$B(x)$：x 会死的；a：苏格拉底。则苏格拉底三段论可符号化为：

前提：$\forall x(A(x) \rightarrow B(x)) \wedge A(a)$

结论：$B(a)$

其中的 $A(x)$ 即是特性谓词。

在一阶逻辑中，对量词的使用做如下小结。

(1) 在不同的个体域中，命题符号化的形式可能不一样。

(2) 若没有说明个体域，则应以全总个体域为个体域。

(3) 在引入特性谓词后，使用全称量词与存在量词符号化的形式是不同的。

(4) 个体域和谓词的含义确定后，n 元谓词要转换为命题至少需要 n 个量词。

(5) 当个体域有限时，全称量词可看作合取连接词的推广。

(6) 当个体域有限时，存在量词可看作析取连接词的推广。

(7) 当个体域有限时，一个谓词公式包含多个量词，可从里到外按上述(5)与(6)的方法将量词逐个消去。

(8) 约定：出现在量词前面的否定，不是否定该量词，而是否定被量化了的整个命题。

例 5.22 设个体域为$\{0,1\}$，将 $\exists x(\forall y F(x,y) \vee G(x))$ 转换成不含量词的形式。

解：

$$\exists x(\forall y F(x,y) \vee G(x))$$

$$\Leftrightarrow \exists x((F(x,0) \wedge F(x,1)) \vee G(x))$$

$$\Leftrightarrow ((F(0,0) \wedge F(0,1)) \vee G(0)) \vee ((F(1,0) \wedge F(1,1)) \vee G(1))$$

在命题逻辑中可以有多种方法来判断命题公式的性质，如真值表法、等值演算法、主范式的方法等，但是在谓词逻辑中由于引入了个体变元、谓词和量词等概念，而且个体域常是无限的，使研究变得更复杂，从而难以判断谓词公式的性质。下面将讨论谓词公式的定义及其解释。

5.2 谓词公式及其解释

在命题逻辑中，我们定义了命题公式，从而可以让我们进行演算和推理。与命题演算一样，在谓词逻辑中也同样包含命题变元和命题连接词，为了能够进行演绎和推理，需要对谓词逻辑中关于谓词的表达式加以形式化，这就要利用连接词、谓词与量词一起来构成符合要求的谓词公式。

在形式化中，将使用如下四种符号。

(1) 常量符号：个体域中确定的个体，用带或不带下标的小写英文字母 $a,b,c,\cdots$ 或 $a_1,b_1,c_1,\cdots$ 来表示。当个体域名称集合 D 给出时，它可以是 D 中的某个元素。

(2) 变量符号：通常用表示变量的不带下标或带下标的小写英文字母 $x,y,z,\cdots$ 或 $x_1,y_1,z_1,\cdots$ 来表示。当个体域名称集合 D 给出时，它可以是 D 中的任意元素。

(3) 函数符号：用带或不带下标的小写英文字母 $f,g,h,\cdots$ 或 $f_1,g_1,h_1,\cdots$ 来表示。当个体域名称集合 D 给出时，n 元函数符号 $f(x_1,x_2,\cdots,x_n)$ 可以是 $D^n \rightarrow D$ 的任意一个函数。

(4) 谓词符号：用带或不带下标的大写英文字母 $P,Q,R,\cdots$ 或 $P_1,Q_1,R_1,\cdots$ 来表示。当个体域名称集合 D 给出时，n 元谓词符号 $P(x_1,x_2,\cdots,x_n)$ 可以是 $D^n \rightarrow \{0,1\}$ 的任意一个谓词。

为了能够更形式化地描述谓词的构成，首先引入"项"的概念。

5.2.1 谓词公式的定义

定义 5.7 项可以按如下方式递归定义而成：

(1) 个体变元和常元都是项。

(2) 若 f 是 n 元函数，且 $t_1,t_2,\cdots,t_n$ 是项，则 $f(t_1,t_2,\cdots,t_n)$ 也是项。

(3) 只有经过有限次使用(1)和(2)所得到的符号串才是项。

注：(1) 从中可以看出，项也可以出现在谓词的变量位置，相当于名词，可以做句子的主语或宾语。

(2) 函数 $f(t_1,t_2,\cdots,t_n)$ 不是句子，仅是词，因而不是公式仅是项。项的结果仍是个体名称集中的名词，而公式的结果(真值)是成立或不成立(是 1 或 0)。

例 5.23 常元符号 $a,\pi,1$ 都是项；变元符号 $x_1,y_2,z\cdots$ 都是项；函数 $\sin(x)$ 是项；$a+b$ 也是项。

例 5.24 复合函数 $f(g(x),h(a,g(x),y))$ 是项。

有了项的定义，函数的概念就可用来表示个体常量和个体变量了。

例 5.25 设：$f(x,y)=2x+y-1$；

$N(x)$：x 是实数。

则 $f(1,2)$ 表示个体常量"3"，而 $N(f(1,2))$ 表示"3"是实数。

定义 5.8 若 $P(x_1,x_2,\cdots,x_n)$ 是 n 元谓词，$x_1,x_2,\cdots,x_n$ 都是项，则称 $P(x_1,x_2,\cdots,x_n)$ 为**原子谓词公式**。

在原子谓词公式概念的基础上，就可以定义谓词公式了。

定义 5.9 **谓词公式**(也称**合式公式**)的递归定义如下。

(1) 原子谓词公式是谓词公式。

(2) 如果 A、B 是谓词公式，则 $\neg A, A \wedge B, A \vee B, A \rightarrow B, A \leftrightarrow B, A \oplus B$ 也是谓词公式。

(3) 如果 A 是谓词公式，x 是 A 中出现的任意个体变元，则 $\forall x A(x)$，$\exists x A(x)$ 也是谓词公式。

(4) 只有经过有限次使用(1)(2)(3)生成的符号串才是谓词公式。

例 5.26 $H(a,b)$,$C(x)\wedge B(x)$,$\forall x(M(x)\to H(x))$,$\exists x(M(x)\wedge C(x)\wedge B(x))$等均是谓词公式。

注:一阶谓词逻辑的限定量词仅作用于个体变元,不允许量词作用于命题变元、谓词变元和函数变元。

有了谓词公式的定义,就可以将一些自然语言的语句用谓词公式表示出来。而且个体域设置不同,表达方式也会有所不一样。

例 5.27 所有的狮子都是吃肉的。

解:设个体域为全总个体域,$T(x)$:x 是狮子;$A(x)$:x 是吃肉的。则原语句可符号化为

$$\forall x(T(x)\to A(x))$$

如果设个体域为狮子的集合,则原语句可符号化为$\forall xA(x)$。

例 5.28 将命题"如果任意两个实数的乘积为0,则其中必有一个实数是0"符号化成谓词公式。

解:设个体域为全总个体域,$A(x)$:x 是实数;$P(x,y)$:x 与 y 的乘积;$E(x,y)$:$x=y$。则命题可符号化为

$$\forall x\forall y(A(x)\wedge A(y)\wedge(E(P(x,y),0)\to(E(x,0)\vee E(y,0))))$$

如果设个体域为实数域 R,则命题符号化为

$$\forall x\forall y(E(P(x,y),0)\to(E(x,0)\vee E(y,0)))$$

例 5.29 将命题"没有最大的自然数"符号化。

解:命题中"没有最大的"是对所有自然数而言的,所以可理解为"对所有的 x,如果 x 是自然数,则一定还有比 x 大的自然数",即"对所有的 x,如果 x 是自然数,则一定存在 y,y 也是自然数,并且 y 比 x 大。"

设个体域为全总个体域,令 $N(x)$:x 是自然数;$G(x,y)$:$x>y$。则原命题可符号化为

$$\forall x(N(x)\to\exists y(N(y)\wedge G(y,x)))$$

例 5.30 函数 $f(x)$在点 a 连续的定义为:对任意的$\varepsilon>0$,存在一个$\delta>0$,使得对所有 x,若$|x-a|<\delta$,则$|f(x)-f(a)|<\varepsilon$,符号化此定义。

解:设个体域为实数集,令 $R(x)$:x 是实数;$G(x,y)$:x 大于 y。则原命题可符号化为

$$\forall\varepsilon((R(\varepsilon)\wedge G(\varepsilon,0))\to$$
$$\exists\delta(R(\delta)\wedge G(\delta,0)\wedge\forall x((R(x)\wedge G(\delta,|x-a|))\to G(\varepsilon,|f(x)-f(a)|))))$$

此命题如果将个体域设定为实数集,则可符号化为

$$\forall\varepsilon(G(\varepsilon,0)\to\exists\delta(G(\delta,0)\wedge\forall x(G(\delta,|x-a|))\to G(\varepsilon,|f(x)-f(a)|))))$$

5.2.2 谓词公式的解释

若给定一个文字叙述的命题,可以将它符号化为谓词公式;反之,若给定一个谓词公式,也可以将它用文字表示出来。但是在表示的时候涉及谓词逻辑的语义问题,它既涉及对项的解释,也涉及对谓词标识符的解释。谓词公式的解释的定义如下。

定义 5.10 谓词逻辑中公式 G 的每一个解释 I 由如下四部分组成。

(1) 非空的个体域为 D(这也必须指定)。

(2) 个体常元用 D 中确定的个体代入。

(3) 对每个谓词变元,分别指定为 D 上一个确定的命题函数。

(4) 对每个命题函数,分别指定为 D 上一个确定的函数。

根据上面的定义可知,只有不包括自由变元的公式才可能求出其真值,此时的谓词公式就成为一个有确切意思的命题,而任何包含自由变元的公式都不能求值。因此,为以后讨论的方便,对公式做如下的假定:公式中无自由变元,或将自由变元看成是常量符号。

例 5.31 分别对个体域 $D_1=\{3,4\}$,把 $P(x)$解释为"x 是质数",$a=3$,讨论 $P(a)\wedge\exists xP(x)$的真值。

解: $P(a)\wedge\exists xP(x)$

$\Leftrightarrow P(3)\wedge(P(3)\vee P(4))$

$\Leftrightarrow 1\wedge(1\vee 0)$

$\Leftrightarrow 1\wedge 1$

$\Leftrightarrow 1$

例 5.32 已知指定一个解释 I 如下。

(1) 个体域为自然数集合 **N**。

(2) 指定常项 $a=0$。

(3) 指定谓词 $F(x,y)$为 $x=y$。

(4) **N** 上的指定函数 $f(x,y)=x+y$,$g(x,y)=x\times y$。

在以上指定的解释 I 下,说明下列公式的真值。

(1) $\forall xF(g(x,a),x)$

(2) $\forall x\exists y(F(f(x,a),y)\to F(f(y,a),x))$

(3) $F(f(x,y),f(y,z))$

(4) $F(g(x,y),g(y,x))$

解: (1) $\forall xF(g(x,a),x)$

$\Leftrightarrow\forall xF(x\times a=x)$

$\Leftrightarrow\forall x(x\times 0=x)$ 为假

即 $\forall xF(g(x,a),x)$为假命题。

(2) $\forall x\exists y(F(f(x,a),y)\to F(f(y,a),x))$

$\Leftrightarrow\forall x\exists y(F(x+a,y)\to F(y+a,x))$

$\Leftrightarrow\forall x\exists y(x+a=y\to y+a=x)$

$\Leftrightarrow\forall x\exists y(x=y\to y=x)$ 为真

即 $\forall x\exists y(F(f(x,a),y)\to F(f(y,a),x))$为真命题。

(3) $F(f(x,y),f(y,z))$

$\Leftrightarrow F(x+y,y+z)$

$\Leftrightarrow x+y=y+z$

$\Leftrightarrow x=z$

因为 x,z 均为自由变元,解释不对自由变元进行指定。因此 $x=z$ 的真值不确定,所以

$F(f(x,y),f(y,z))$是命题函数,不是命题。

(4) $F(g(x,y),g(y,x))$

$\Leftrightarrow F(x\times y,y\times x)$

$\Leftrightarrow x\times y=y\times x$

解释 I 下虽然不对自由变元进行指定。但 $x\times y=y\times x$ 的真值确定,为1,因此 $F(g(x,y),g(y,x))$为真命题。

例 5.33 设有公式:$\exists x\forall y(P(x,y)\to Q(x,y))$。在如下给定的解释下,判断该公式的真值。

解:(1) 解释 I 为:

① 个体域为 **N**(自然数集)。

② $P(x,y)$指定为"$y\geqslant x$"。

③ $Q(x,y)$指定为"$y\geqslant 0$"。

则原公式的真值为"真"。因为可以找到一个 $x\in\mathbf{N}$,使得对任意 y,都有 $y\geqslant x$ 和 $y\geqslant 0$。

此时蕴涵公式的前件为真,后件也为真,所以整个公式为真。

(2) 解释 I 为:

① 个体域为 **N**(自然数集)。

② $P(x,y)$指定为"$x\times y=0$"。

③ $Q(x,y)$指定为"$x=y$"。

则原公式的真值为"假"。

因对任意的 $x\neq 0$,当 $y=0$ 时,有 $P(x,y)\to Q(x,y)$为"假",即有

$$\forall y(P(x,y)\to Q(x,y)) \text{ 为"假"}$$

而对 $x=0$,当 $y\geqslant 1$ 时,有 $P(x,y)\to Q(x,y)$为"假"。即有

$$\forall y(P(x,y)\to Q(x,y))\text{为"假"}$$

所以,对任意 $x\in\mathbf{N}$,都有

$$\forall y(P(x,y)\to Q(x,y))\text{为"假"}$$

即有

$$\exists x\forall y(P(x,y)\to Q(x,y))\text{为"假"}$$

(3) 解释 I 为:

① 个体域为 **N**。

② $P(x,y)$指定为"$x+y=0$"。

③ $Q(x,y)$指定为"$x>y$"。

则原公式的真值为"真"。

因为对任意的 $x\neq 0$,任意 $y\in\mathbf{N}$,有"$x+y=0$"为"假",所以无论后件如何,都有

$$P(x,y)\to Q(x,y)\text{为"真"}$$

即有

$$\forall y(P(x,y)\to Q(x,y))\text{为"真"}$$

所以

$$\exists x\forall y(P(x,y)\to Q(x,y))\text{为"真"}$$

5.2.3 谓词公式的分类

一般地，公式的取值依赖于个体域 D 及所做出的解释，因此可以在这个意义上，定义谓词公式的永真式和矛盾式。

定义 5.11 设 A 为一个谓词公式，如果 A 在任一组解释下均为真，称 A 为**永真式**(或称**重言式**)；如果 A 在任一组解释下均为假，称 A 为**矛盾式**(或称**永假式**、**不可满足式**)；如果至少存在一个解释使 A 为真，则称 A 为**可满足式**。

说明：对于一阶逻辑公式判断其类型至今没有一般的方法。

例 5.34 $\neg P(x) \lor P(x)$是永真式；

$\neg P(x) \land P(x)$是永假式。

例 5.35 $\neg \forall xP(x) \lor \forall xP(x)$是永真式；

$\neg \forall xP(x) \land \forall xP(x)$是永假式。

例 5.36 $G(x,y)$是二元谓词，如指定 D 为实数域，$G(x,y)$表示“x 小于 y”，则 $G(x,y)$有了确定的含义，但还不是命题。如再指定 x 为 4，y 为 5，则 $G(x,y)$就是命题“4 小于 5”，其真值为 1。

注：(1) 一个谓词公式如果不含自由变元，则在一个解释下，可以得到确定的真值，不同的解释下可能得到不同的真值。

(2) 公式的解释并不对自由变元进行指定，如果公式中含有自由变元，即使对公式进行了一个指派，也不一定得到确定的真值，不一定是命题。

(3) 由公式的解释定义可以看出，当 D 为无限集时，公式有无限多个解释，根本不可能将其全部列出，因而谓词逻辑的公式不可能列出真值表。

5.3 谓词公式之间的关系与范式表示

5.3.1 谓词公式之间的关系

与在命题逻辑中一样，在一阶谓词逻辑中，一个谓词公式也可以有多种不同的表现形式。并且，公式之间也有等价关系与蕴涵关系。

定义 5.12 设 A，B 是个体域 D 上的两个公式，若对于 A 和 B 的任意一组解释，两公式都具有相同的真值，则称公式 A 和 B 在 D 上**等值**，记作 $A \Leftrightarrow B$。

例 5.37 设个体域 D 为整数集，谓词 $G(x,y)$表示 $x<y$，则公式$\forall x \exists yG(x,y)$与$\neg \exists x \forall yG(y,x)$等价。

定义 5.13 对于公式 A 和 B，若 $A \to B \Leftrightarrow 1$，则称公式 A **蕴涵**公式 B，记作 $A \Rightarrow B$。

当个体域是有限集时，理论上可以用真值表技术来验证一个公式是否是永真式，也可以用来验证两个公式是否等值。但是当个体域中个体数目比较多时，真值表技术就比较麻烦，不大可行了，就需要寻求其他的方法，如演算法等。

在命题逻辑中成立的基本等值式和基本重言蕴涵式及其代换实例都是谓词逻辑的等值式和重言蕴涵式。如下面的例子。

例 5.38 $\exists xA(x) \land \exists xA(x) \Leftrightarrow \exists xA(x)$(幂等律)

$\forall x(A(x) \to B) \Leftrightarrow \forall x(\neg A(x) \lor B)$(蕴涵律)

例 5.39 在 $P \lor \neg P$ 中,若用 $\forall xP(x)$ 代替 P,得到永真公式

$$\forall xP(x) \lor \neg \forall xP(x)$$

同理,在 $P \land \neg P$ 中,若用 $\forall xP(x)$ 代替 P,得到永假公式

$$\forall xP(x) \land \neg \forall xP(x)$$

我们将在谓词逻辑中用到的等值式和蕴涵式归纳如下。

1. 量词否定等值式

(1) $\neg \forall xA(x) \Leftrightarrow \exists x \neg A(x)$

(2) $\neg \exists xA(x) \Leftrightarrow \forall x \neg A(x)$

例 5.40 在 $D=\{a,b,c\}$ 时,验证上述两个公式。

(1)式左边 $\neg \forall xA(x) \Leftrightarrow \neg(A(a) \land A(b) \land A(c))$

(1)式右边 $\exists x \neg A(x) \Leftrightarrow \neg A(a) \lor \neg A(b) \lor \neg A(c)$

$\Leftrightarrow \neg(A(a) \land A(b) \land A(c))$

因此(1)式成立。

(2)式左边 $\neg \exists xA(x) \Leftrightarrow \neg(A(a) \lor A(b) \lor A(c))$

(2)式右边 $\forall x \neg A(x) \Leftrightarrow \neg A(a) \land \neg A(b) \land \neg A(c)$

$\Leftrightarrow \neg(A(a) \lor A(b) \lor A(c))$

因此(2)式成立。

例 5.41 设 $P(x)$:x 今天上离散数学课,个体域为信息管理与工程学院 2006 级全体同学的集合,则

(1) $\forall xP(x)$ 表示所有同学今天都来上离散数学课了;

$\neg \forall xP(x)$ 表示不是所有的同学今天都来上离散数学课了;

$\exists x \neg P(x)$ 表示今天有同学没来上离散数学课。

所以,$\neg \forall xP(x) \Leftrightarrow \exists x \neg P(x)$。

(2) $\exists xP(x)$ 表示有同学今天来上离散数学课了;

$\neg \exists xP(x)$ 表示今天没有同学来上离散数学课;

$\forall x \neg P(x)$ 表示所有同学今天都没来上离散数学课。

所以,$\neg \exists xP(x) \Leftrightarrow \forall x \neg P(x)$。

满足德摩根律,两边等价;对于无穷个体域,可用语义解释。

2. 量词辖域的扩张与收缩等值式

(1) $\forall x(A(x) \land B) \Leftrightarrow \forall xA(x) \land B$

(2) $\forall x(A(x) \lor B) \Leftrightarrow \forall xA(x) \lor B$

(3) $\exists x(A(x) \land B) \Leftrightarrow \exists xA(x) \land B$

(4) $\exists x(A(x) \lor B) \Leftrightarrow \exists xA(x) \lor B$

说明:$\exists$,$\forall$ 在 $\land$、$\lor$ 连接词下,辖域可以扩充到一切不含该指导变元的任意原子公式上。

条件:

(1) B 中不含指导变元 x;

(2) 只能对连接词 $\land$、$\lor$。

若 A 不含个体变元,则 $\forall xA \Leftrightarrow A$,$\exists xA \Leftrightarrow A$。

例 5.42 证明$\exists xA(x)\rightarrow B\Leftrightarrow\forall x(A(x)\rightarrow B)$。

证明：$\exists xA(x)\rightarrow B \Leftrightarrow\neg\exists xA(x)\vee B$

$\Leftrightarrow\forall x\neg A(x)\vee B$

$\Leftrightarrow\forall x(\neg A(x)\vee B)$

$\Leftrightarrow\forall x(A(x)\rightarrow B)$

对于量词辖域的扩张与收缩，还有以下关系成立。

推广：(5) $\exists xA(x)\vee B(y)\Leftrightarrow\exists x(A(x)\vee B(y))$

(6) $\forall x(A(x)\rightarrow B)\Leftrightarrow\exists xA(x)\rightarrow B$

(7) $\forall x(B\rightarrow A(x))\Leftrightarrow B\rightarrow\forall xA(x)$

(8) $\exists x(A(x)\rightarrow B)\Leftrightarrow\forall xA(x)\rightarrow B$

(9) $\exists x(B\rightarrow A(x))\Leftrightarrow B\rightarrow\exists xA(x)$

(10) $\exists x(A(x)\rightarrow B(x))\Leftrightarrow\forall xA(x)\rightarrow\exists xB(x)$

(11) $\forall x(A(x)\rightarrow B(x))\Rightarrow\forall xA(x)\rightarrow\forall xB(x)$

(12) $\forall x(A(x)\rightarrow B(x))\Rightarrow\exists xA(x)\rightarrow\exists xB(x)$

(13) $\exists xA(x)\rightarrow\forall xB(x)\Rightarrow\forall x(A(x)\rightarrow B(x))$

(14) $\forall x(A(x)\leftrightarrow B(x))\Rightarrow\forall xA(x)\leftrightarrow\forall xB(x)$

3. 量词分配等值式

(1) $\forall x(A(x)\wedge B(x))\Leftrightarrow\forall xA(x)\wedge\forall xB(x)$

(2) $\exists x(A(x)\vee B(x))\Leftrightarrow\exists xA(x)\vee\exists xB(x)$

注意：$\forall x$ 不能对$\vee$分配，$\exists x$ 不能对$\wedge$分配，即

$\forall x(A(x)\vee B(x))$与$\forall xA(x)\vee\forall xB(x)$不等

$\exists x(A(x)\wedge B(x))$与$\exists xA(x)\wedge\exists xB(x)$不等

但是成立：$\forall xA(x)\vee\forall xB(x)\Rightarrow\forall x(A(x)\vee B(x))$

$\exists x(A(x)\wedge B(x))\Rightarrow\exists xA(x)\wedge\exists xB(x)$

有了这些等值式，就可以用来判断谓词公式的类别，或者是两个谓词公式之间的等值与蕴涵关系了。

例 5.43 证明$\exists x(A(x)\rightarrow B(x))\Leftrightarrow\forall xA(x)\rightarrow\exists xB(x)$。

证明： $\exists x(A(x)\rightarrow B(x))$

$\Leftrightarrow\exists x(\neg A(x)\vee B(x))$

$\Leftrightarrow\exists x\neg A(x)\vee\exists xB(x)$

$\Leftrightarrow\neg\forall xA(x)\vee\exists xB(x)$

$\Leftrightarrow\forall xA(x)\rightarrow\exists xB(x)$

例 5.44 证明$\forall x\forall y(P(x)\leftrightarrow Q(y))\Rightarrow\forall xP(x)\leftrightarrow\forall xQ(x)$

证明： $\forall x\forall y(P(x)\leftrightarrow Q(y))$

$\Leftrightarrow\forall x\forall y((P(x)\rightarrow Q(y))\wedge(Q(y)\rightarrow P(x)))$

$\Leftrightarrow\forall x\forall y(P(x)\rightarrow Q(y))\wedge\forall x\forall y(Q(y)\rightarrow P(x))$

$\Leftrightarrow\forall x\forall y(\neg P(x)\vee Q(y))\wedge\forall x\forall y(\neg Q(y)\vee P(x))$

$\Leftrightarrow(\forall x\neg P(x)\vee\forall yQ(y))\wedge(\forall y\neg Q(y)\vee\forall xP(x))$

$\Leftrightarrow(\forall x\neg P(x)\vee\forall xQ(x))\wedge(\forall x\neg Q(x)\vee\forall xP(x))$

$\Leftrightarrow(\neg\exists xP(x)\vee\forall xQ(x))\wedge(\neg\exists xQ(x)\vee\forall xP(x))$

$\Leftrightarrow(\exists xP(x)\to\forall xQ(x))\wedge(\exists xQ(x)\to\forall xP(x))$

$\Leftrightarrow\forall x(P(x)\to Q(x))\wedge\forall x(Q(x)\to P(x))$

$\Leftrightarrow\forall x((P(x)\to Q(x))\wedge(Q(x)\to P(x)))$

$\Leftrightarrow\forall x(P(x)\leftrightarrow Q(x))$

$\Rightarrow\forall xP(x)\leftrightarrow\forall xQ(x)$

所以$\forall x\forall y(P(x)\leftrightarrow Q(y))\Rightarrow\forall xP(x)\leftrightarrow\forall xQ(x)$。

例 5.45 证明$\forall x\forall y(A(x)\to B(y))\Leftrightarrow\exists xA(x)\to\forall yB(y)$

证明: $\forall x\forall y(A(x)\to B(y))$

$\Leftrightarrow\forall x(A(x)\to\forall yB(y))$

$\Leftrightarrow\exists xA(x)\to\forall yB(y)$

注:在谓词公式中,如果有多个量词,相同量词间的次序可以任意互换,不同量词的次序不能随便交换。

例 5.46 设个体域$D=\{a,b\}$,验证下面两个公式。

(1) $\forall x\forall yA(x,y)\Leftrightarrow\forall y\forall xA(x,y)$

(2) $\exists x\exists yA(x,y)\Leftrightarrow\exists y\exists xA(x,y)$

解:(1) $\forall x\forall yA(x,y)\Leftrightarrow\forall yA(a,y)\wedge\forall yA(b,y)$

$\Leftrightarrow(A(a,a)\wedge A(a,b))\wedge(A(b,a)\wedge A(b,b))$

$\Leftrightarrow A(a,a)\wedge A(a,b)\wedge A(b,a)\wedge A(b,b)$

$\forall y\forall xA(x,y)\Leftrightarrow\forall xA(x,a)\wedge\forall xA(x,b)$

$\Leftrightarrow(A(a,a)\wedge A(b,a))\wedge(A(a,b)\wedge A(b,b))$

$\Leftrightarrow A(a,a)\wedge A(a,b)\wedge A(b,a)\wedge A(b,b)$

所以$\forall x\forall yA(x,y)\Leftrightarrow\forall y\forall xA(x,y)$。

(2) $\exists x\exists yA(x,y)\Leftrightarrow\exists yA(a,y)\vee\exists yA(b,y)$

$\Leftrightarrow A(a,a)\vee A(a,b)\vee A(b,a)\vee A(b,b)$

$\exists y\exists xA(x,y)\Leftrightarrow\exists xA(x,a)\vee\exists xA(x,b)$

$\Leftrightarrow A(a,a)\vee A(a,b)\vee A(b,a)\vee A(b,b)$

所以$\exists x\exists yA(x,y)\Leftrightarrow\exists y\exists xA(x,y)$。

例 5.47 验证:(1) $\exists x\forall yA(x,y)\Rightarrow\forall y\exists xA(x,y)$成立。

(2) $\exists x\forall yA(x,y)\Rightarrow\forall x\exists yA(x,y)$不成立。

解:令$D=\{1,2\}$,$A(1,1)=1$,$A(1,2)=1$,$A(2,1)=0$,$A(2,2)=0$

$\exists x\forall yA(x,y)\Leftrightarrow(A(1,1)\wedge A(1,2))\vee(A(2,1)\wedge A(2,2))$

$\Leftrightarrow(1\wedge 1)\vee(0\wedge 0)$

$\Leftrightarrow 1\vee 0$

$\Leftrightarrow 1$

$\forall y\exists xA(x,y)\Leftrightarrow(A(1,1)\vee A(2,1))\wedge(A(1,2)\vee A(2,2))$

$\Leftrightarrow(1\vee 0)\wedge(1\vee 0)$

$\Leftrightarrow 1\wedge 1$

$\Leftrightarrow 1$

$\forall x \exists y A(x,y) \Leftrightarrow (A(1,1) \vee A(1,2)) \wedge (A(2,1) \vee A(2,2))$

$\Leftrightarrow (1 \vee 1) \wedge (0 \vee 0)$

$\Leftrightarrow 1 \wedge 0$

$\Leftrightarrow 0$

所以(1)成立,但(2)不成立。

例 5.48 设个体域为鞋子集合,$A(x,y)$表示"x 与 y 成双"。

我们有:

$\exists y \forall x A(x,y)$:存在一只鞋子,它与每只鞋都成双,这是一个假命题。

$\forall x \exists y A(x,y)$:对于任意一只鞋子,存在一只鞋子与它成双,这是一个真命题。

由此可见,不同的量词不能随便交换次序。

5.3.2 范式

范式是一种统一的表达形式,在命题逻辑里,每一公式都有与之等值的范式,当研究一个公式的特点(如永真、永假)时,范式起着重要作用。对一阶谓词逻辑的公式来说,也有相应的范式,但是在一阶谓词逻辑中,因为命题连接词与量词的出现,就使得公式有可能是很复杂的,因此一阶谓词逻辑中的范式与命题逻辑中的范式有所区别,这里主要介绍前束范式和斯柯林范式两种,重点研究前束范式。其中,前束范式是与原公式是等值的,而斯柯林范式与原公式只有较弱的关系。

定义 5.14 一个谓词公式,如果它的所有量词均以肯定形式出现在公式的最前面,且它们的辖域一直延伸到公式的末尾,则称这种形式的公式为**前束范式**。记作下述形式:

$$Q_1 x_1 Q_2 x_2 \cdots Q_k x_k B \quad (k \geqslant 0)$$

其中,每个 $Q_i(1 \leqslant i \leqslant k)$为量词 $\forall$ 或 $\exists$,也称为前束公式的**首标**;B 为不含量词的谓词公式,也称为公式的**尾部**。特别地,若 A 中无量词,则 A 也看作前束范式。

例 5.49 $\forall x \exists y (P(x,y) \wedge Q(x,y))$与 $R(x,y)$均是前束范式。$\forall x \exists y P(x,y) \wedge Q(x,y)$就不是前束范式,因为量词的辖域没有作用到公式的末尾。

例 5.50 判断下列各式是否是前束范式。

(1) $\forall x \exists y \forall z (P(x,y,z) \rightarrow Q(x,y))$

(2) $\forall x \exists y \forall z P(x,y,z) \rightarrow Q(x,y)$

(3) $\forall x \exists y \forall z P(x,y,z) \rightarrow \forall x \exists y Q(x,y)$

(4) $\forall x \exists y (P(x,y,z) \rightarrow Q(x,y))$

解:(1)和(4)是前束范式,(2)与(3)不是前束范式。

定理 5.1 任何一个公式都可以转换为与它等值的前束范式。

证明:该定理的证明过程也就是任意给定一个谓词公式如何求出它的前束范式的过程,这种证明方法,也称为**构造法**。具体步骤如下。

第一步:消去连接词→,↔。

第二步:将连接词¬向内深入,使之只作用于原子公式。

第三步:利用换名规则或代入规则使所有约束变元的符号均不同,并且自由变元与约束变元的符号也不同。

第四步:利用量词辖域的扩张和收缩等值式,将所有量词以在公式中出现的顺序移到公式最前面,扩大量词的辖域至整个公式。

例 5.51 将下列公式化为前束范式。

(1) $(\forall xP(x) \vee \exists yQ(y)) \to \forall xR(x)$

(2) $(\forall xP(x,y) \to \exists yQ(y)) \to \forall xR(x,y)$

解:(1) $(\forall xP(x) \vee \exists yQ(y)) \to \forall xR(x)$

$\Leftrightarrow \neg(\forall xP(x) \vee \exists yQ(y)) \vee \forall xR(x)$ 消去连接词→

$\Leftrightarrow (\neg\forall xP(x) \wedge \neg\exists yQ(y)) \vee \forall xR(x)$ 德摩根律

$\Leftrightarrow (\exists x\neg P(x) \wedge \forall y\neg Q(y)) \vee \forall zR(z)$ 换名,量词转换

$\Leftrightarrow \exists x\forall y\forall z((\neg P(x) \wedge \neg Q(y)) \vee R(z))$ 量词辖域扩张

(2) $(\forall xP(x,y) \to \exists yQ(y)) \to \forall xR(x,y)$

$\Leftrightarrow (\forall xP(x,t) \to \exists yQ(y)) \to \forall xR(x,t)$ 代入规则

$\Leftrightarrow (\forall xP(x,t) \to \exists yQ(y)) \to \forall zR(z,t)$ 换名规则

$\Leftrightarrow \neg(\neg\forall xP(x,t) \vee \exists yQ(y)) \vee \forall zR(z,t)$ 消去连接词→

$\Leftrightarrow (\forall xP(x,t) \wedge \neg\exists yQ(y)) \vee \forall zR(z,t)$ ¬向内深入

$\Leftrightarrow (\forall xP(x,t) \wedge \forall y\neg Q(y)) \vee \forall zR(z,t)$ 量词转换

$\Leftrightarrow \forall x\forall y(P(x,t) \wedge \neg Q(y)) \vee \forall zR(z,t)$ 量词辖域扩张

$\Leftrightarrow \forall x\forall y\forall z((P(x,t) \wedge \neg Q(y)) \vee R(z,t))$ 量词辖域扩张

由于量词前移的顺序不同,可得到不同的并且都是等价的前束范式,因此,前束范式一般不是唯一的。

例 5.52 将公式 $\forall xP(x) \to \exists x(\forall zQ(x,z) \vee \forall zR(x,y,z))$ 化为前束范式。

解: $\forall xP(x) \to \exists x(\forall zQ(x,z) \vee \forall zR(x,y,z))$

$\Leftrightarrow \neg\forall xP(x) \vee \exists x(\forall zQ(x,z) \vee \forall zR(x,y,z))$

$\Leftrightarrow \exists x\neg P(x) \vee \exists x(\forall zQ(x,z) \vee \forall uR(x,y,u))$

$\Leftrightarrow \exists v\neg P(v) \vee \exists x(\forall zQ(x,z) \vee \forall uR(x,y,u))$

$\Leftrightarrow \exists v\exists x\forall z\forall u(\neg P(v) \vee (Q(x,z) \vee R(x,y,u)))$

$\Leftrightarrow \exists v\exists x\forall z\forall u(\neg P(v) \vee Q(x,z) \vee R(x,y,u))$

定义 5.15 在前束范式 $Q_1x_1Q_2x_2\cdots Q_kx_kB$ 中,如果 B 是合取范式(析取范式),则称这个前束范式为**前束合取(析取)范式**。

由定义可知,要求一个谓词公式的前束合取范式或前束析取范式,只需先求出前束范式,然后按照要求将前束范式转换为合取或析取范式即可。这在命题逻辑中已经介绍过。

例 5.53 将公式 $\forall x(P(x) \leftrightarrow Q(x,y)) \to (\neg\exists xR(x) \wedge \exists zS(z))$ 化为前束合取范式和前束析取范式。

解: $\forall x(P(x) \leftrightarrow Q(x,y)) \to (\neg\exists xR(x) \wedge \exists zS(z))$

$\Leftrightarrow \forall x((P(x) \to Q(x,y)) \wedge (Q(x,y) \to P(x))) \to (\neg\exists xR(x) \wedge \exists zS(z))$

$\Leftrightarrow \neg\forall x((\neg P(x) \vee Q(x,y)) \wedge (\neg Q(x,y) \vee P(x))) \vee (\neg\exists xR(x) \wedge \exists zS(z))$

(消去连接词→,↔)

$\Leftrightarrow \exists x(\neg(\neg P(x) \vee Q(x,y)) \vee \neg(\neg Q(x,y) \vee P(x))) \vee (\forall x\neg R(x) \wedge \exists zS(z))$

$\Leftrightarrow \exists x((P(x) \wedge \neg Q(x,y)) \vee (Q(x,y) \wedge \neg P(x))) \vee (\forall x\neg R(x) \wedge \exists zS(z))$

(将连接词¬深入至原子谓词公式)

$\Leftrightarrow \exists x((P(x) \land \neg Q(x,y)) \lor (Q(x,y) \land \neg P(x))) \lor (\forall t \neg R(t) \land \exists z S(z))$(换名)

$\Leftrightarrow \exists x((P(x) \land \neg Q(x,y)) \lor (Q(x,y) \land \neg P(x))) \lor \forall t \exists z(\neg R(t) \land S(z))$

$\Leftrightarrow \exists x \forall t \exists z((P(x) \land \neg Q(x,y)) \lor (Q(x,y) \land \neg P(x)) \lor (\neg R(t) \land S(z)))$

(将量词提到公式前,得前束析取范式)

$\Leftrightarrow \exists x \forall t \exists z(((P(x) \lor Q(x,y)) \land (\neg Q(x,y) \lor \neg P(x))) \lor (\neg R(t) \land S(z)))$

$\Leftrightarrow \exists x \forall t \exists z((P(x) \lor Q(x,y) \lor \neg R(t)) \land (P(x) \lor Q(x,y) \lor S(z)) \land$
$(\neg Q(x,y) \lor \neg P(x) \lor \neg R(t)) \land (\neg Q(x,y) \lor \neg P(x) \lor S(z)))$

(得前束合取范式)

例 5.54 将公式$\forall x \forall y(P(x) \to \forall z Q(y,z)) \to \neg \forall y R(y,a)$转换为前束合取范式与前束析取范式。

解: $\forall x \forall y(P(x) \to \forall z Q(y,z)) \to \neg \forall y R(y,a)$

$\Leftrightarrow \forall x \forall y(P(x) \to \forall z Q(y,z)) \to \neg \forall u R(u,a)$ (换名)

$\Leftrightarrow \neg \forall x \forall y(\neg P(x) \lor \forall z Q(y,z)) \lor \neg \forall u R(u,a)$

$\Leftrightarrow \exists x \exists y(P(x) \land \neg \forall z Q(y,z)) \lor \exists u \neg R(u,a)$

$\Leftrightarrow \exists x \exists y(P(x) \land \exists z \neg Q(y,z)) \lor \exists u \neg R(u,a)$

$\Leftrightarrow \exists x \exists y \exists z \exists u((P(x) \land \neg Q(y,z)) \lor \neg R(u,a))$ (前束析取范式)

$\Leftrightarrow \exists x \exists y \exists z \exists u((P(x) \lor \neg R(u,a)) \land (\neg Q(y,z) \lor \neg R(u,a)))$ (前束合取范式)

5.3.3 斯柯林范式

定义 5.16 设公式G是一个前束范式,如消去G中所有的存在量词,只剩全称量词,所得到的公式称为斯柯林(Skolem)范式。

由于任一公式都有前束范式,因此要得到没有存在量词的范式,只需考虑如何消去前束范式中的存在量词即可,有如下定理。

定理 5.2 任意一个公式A都有相应的斯柯林范式存在,但此斯柯林范式不一定与原公式等值。

证明:由定理5.1知任一谓词公式A均可以变换为与它等值的前束范式,因此可假定公式A已是前束范式:$A \Leftrightarrow Q_1 x_1 Q_2 x_2 \cdots Q_n x_n G(x_1, x_2, \cdots, x_n)$,其中,首标$Q_i x_i$为$\forall x_i$或$\exists x_i (1 \leqslant i \leqslant n)$,公式$G$中不含量词。现可进行如下的斯柯林变换消去首标中的存在量词。

(1) 若$\exists x_i (1 \leqslant i \leqslant n)$左边没有全称量词,则取不在$G$中出现过的个体常元$c$替换$G$中所有的$x_i$,并删除首标中的$\exists x_i$。

(2) 若$\exists x_i (1 \leqslant i \leqslant n)$左边有全称量词

$$\forall x_{s1}, \forall x_{s2}, \cdots, \forall x_{sk} \quad (1 \leqslant k, 1 \leqslant s1 < s2 < \cdots < sk < i)$$

则取不在G中出现过的k元函数$f_k(x_{s1}, x_{s2}, \cdots, x_{sk})$,替换$G$中所有的$x_i$,并删除首标中的$\exists x_i$。

反复使用上述(1)~(2),可消去前束范式中的所有存在量词,此时得到的公式为该公式的斯柯林范式,而且该标准形式显然不一定与原公式等值。

例 5.55 求公式$\forall x((\neg P(x) \lor \forall y Q(y,z)) \to \neg \forall z R(y,z))$的斯柯林范式。

解:原式$\Leftrightarrow \forall x(\neg(\neg P(x) \lor \forall y Q(y,z)) \lor \neg \forall z R(y,z))$

$\Leftrightarrow \forall x((P(x) \land \neg \forall y Q(y,z)) \lor \neg \forall z R(y,z))$

$\Leftrightarrow \forall x((P(x) \wedge \exists y \neg Q(y,z)) \vee \exists z \neg R(y,z))$

$\Leftrightarrow \forall x((P(x) \wedge \exists u \neg Q(u,z)) \vee \exists v \neg R(y,v))$ (换名)

$\Leftrightarrow \forall x \exists u \exists v((P(x) \wedge \neg Q(u,z)) \vee \neg R(y,v))$ (量词前移,得前束范式)

$\Leftrightarrow \forall x((P(x) \wedge \neg Q(a,z)) \vee \neg R(y,b))$

(用常元 a 替换变元 u,常元 b 替换变元 v 得斯柯林范式)

斯柯林范式是一种重要的范式形式,机器定理证明和逻辑程序设计都是以这种范式为基础的,下面的定理说明了斯柯林范式的重要性。

定理 5.3 设公式 G 是谓词公式 A 的斯柯林范式,则公式 A 是永假式当且仅当公式 G 是永假式。

证明:设 $A \Leftrightarrow Q_1x_1Q_2x_2\cdots Q_nx_nG$,且 Q_r 是从左往右的第一个存在量词,使用函数 $f(x_1,x_2,\cdots,x_{r-1})$ 代替存在变元 x_r,得到公式

$$A_1 \Leftrightarrow \forall x_1 \forall x_2 \cdots \forall x_{r-1} Q_{r+1}x_{r+1}\cdots Q_nx_nG(x_1,x_2,\cdots,x_{r-1},f(x_1,x_2,\cdots,x_{r-1}),x_{r+1},\cdots,x_n)$$

要证明 A 为永假式当且仅当 A_1 为永假式:

(1) 首先假设 A 为永假式。如果 A_1 不是永假式,必然存在个体域 D 上的解释 I 使得 A_1 取值为 1,即对于所有的 D 中的个体 $x_1,x_2,\cdots,x_{r-1}$,至少存在 D 中的元素 $f(x_1,x_2,\cdots,x_{r-1})$,使得

$$Q_{r+1}x_{r+1}\cdots Q_nx_nG(x_1,x_2,\cdots,x_{r-1},f(x_1,x_2,\cdots,x_{r-1}),x_{r+1},\cdots,x_n)$$

取值为 1,于是这个解释也使得 A 取值为 1,与假设矛盾。

(2) 其次假设 A_1 是永假式。如果 A_1 不是永假式,则存在个体域 D 上的解释 I 使得 A 取值为 1,即对于所有的个体域中的 $x_1,x_2,\cdots,x_{r-1}$,存在 D 中的个体 x_r 使得

$$Q_{r+1}x_{r+1}\cdots Q_nx_nG(x_1,x_2,\cdots,x_{r-1},f(x_1,x_2,\cdots,x_{r-1}),x_{r+1},\cdots,x_n)$$

取值为 1。我们将解释 I 扩充为新的解释 J,使在 I 的基础上增加一个函数 f,对任意一组 D 中的个体 $x_1,x_2,\cdots,x_{r-1}$ 都有 $x_r=f(x_1,x_2,\cdots,x_{r-1})$,且 x_r 也是 D 中的个体,于是,在解释 J 下 A_1 也取值 1,与假设矛盾。

因此 A 是永假式当且仅当 A_1 是永假式。

如果 A 的前束范式中有 m 个存在量词,令 $A_0=A$,并且 A_{k+1} 是把 A_k 中从左往右出现的第一个存在量词用斯柯林函数取代后得到的新公式,其中,$k=1,2,\cdots,m$,于是 A_m 是 A 的斯柯林范式,即 $G \Leftrightarrow A_m$。

由以上的证明,有:对所有的 $k=1,2,\cdots,m$,A_{k-1} 是永假式当且仅当 A_k 是永假式,即 A 是永假式当且仅当 G 是永假式。

一般来说,如果公式 A 不是永假式,则 A 与它的斯柯林范式 G 不等值。

例 5.56 设谓词公式 A 为 $\exists x(P(x) \vee Q(x))$,设其斯柯林范式 G 为 $P(k) \vee Q(k)$,给定 A 和 G 的指派 E 如下:

(1) 个体域 $D=\{a,b\}$。

(2) D 中特定元素 $k=a$。

(3) 谓词 $P(x)$ 为 $P(a)=0,P(b)=1$;$Q(a)=0,Q(b)=1$。

则 $A \Leftrightarrow \exists x(P(x) \vee Q(x))$

$\Leftrightarrow (P(a) \vee Q(a)) \vee (P(b) \vee Q(b))$

$\Leftrightarrow (0 \vee 0) \vee (1 \vee 1)$

$\Leftrightarrow 0 \vee 1$

$\Leftrightarrow 1$

$G \Leftrightarrow P(k) \vee Q(k)$

$\Leftrightarrow P(a) \vee Q(a)$

$\Leftrightarrow 0 \vee 0$

$\Leftrightarrow 0$

于是,A 在 E 下为真,而 G 在 E 下为假。所以 A 与 G 不等价,即斯柯林范式不一定与原公式等价。

5.4 谓词演算的推理理论

与在命题逻辑中一样,在一阶逻辑中也可以用推理的方法来证明一个公式是否是永真式。由于命题逻辑是一阶谓词逻辑的特殊情形,因此命题逻辑中的推理规则都可以用于谓词逻辑的推理,但是因为谓词逻辑中有了量词,所以还要增加一些与量词有关的推理规则。下面列出在谓词逻辑中要用到的推理规则。

5.4.1 推理规则

1. US 规则——全称量词消去规则

$$\forall xA(x) \Rightarrow A(y) \quad 或 \quad \forall xA(x) \Rightarrow A(c)$$

US 规则成立的条件:

(1) y 是 $A(y)$中自由出现的个体变元。

(2) 当 $A(x)$中可出现量词和变项时,y 是任意不在 $A(x)$中受约束出现的个体变元。

(3) c 是个体域中的任意一个个体常元。

US 规则的意思是指如果个体域中的所有个体 x 都具有性质 A,则个体域中任意一个给定的个体 y 也必具有性质 A,即"每一个均成立,其中任一个也必成立。"

在使用 US 规则的时候,要注意使用条件,如果使用不当,就会得出错误的结论。

例 5.57 公式 $\forall x(\forall yP(x,y) \rightarrow Q(x))$中 $A(x) \Leftrightarrow \forall yP(x,y) \rightarrow Q(x)$,其中的 y 不是自由变元,故不能用 US 规则,否则将得到 $\forall yP(y,y) \rightarrow Q(y)$,使原来不是约束变元的 x 现在变成了约束变元 y,改变了约束关系,这是不正确的。然而,对 $A(x)$中约束变元 y 换名 z,得到 $\forall zP(x,z) \rightarrow Q(x)$,它对 y 是自由的,这时就可以使用 US 规则,得到如下结果。

$$\forall x(\forall yP(x,y) \rightarrow Q(x))$$
$$\Leftrightarrow \forall x(\forall zP(x,z) \rightarrow Q(x))$$
$$\Leftrightarrow \forall zP(y,z) \rightarrow Q(y))$$

例 5.58 设个体域 D 为实数集,考虑二元谓词 $L(x,y)$: $x>y$,则 $\forall x \exists yL(x,y)$: 对任意的实数 x,都存在实数 y,使 $x>y$,这是真命题。

由于 y 在 $\exists yL(x,y)$中是约束出现,而不能 $\forall x \exists yL(x,y) \Rightarrow \exists yL(y,y)$,使得 $y>y$,得出错误的结论。

由此可见,在使用 US 规则时,若要去掉公式中的全称量词,则最好选用公式中未出现的符号,这样可以避免得出错误结论。

例 5.59 证明"凡人要死,苏格拉底是人,所以苏格拉底要死。"

证明:符号化:$M(x)$:x 是人;$N(x)$:x 要死;a:苏格拉底。

前提:$\forall x(M(x)\to N(x)),M(a)$ 结论:$N(a)$。

(1) $\forall x(M(x)\to N(x))$ 规则 P

(2) $M(a)\to N(a)$ 规则 US

(3) $M(a)$ 规则 P

(4) $N(a)$ 规则 T

2. UG 规则——全称量词一般化规则

$$A(y)\Rightarrow\forall xA(x)$$

UG 规则成立的条件:

(1) y 在 $A(y)$中是自由出现的,并且 y 取任意 $y\in D$ 时,$A(y)$均为真。

(2) 取代 y 的 x 不能在 $A(y)$中约束出现,否则会产生错误。

即:对每个 y,$A(y)$均成立,所以"$\forall xA(x)$"成立。

注意:US 规则不是 UG 规则的逆命题。

例 5.60 请看下述推导:

(1) $\exists yG(z,y)$ P

(2) $\forall y\exists yG(z,y)$ UG,(1)

上述推导是错误的。因为在(1)中,y 已经是约束变元,不能再对此加量词。

正确的量词加入为:

(1) $\exists yG(z,y)$ P

(2) $\forall z\exists yG(z,y)$ UG,(1)

也就是说,加量词时最好用公式中未出现的变元。

例 5.61 设个体域 D 为实数集,仍取 $L(x,y)$:$x>y$,则对任意给定的 y,$A(y)\Leftrightarrow\exists xL(x,y)$是真命题。$A(y)$满足条件(1),若用 UG 规则,用 x 代替 y,得 $\forall xA(x)\Leftrightarrow\forall x\exists xL(x,x)$,即使得 $x>x$,这是假命题,出错的原因是违背了条件(2),正确的加法应该是$\forall yA(y)\Leftrightarrow\forall y\exists xL(x,y)$。

例 5.62 设前提为:$\forall x(P(x)\to R(x)),\forall x(Q(x)\to R(x)),\forall x(S(x)\to\neg R(x))$;结论:$\forall x(S(x)\to\neg P(x)\wedge\neg Q(x))$。

证明:(1) $\forall x(P(x)\to R(x))$ P

(2) $P(u)\to R(u)$ (1),US

(3) $\forall x(Q(x)\to R(x))$ P

(4) $Q(u)\to R(u)$ (3),US

(5) $\forall x(S(x)\to\neg R(x))$ P

(6) $S(u)\to\neg R(u)$ (5),US

(7) $R(u)\to\neg S(u)$ (6),E

(8) $P(u)\to\neg S(u)$ (2),(7),I

(9) $Q(u)\to\neg S(u)$ (4),(6),I

(10) $S(u)\to\neg P(u)$ (8),E

(11) $S(u)\to\neg Q(u)$ (9),E

(12) $S(u)\to(\neg P(u)\land\neg Q(u))$　　(10),(11),I

(13) $\forall x(S(x)\to\neg P(x)\land\neg Q(x))$　　(12),UG

证毕。

3. ES 规则——存在量词消去规则

$$\exists xA(x)\Rightarrow A(c)$$

ES 规则的成立条件是：

(1) c 是使 A 为真的特定的个体常项。

(2) c 没有在 $A(x)$ 中出现过。

(3) $A(x)$ 中除 x 外，还有其他自由变项时，不可以用此规则。

注意：尤其第一条，c 不是任取一个，而是某些特定的个体。

例 5.63　在自然数集合中，设 $F(x)$：x 是奇数，$G(x)$：x 是偶数，$\exists xF(x)\land\exists xG(x)$是真命题，但 $F(c)\land G(c)$是假命题，其中，c 为自然数变元，可以代表某自然数。看下面的错误推导。

(1) $\exists xF(x)$　　P

(2) $F(c)$　　(2),ES

(3) $\exists xG(x)$　　P

(4) $G(c)$　　(3),ES

(5) $F(c)\land G(c)$　　(2),(4)

所得结果表明，在自然数集合中，存在既是奇数又是偶数的自然数，显然，这是错误的。出错的主要原因是违背了 ES 规则成立条件中的(1)，即在(4)步中用了在前面第(2)步中出现的自由变元 c，作为本步应用 ES 规则引入的个体变元，从而得到了错误的结论。此题可以进行如下推导。

(1) $\exists xF(x)$　　P

(2) $F(c)$　　(2),ES

(3) $\exists xG(x)$　　P

(4) $G(d)$　　(3),ES

(5) $F(c)\land G(d)$　　(2),(4)

其中的个体 c 是代表奇数的个体，d 是代表偶数的个体。

例 5.64　设个体域 D 为实数集，仍取 $L(x,y)$：$x>y$，如果$\forall x\exists y(x>y)$，则$\forall x(x>c)$，这是假命题。

(1) $\forall x\exists y(x>y)$　　P

(2) $\exists y(u>y)$　　(1),US

(3) $u>c$　　(2),ES

(4) $\forall x(x>c)$　　(3),UG

结论(4)是错误的，出错原因是违背了条件(3)，对(2)使用 ES 规则时，u 为自由出现的个体变元。

4. EG 规则——存在量词一般化规则

$$A(c)\Rightarrow\exists yA(y)\quad\text{或}\quad A(x)\Rightarrow\exists yA(y)$$

此规则成立的条件是：

(1) c 是某个个体变项。

(2) 取代 c 的 y 没有在 $A(c)$ 中出现过。

(3) $A(x)$ 对 y 是自由的。

(4) 若 $A(x)$ 是推导过程中的公式，且 x 是由于使用ES引入的，那么不能用 $A(x)$ 中除 x 外的个体变元作约束变元，或者说，y 不可以成为 $A(x)$ 中的个体变元。

例 5.65 设个体域 D 为实数集，仍取 $L(x,y)$：$x>y$，并取 $A(1)=\exists x L(x,1)$，则 $A(1)$ 是真命题。

由于 x 已在 $A(1)$ 中出现，因此若用 x 替换(1)得到 $\exists x L(x,x)$ 是假命题，使得 $x>x$，出错的原因是违背了条件(2)。

例 5.66 设前提为：$\forall x(N(x)\rightarrow Q(x))$，$\exists x(R(x)\wedge N(x))$；

结论：$\exists x(R(x)\wedge Q(x))$。

证明：

(1)	$\exists x(R(x)\wedge N(x))$	P
(2)	$R(a)\wedge N(a)$	(1),ES
(3)	$R(a)$	(2),I
(4)	$N(a)$	(2),I
(5)	$\forall x(N(x)\rightarrow Q(x))$	P
(6)	$N(a)\rightarrow Q(a)$	(5),US
(7)	$Q(a)$	(6),I
(8)	$R(a)\wedge Q(a)$	(3),(7),I
(9)	$\exists x(R(x)\wedge Q(x))$	(8),EG

证毕。

在一阶逻辑中，推理过程通常是先用ES或US规则将公式转换为没有量词的公式，然后使用类似命题逻辑的方法进行推理，最后用EG或UG规则引入量词最终推理出所要的结论。但是在使用上面所介绍的四个推理规则时，一定要注意它们的限制条件，总的来说，可以归纳如下。

(1) 在推导的过程中，可以引用命题演算中的P规则、T规则、E规则和I规则。

(2) 如果结论是以条件的形式(或析取形式)给出，还可以使用CP规则。

(3) 为了在推导过程中消去量词，可以引用US规则和ES规则来消去量词。

(4) 当所要求的结论可能被定量时，此时可引用UG规则和EG规则将其量词加入。

(5) 证明时可采用如命题演算中的直接证明方法和间接证明方法。

(6) 在推导过程中，对消去量词的公式或公式中不含量词的子公式，完全可以引用命题演算中的基本等价公式和基本蕴涵公式。

(7) 在推导过程中，对含有量词的公式可以引用谓词中的基本等价公式和基本蕴涵公式。

(8) 在推导过程中，如既要使用US规则又要使用ES规则消去公式中的量词，而且选用的个体是同一个符号，则必须先使用ES规则，再使用US规则。然后再使用命题演算中的推理规则，最后使用UG规则或EG规则引入量词，得到所要的结论。

(9) 如一个变量是用ES规则消去量词，对该变量在添加量词时，则只能使用EG规则，而不能使用UG规则；如使用US规则消去量词，对该变量在添加量词时，则可使用EG规则和UG规则。

(10) 如有两个含有存在量词的公式，当用 ES 规则消去量词时，不能选用同样的一个常量符号来取代两个公式中的变元，而应用不同的常量符号来取代它们。

(11) 在用 US 规则和 ES 规则消去量词时，此量词必须位于整个公式的最前端，并且其辖域延伸到公式的末端。

(12) 在添加的量词 $\forall x$、$\exists x$ 时，所选用的 x 不能在公式 $G(c)$ 或 $G(y)$ 中以任何约束出现。

5.4.2 推理规则实例

例 5.67 证明 $\exists xA(x)\to\forall xB(x)\Rightarrow\forall x(A(x)\to B(x))$。

证明：

前提：$\exists xA(x)\to\forall xB(x)$；

结论：$\forall x(A(x)\to B(x))$。

用反证法：

(1) $\neg\forall x(A(x)\to B(x))$	CP
(2) $\exists x\neg(A(x)\to B(x))$	(1),E
(3) $\neg(A(a)\to B(a))$	(2),ES
(4) $A(a)\wedge\neg B(a)$	(3),I
(5) $A(a)$	(4),I
(6) $\neg B(a)$	(4),I
(7) $\exists xA(x)$	(5),EG
(8) $\exists xA(x)\to\forall xB(x)$	P
(9) $\forall xB(x)$	(7),(8),I
(10) $B(a)$	(9),US
(11) $B(a)\wedge\neg B(a)$	(5)(10)矛盾

因此假设错误，原结论成立。

例 5.68 证明 $\forall x(C(x)\to W(x)\wedge R(x))\wedge\exists x(C(x)\wedge Q(x))\Rightarrow\exists x(Q(x)\wedge R(x))$。

证明：

前提：$\forall x(C(x)\to W(x)\wedge R(x))$，$\exists x(C(x)\wedge Q(x))$；

结论：$\exists x(Q(x)\wedge R(x))$。

证明过程如下。

(1) $\exists x(C(x)\wedge Q(x))$	P
(2) $C(a)\wedge Q(a)$	(1),ES
(3) $\forall x(C(x)\to W(x)\wedge R(x))$	P
(4) $C(a)\to W(a)\wedge R(a)$	(3),US
(5) $C(a)$	(2),I
(6) $W(a)\wedge R(a)$	(4),(5),I
(7) $R(a)$	(6),I
(8) $Q(a)$	(2),I
(9) $Q(a)\wedge R(a)$	(5),(7),I
(10) $\exists x(Q(x)\wedge R(x))$	(9),EG

例 5.69 证明推理：每个大学生不是文科生就是理工科学生；有的大学生不是三好学生；小明不是理工科学生，但他是三好学生。如果小明是大学生，则他是文科生。

证明：令 $G(x)$：x 是大学生；$W(x)$：x 是文科生；$L(x)$：x 是理工科学生；$S(x)$：x 是三好生；个体常元 a：小明。则上述推理符号化为：

前提：$\forall x(G(x)\rightarrow W(x)\oplus L(x))$，$\exists x(\neg S(x))$，$\neg L(a)\wedge S(a)$；

结论：$G(a)\rightarrow W(a)$。

运用推理理论，证明过程如下。

(1) $G(a)$	CP
(2) $\neg L(a)\wedge S(a)$	P
(3) $\neg L(a)$	(2),I
(4) $S(a)$	(2),I
(5) $\forall x(G(x)\rightarrow W(x)\oplus L(x))$	P
(6) $G(a)\rightarrow W(a)\oplus L(a)$	(5),US
(7) $W(a)\oplus L(a)$	(1),(6),I
(8) $W(a)$	(3),(7),I
(9) $G(a)\rightarrow W(a)$	(1),(8),CP

例 5.70 证明推理：所有的哺乳动物都是脊椎动物；并非所有的哺乳动物都是胎生动物。故有些脊椎动物不是胎生的。

证明：令 $P(x)$：x 是哺乳动物；$Q(x)$：x 是脊椎动物；$R(x)$：x 是胎生动物。

则上述推理符号化为：

前提：$\forall x(P(x)\rightarrow Q(x))$，$\neg\forall x(P(x)\rightarrow R(x))$；

结论：$\exists x(Q(x)\wedge\neg R(x))$。

运用推理理论，证明过程如下。

(1) $\neg\forall x(P(x)\rightarrow R(x))$	P
(2) $\exists x\neg(\neg P(x)\vee R(x))$	(1),E
(3) $\neg(\neg P(c)\vee R(c))$	(2),ES
(4) $P(c)\wedge\neg R(c)$	(3),E
(5) $P(c)$	(4),I
(6) $\neg R(c)$	(4),I
(7) $\forall x(P(x)\rightarrow Q(x))$	P
(8) $P(c)\rightarrow Q(c)$	(7),US
(9) $Q(c)$	(5),(8),I
(10) $Q(c)\wedge\neg R(c)$	(6),(9),I
(11) $\exists x(Q(x)\wedge\neg R(x))$	(10),EG

例 5.71 证明推理：有些病人相信所有医生；病人均不相信江湖骗子；则医生不是骗子。

证明：令 $R(x)$：x 是病人；$D(x)$：x 是医生；$S(x)$：x 是江湖骗子；$L(x,y)$：x 相信 y。则上述推理符号化为：

前提：$\exists x(R(x)\land\forall y(D(y)\to L(x,y)))$，$\forall x(R(x)\to\forall y(S(y)\to\neg L(x,y)))$；

结论：$\forall x(D(x)\to\neg S(x))$。

运用推理理论，证明过程如下。

(1) $\exists x(R(x)\land\forall y(D(y)\to L(x,y)))$ P

(2) $R(a)\land\forall y(D(y)\to L(a,y))$ (1), ES

(3) $\forall y(D(y)\to L(a,y))$ (2), I

(4) $D(t)\to L(a,t)$ (3), US

(5) $\forall x(R(x)\to\forall y(S(y)\to\neg L(x,y)))$ P

(6) $R(a)\to\forall y(S(y)\to\neg L(a,y))$ (5), US

(7) $R(a)$ (2), I

(8) $\forall y(S(y)\to\neg L(a,y))$ (6)(7), I

(9) $S(t)\to\neg L(a,t)$ (8), US

(10) $L(a,t)\to\neg S(t)$ (9), E

(11) $D(t)\to\neg S(t)$ (4), (10), I

(12) $\forall x(D(x)\to\neg S(x))$ (11), UG

例 5.72 证明推理：如果一个人害怕困难，那么他就不会获得成功。每个人或者获得成功或者失败过。有些人未曾失败过，所以有些人不怕困难。

证明：令 $M(x)$：x 是人；$D(x)$：x 害怕困难；$S(x)$：x 获得成功；$F(x)$：x 失败。

故上述推理符号化为：

前提：$\forall x(M(x)\land D(x)\to\neg S(x))$，$\forall x(M(x)\to(S(x)\lor F(x)))$；

结论：$\exists x(M(x)\land\neg F(x))\to\exists x(M(x)\land\neg D(x))$。

运用推理理论，证明过程如下。

(1) $\exists x(M(x)\land\neg F(x))$ CP

(2) $M(a)\land\neg F(a)$ ES, (1)

(3) $M(a)$ (2), I

(4) $\neg F(a)$ (2), I

(5) $\forall x(M(x)\to(S(x)\lor F(x)))$ P

(6) $M(a)\to(S(a)\lor F(a))$ (3), US

(7) $S(a)\lor F(a)$ (3), (6), I

(8) $S(a)$ (4), (7), I

(9) $\forall x(M(x)\land D(x)\to\neg S(x))$ P

(10) $M(a)\land D(a)\to\neg S(a)$ (9), US

(11) $S(a)\to\neg(M(a)\land D(a))$ (9), E

(12) $\neg(M(a)\land D(a))$ (8), (11), I

(13) $\neg M(a)\lor\neg D(a)$ (12), E

(14) $\neg D(a)$ (3), (13), I

(15) $M(a)\land\neg D(a)$ (3), (14), I

(16) $\exists x(M(x)\land\neg D(x))$ (15), ES

(17) $\exists x(M(x)\land\neg F(x))\to\exists x(M(x)\land\neg D(x))$ (1), (16), CP

习　题

1. 将下列命题符号化。

(1) 不存在最大的自然数。

(2) 有的人喜欢看科幻片。

(3) 并非每个人都喜欢吃甜食。

(4) 有的人对某些药品过敏。

(5) 并不是每个人都会来参加这次会议。

(6) 每个大学生都热爱祖国。

2. 用谓词 $S(x,y,z)$表示 $x+y=z$,$G(x,y)$表示 $x=y$,$L(x,y)$表示 $x<y$,其中,个体域为自然数集,用以上符号表示下列命题。

(1) 没有 $x<0$,且若 $x>0$ 当且仅当有这样的 y,使得 $x\geqslant y$。

(2) 并非对一切 x,都存在 y,使得 $x\leqslant y$。

(3) 对任意的 x,若 $x+y=x$,当且仅当 $y=0$。

3. 指出下列谓词公式的约束变元与自由变元,并指出相应的辖域。

(1) $\forall x(P(x)\rightarrow\exists yQ(y))\land\exists xR(x,y)$

(2) $\forall xP(x)\rightarrow Q(x)$

(3) $\forall x\exists y((P(x)\rightarrow Q(x))\land\neg R(x,y))$

(4) $\forall x\exists y(P(x)\rightarrow Q(x,y))\lor\forall x(P(x)\rightarrow R(x,y))$

4. 对下列谓词公式中的约束变元进行换名。

(1) $\forall xP(x)\rightarrow\forall xQ(x)$

(2) $\forall x(P(x)\rightarrow Q(x))\land R(x,y)$

(3) $\forall xP(x)\lor\forall x\exists y(Q(x)\rightarrow\neg R(x,y))$

5. 对下列谓词公式中的自由变元进行代入。

(1) $\forall xP(x)\rightarrow Q(x)$

(2) $\forall xP(x,y)\rightarrow\exists y(Q(y)\land R(x,y))$

(3) $\forall xP(x,y)\lor(\exists zQ(x,z)\rightarrow\forall yR(x,y))$

6. 设个体域是$\{1,2\}$,消去下列谓词公式中的量词。

(1) $\forall x(P(x)\land Q(x))$

(2) $\forall xP(x)\rightarrow\exists xQ(x)$

(3) $\forall x(P(x)\rightarrow\exists yQ(y))$

7. 设个体域是$\{1,2,3,4,5\}$,令 $P(x)$: $x\geqslant 2$,$Q(x)$: $x<5$,$R(x,y)$: $x<y$,求下列谓词公式的真值。

(1) $\forall x(P(x)\rightarrow\exists y(Q(y)\land\neg R(x,y)))$

(2) $\forall x(P(x)\land\exists y(Q(y)\lor\neg R(x,y)))$

8. 求下列谓词公式的前束范式。

(1) $\forall x(P(x)\rightarrow\exists yQ(x,y))$

(2) $\forall x(\exists y(P(x,y)\rightarrow Q(y))\land\exists zR(x,y,z))$

(3) $\forall x \exists y P(x,y) \vee (\forall x \exists z Q(x,z) \to \exists y R(y))$

(4) $\neg(\forall x P(x,y) \to \exists y G(x,y)) \vee \exists x H(x)$

9. 求下列谓词公式的前束合取与前束析取范式。

(1) $\forall x(P(x) \leftrightarrow \exists y Q(x,y))$

(2) $\forall x(\exists y(P(x,y) \to Q(y)) \to \exists z R(x,y,z))$

(3) $\forall x \exists y P(x,y) \to (\forall x \exists z Q(x,z) \wedge \exists y R(y))$

10. 利用推理规则证明以下各式。

(1) $\forall x(G(x) \vee Q(x)), \neg \forall x G(x) \Rightarrow \exists x Q(x)$

(2) $\forall x(P(x) \to (Q(y) \wedge R(x))), \forall x P(x) \Rightarrow Q(y) \wedge \exists x(P(x) \wedge R(x))$

11. 证明如下推理。

前提：$\exists x F(x), \exists x(R(x) \wedge \neg T(x))$,

$\forall z((F(z) \wedge \forall x \exists y Q(x,y)) \to \forall y(R(x) \to T(y)))$

结论：$\forall y \exists x \neg Q(x,y)$

12. 设 $F(x)$：x 喜欢绘画；$G(x)$：x 富有想象力；$H(x)$：x 是人。在一阶谓词逻辑中，构造推理证明：“所有喜欢绘画的人都很富有想象力，有的人喜欢绘画，因此，有的人很富有想象力”。

13. 构造下面的推理证明。

(1) 任何人如果喜欢打游戏，那他就不喜欢看电影；每一个人或者喜欢看电影或者喜欢逛街；有的人不喜欢逛街，因此有的人不喜欢打游戏。

(2) 学术委员会成员都是教授，并且是博士生导师，有些成员是院士，所以有的成员是博士生导师且是院士。

第6章 图

在现实世界中，许多状态是用图形来描述的。我们用点表示事物，用点之间是否有连线表示事物之间是否有某种关系，于是点以及点之间的若干条连线就构成了图。图论是数学的一个分支，是研究由线连接的点集的理论，它以图为研究对象。图论的应用范围很广，它不但能应用于自然科学，也能应用于社会科学。它不仅广泛应用于电信网络、电力网络、运输能力、开关理论、编码理论、控制论、反馈理论、随机过程、可靠性理论、化学化合物的辨认、计算机的程序设计、故障诊断、人工智能、印制电路板的设计、图案识辨、地图着色、情报检索，也应用于诸如语言学、社会结构、经济学、运筹学、兵站学、遗传学等方面。

图论起源很早，远在18世纪就出现了图论问题，如著名的哥尼斯堡(Konigsberg)七桥问题就是当时很有名的图论问题。1736年，瑞士数学家列昂哈德·欧拉(Leonhard Euler)发表了图论的首篇论文，解决了哥尼斯堡七桥问题。在19世纪和20世纪的前半期，图论主要研究的是一些游戏问题，如迷宫问题、博弈问题等。一些古老的难题吸引了很多学者，其中最著名的是四色问题、哈密顿(Hamilton)问题和乌拉姆(Ulam)问题。1976年，Appel和Haken利用高速计算机解决了四色问题，但是哈密顿问题和乌拉姆问题至今仍未解决。1847年，基尔霍夫首次将图论用到工程技术领域，利用图论来分析电网。此后约有半个世纪研究图论的人不多，直到1936年哥尼格发表了第一本图论专著，从此图论成为一门独立的学科。

图论作为一个数学分支，有一套完整的体系和广泛的内容，这里主要围绕与计算机科学有关的知识，只介绍图论的一些基本概念、定理和研究内容，同时给出一些相应的算法和应用，目的在于今后对计算机有关学科的学习和研究时，可以以图论的基本知识作为工具。

离散数学研究的图是不同于几何图形、机械图形的另一种数学结构，不关心图中顶点的位置、边的长短和形状，只关心顶点与边的连接关系。

图可分为有限图和无限图两类，本书只研究有限图，即顶点集和边集都是有限集合。

本章主要包括如下内容。

- 图的基本概念。
- 通路、回路和连通图。
- 图的连通性。
- 图的矩阵表示。

6.1 图的基本概念

6.1.1 图的定义

定义 6.1 一个图是一个有序对(V,E)，记为$G=(V,E)$，其中，$V=\{v_1,v_2,\cdots,v_n\}$为有限非空集合，v_i称为**顶点**也叫**结点**，V称为**顶点集**，图G的顶点集用$V(G)$表示；$E=\{e_1,e_2,\cdots,e_m\}$为有限的边集合，e_i称为**边**，每个e_i都有V中的顶点对与之相对应，称E为**边集**或**弧集**。即每条边连接V中的某两个顶点，图G的边集用$E(G)$表示。

如果E中的边e_i对应V中的顶点对是无序的$\{v_i,v_j\}$，称e_i是**无向边**，记作$e_i=\{v_i,v_j\}$；称v_i,v_j是e_i的两个**端点**；顶点v_i,v_j称为是**邻接**的或**相邻**的；边e_i和顶点v_i,v_j均称为是**关联的**，即e_i关联于v_i与v_j。

关联于同一顶点的边称为**自回路**或**自环**，关联于同一对顶点的边多于一条时，称这些边为**平行边**，其条数称为边的**重数**；不与任何顶点相邻或不与任何边关联的顶点称为**孤立点**；只与一条边关联的顶点称为**悬挂点**，悬挂点所关联的边称为**悬挂边**。

如果E中的边e_i对应V中的顶点对是有序的(v_i,v_j)，称e_i是**有向边**，记作$e_i=(v_i,v_j)$，称v_i为e_i的**始点**，v_j为e_i的**终点**。

例 6.1 在图 6.1 中，顶点v_5是孤立点，顶点v_4是悬挂点，边$\{v_2,v_4\}$是悬挂边，边$\{v_3,v_3\}$是自环，边$\{v_1,v_2\}$是平行边。

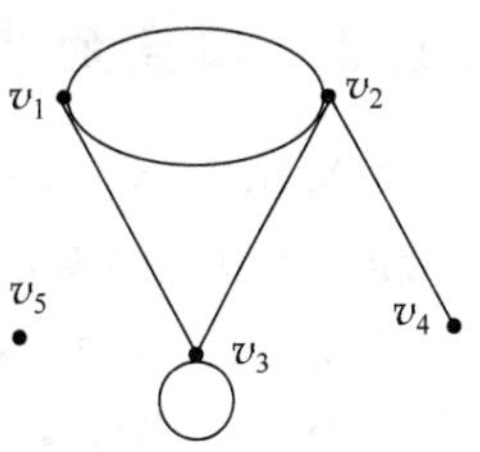

图 6.1 例 6.1 图

定义 6.2 如果构成一个图的所有边均为无向边，称这个图为**无向图**，通常用符号G表示无向图；如果构成一个图的所有边均为有向边，称这个图为**有向图**，通常用符号D表示有向图；如果构成一个图的边集中，既存在无向边，又存在有向边，称这个图为**混合图**。

本书不讨论混合图。本章主要研究无向图G，当讨论的图是有向图D时，会特别指出，否则一般情况下均指无向图。

定义 6.3 在图G中，如果$|V(G)|=n$，$|E(G)|=m$，称G为(n,m)**图**，n称为图G的**阶**。$(n,0)$图称为**零图**，即零图是全部由孤立点组成的。$(1,0)$图称为**平凡图**，即平凡图只有1个孤立点，没有边。规定顶点集和边集均为空的图为**空图**。含有平行边或自环的图称为**多重图**。不含有自环和平行边的图称为**简单图**。顶点集和边集均为有限集的图称为**有限图**，否则称为**无限图**。本书只讨论有限图。

例 6.2 判断图 6.2 中哪些是简单图，哪些是多重图。

解：根据定义，图 6.2(a)是无向简单图；图 6.2(b)与图 6.2(c)含有自环与平行边，是多重图；图 6.2(d)是有向图，但含有平行边，也是多重图；图 6.2(e)是有向简单图；图 6.2(f)是有向图，但是含有自环，是多重图。

现在我们已经知道了什么是图，那么，如果给定一个图，怎么来表示它呢？归结起来，可以有三种方法来表示一个图。

(1) **定义描述法**：即用点的集合和边的集合来表示一个图。用这种方法表示一个图，优点是精确，缺点是太抽象不易理解。

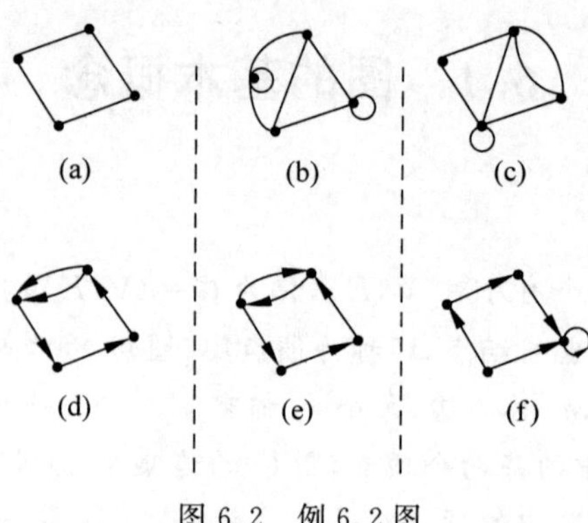

图 6.2　例 6.2 图

(2) **图形表示法**：即用小圆圈表示顶点，用线段或弧线表示边。这种表示方法的优点是形象直观，但是当图中顶点的数目和边的数目较大时，图形表示法是不方便的，甚至是不可能的。

(3) **矩阵表示法**：即用二进制的数{0,1}来表示图形中点与点、点与边的关系，这种方法的优点是计算机处理方便，可充分利用矩阵代数的运算定理，但图的许多性质用矩阵表示时会遇到困难，我们会在后面详细讨论这种方法。

6.1.2　顶点的度数

定义 6.4　设无向图 $G=(V,E)$。对于任意的 $v_k \in V$，关联于顶点 v_k 的边数称为顶点 v_k 的**度**，用 $d(v_k)$表示。称度数为奇数的顶点为**奇度**顶点，度数为偶数的顶点为**偶度**顶点。

在有向图 D 中，以顶点 v 为终点的边数称为 v 的**入度**，记作 $d_i(v)$；以顶点 v 为起点的边数称为 v 的**出度**，记作 $d_o(v)$。且有 $d(v)=d_i(v)+d_o(v)$。

例 6.3　给出图 6.3 中各顶点的度数。

解：在图 6.3 中，有 $d(v_1)=4, d(v_2)=4, d(v_3)=5, d(v_4)=1, d(v_5)=2$。

例 6.4　给出图 6.4 中各顶点的度数。

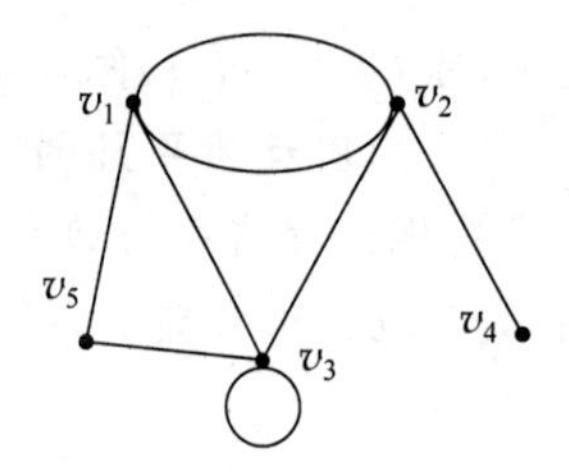

图 6.3　例 6.3 图

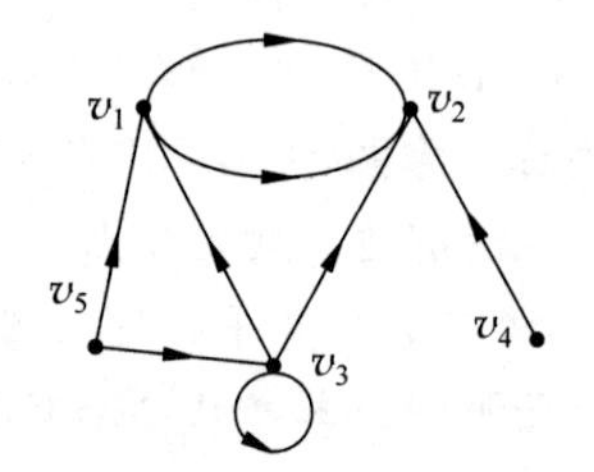

图 6.4　例 6.4 图

解：图 6.4 为有向图，有

$$d_i(v_1)=2,\quad d_o(v_1)=2,\quad d_i(v_2)=4,\quad d_o(v_2)=0,\quad d_i(v_3)=2,$$
$$d_o(v_3)=3,\quad d_i(v_4)=0,\quad d_o(v_4)=1,\quad d_i(v_5)=0,\quad d_o(v_5)=2。$$

注：在无向图 G 中，如果某个顶点上有自环，则该顶点的度数应加上 2；在有向图 D 中，如果某个顶点上有自环，则该顶点的出度与入度分别加上 1。

根据度数的定义，我们再来回顾一下，前面介绍的悬挂点和悬挂边的概念，也可以用度数来定义。在无向图中，度数为 1 的顶点是**悬挂点**，其所对应的边为**悬挂边**；度数为 0 的顶点是**孤立点**。如图 6.3 中的顶点 v_4 就是悬挂点，边$\{v_2,v_4\}$为悬挂边。

令 $\Delta(G)=\max\{d(v_i)\mid v_i\in G\}$，$\delta(G)=\min\{d(v_i)\mid v_i\in G\}$，称 $\Delta(G)$和 $\delta(G)$分别为 G 的**最大度**和**最小度**。

若 G 为 n 阶无向简单图，则 $\Delta(G)\leqslant n-1$。

在一个图中，度数和边数之间存在下列联系：

定理 6.1（握手定理） 设图 $G=(V,E)$，则 $\sum\limits_{v\in V}d(v)=2\mid E\mid$。

证明：因为图 G 中，每条边必关联两个顶点，如果某条边是自环，则这条自环关联相应的顶点两次，所以在计算总度数时，每条边为顶点的度数之和提供 2 度，$|E|$条边则提供 $2|E|$度。定理成立。

有时也将图表示成 $G=(n,m)$，则握手定理也可写成：

$$\sum_{v\in V}d(v)=2m$$

握手定理是图论中的基本定理，该定理还有一个重要的推论。

推论 任何图 $G=(n,m)$中奇度顶点必为偶数个。

证明：只需考虑无向图。用 V_1 和 V_2 分别表示图 G 中度为奇数和偶数的顶点集合。由于 $\sum\limits_{v\in V_1}d(v)+\sum\limits_{v\in V_2}d(v)=2m$ 为偶数，而$\sum\limits_{v\in V_2}d(v)$ 为偶数，因此$\sum\limits_{v\in V_1}d(v)$ 为偶数。因而当 $v\in V_1$ 时，$d(v)$ 是奇数，所以 $\mid V_1\mid$ 必是偶数。

例 6.5 在图 6.3 中各顶点的度数为：$d(v_1)=4$，$d(v_2)=4$，$d(v_3)=5$，$d(v_4)=1$，$d(v_5)=2$，度数之和为 $4+4+5+1+2=16$。在图 6.3 中共计有 8 条边，其中有一条边是自环，有 $16=2\times8$，满足握手定理。

定理 6.2 设 $D=(V,E)$是有向图，则各顶点入度的和等于各顶点出度的和，同时等于边的条数。

证明：在有向图中，每条有向边均有一个始点与一个终点，在计算 D 中各点的出度与入度之和时，每条有向边均提供了一个出度与一个入度，$|E|$条有向边共提供了$|E|$个出度与$|E|$个入度，因而定理成立。

例 6.6 在图 6.4 中，共计有 8 条有向边，并且有

$d_{\mathrm{i}}(v_1)=2$，$d_{\mathrm{o}}(v_1)=2$，$d_{\mathrm{i}}(v_2)=4$，$d_{\mathrm{o}}(v_2)=0$，$d_{\mathrm{i}}(v_3)=2$，

$d_{\mathrm{o}}(v_3)=3$，$d_{\mathrm{i}}(v_4)=0$，$d_{\mathrm{o}}(v_4)=1$，$d_{\mathrm{i}}(v_5)=0$，$d_{\mathrm{o}}(v_5)=2$。

入度之和为：$2+4+2+0+0=8$。

出度之和为：$2+0+3+1+2=8$。

因此有：入度之和＝出度之和＝边的条数。

定理 6.1、定理 6.2 与推论非常重要，要熟练掌握，并且要会灵活运用。利用握手定理，当给定一个数据列时，可以判断该数据列是否可以图化。图化的概念如下。

定义 6.5 设 $V=\{v_1,v_2,\cdots,v_n\}$是图 G 的顶点集，称$(d(v_1),d(v_2),\cdots,d(v_n))$为 G 的**度数列**。同样，可以对有向图定义出度序列$(d_{\mathrm{o}}(v_1),d_{\mathrm{o}}(v_2),\cdots,d_{\mathrm{o}}(v_n))$与入度序列$(d_{\mathrm{i}}(v_1),d_{\mathrm{i}}(v_2),\cdots,d_{\mathrm{i}}(v_n))$。如例 6.1 中的图 6.1 的度数列为(3,4,4,1,0)。对于给定顶点已编号的图 G，它的度数列是唯一的；反之，对于任意给定的非负度数列 $d=(d_1,d_2,\cdots,$

d_n),若存在以 $V=\{v_1,v_2,\cdots,v_n\}$ 为顶点集的 n 阶(简单)图 G,以 d 为度数列,则称 d 是**可(简单)图化的**。

例 6.7 (1) (3,3,2,3,4)能称为图的度数列吗?为什么?

(2) 已知图 G 中有 11 条边,1 个 4 度顶点,4 个 3 度顶点,其余顶点的度数均不大于 2,问 G 中至少有几个顶点。

(3) (3,3,2,3,5)能称为图的度数列吗?为什么?如果能够图化,能简单图化吗?

解:(1) (3,3,2,3,4)不能称为图的度数列,因为其中奇数度的顶点个数为奇数,不满足握手定理。

(2) 由握手定理,G 中的各顶点度之和为 22,1 个 4 度顶点,4 个 3 度顶点共占去 16 度,还剩 6 度,若其余顶点全是 2 度点,还需要 3 个顶点,所以 G 至少有 $1+4+3=8$ 个顶点。

(3) (3,3,2,3,5)满足握手定理,因此能图化。在此图中,有 5 个顶点,并且顶点的最大度为 5,因此不是简单图,即该度数列不能简单图化。

问题:非负整数列 $d=(d_1,d_2,\cdots,d_n)$,($d_i\geqslant 0$ 且为整数,$1\leqslant i\leqslant n$)在什么条件下是可图化的?又在什么条件下是可简单图化的?在此,我们不加证明地给出关于非负整数列可图化的定理如下。

定理 6.3(可图化) 设非负整数列 $d=(d_1,d_2,\cdots,d_n)$($d_i\geqslant 0$ 且为整数,$1\leqslant i\leqslant n$)可图化的充分必要条件是:

$$\sum_{i=1}^{n} d_i = 0 \pmod 2$$

定理 6.4 设非负整数列 $d=(d_1,d_2,\cdots,d_n)$,$\sum_{i=1}^{n} d_i=0 \pmod 2$,且 $(n-1)\geqslant d_1\geqslant d_2\geqslant\cdots\geqslant d_n\geqslant 0$,则 d 是可简单图化的充分必要条件是 $d'=(d_2-1,d_3-1,\cdots,d_{d_1+1}-1,d_{d_1+2},\cdots,d_n)$可简单图化的。

例 6.8 判断下面两个非负整数列是否可简单图化。

(1) (5,5,4,4,2,2)。

(2) (4,4,3,3,2,2)。

解:(1) $5+5+4+4+2+2=22$ 能被 2 整除,因此(5,5,4,4,2,2)能图化。

(5,5,4,4,2,2)

⇔(4,3,3,1,1)

⇔(2,2,0,0)

⇔(1,−1,0) 显然是不可图化的,(1)不可简单图化。

(2) $4+4+3+3+2+2=18$ 能被 2 整除,因此(4,4,3,3,2,2)能图化。

(4,4,3,3,2,2)

⇔(3,2,2,1,2)

⇔(3,2,2,2,1)

⇔(1,1,1,1)

(1,1,1,1)可简单图化是显然的,因此(4,4,3,3,2,2)可简单图化,所对应的图为图 6.5。

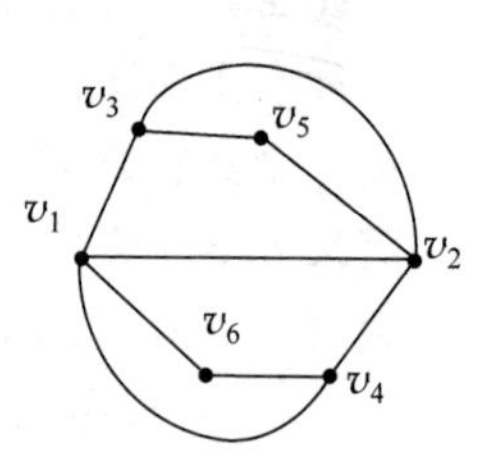

图 6.5 例 6.8 图

6.1.3 子图

定义 6.6 设有图 $G=(V,E)$ 和 $G'=(V',E')$，

(1) 若 $V'\subseteq V$ 且 $E'\subseteq E$，则称 G' 是 G 的**子图**，记作 $G'\subseteq G$。

(2) 若 $V'\subset V$ 或 $E'\subset E$，称 G' 是 G 的**真子图**。

(3) 若 $V'=V$ 且 $E'\subseteq E$，称 G' 是 G 的**生成子图**。

(4) 若 $V'\subseteq V$ 且 $V'\neq\varnothing$，E' 包含 G 在 V' 之间所有的边，则称 G' 是 G 的**导出子图**。

例 6.9 在图 6.6 中，根据定义，图 6.6(b)的边集是图 6.6(a)的边集的子集，因此，图 6.6(b)是图 6.6(a)的子图，也是图 6.6(a)的生成子图。

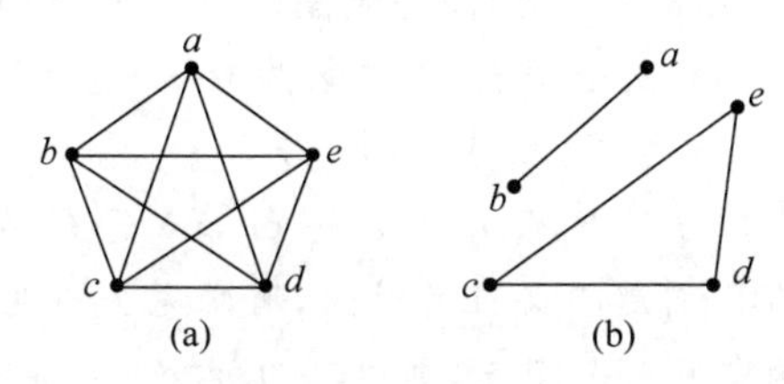

图 6.6 例 6.9 图

例 6.10 在图 6.7 中，根据定义，图 6.7(a)是图 6.7(b)的子图，生成子图，除此之外，图 6.7(b)还是图 6.7(a)的导出子图。

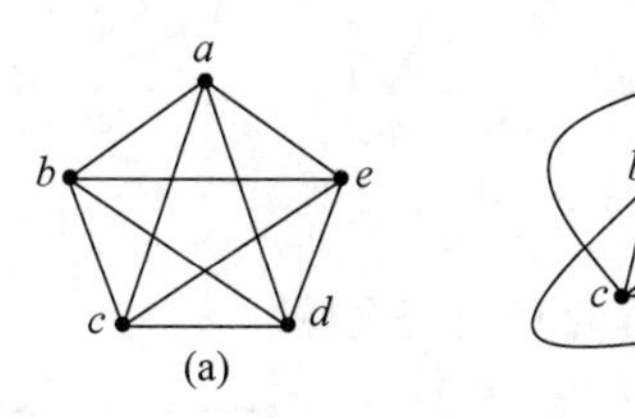

图 6.7 例 6.10 图

6.1.4 并图、交图、差图

定义 6.7 设有图 $G=(V,E)$ 和 $G'=(V',E')$ 都是无孤立点的图：

(1) 称以 $E\cup E'$ 为边集，以 $E\cup E'$ 中边关联的顶点组成的集合为顶点集的图为 G 与 G' 的**并图**，记作 $G\cup G'$。

(2) 称以 $E\cap E'$ 为边集，以 $E\cap E'$ 中边关联的顶点组成的集合为顶点集的图为 G 与 G' 的**交图**，记作 $G\cap G'$。

(3) 称以 $E-E'$ 为边集，以 $E-E'$ 中边关联的顶点组成的集合为顶点集的图为 G 与 G' 的**差图**，记作 $G-G'$。

例 6.11 在图 6.8 中，根据定义，图 6.8(c)是图 6.8(a)与图 6.8(b)的差图，图 6.8(a)是图 6.8(b)与图 6.8(c)的并图，也是图 6.8(c)与图 6.8(d)的并图，图 6.8(b)是图 6.8(a)与图 6.8(b)的交图，也是图 6.8(b)与图 6.8(d)的交图。

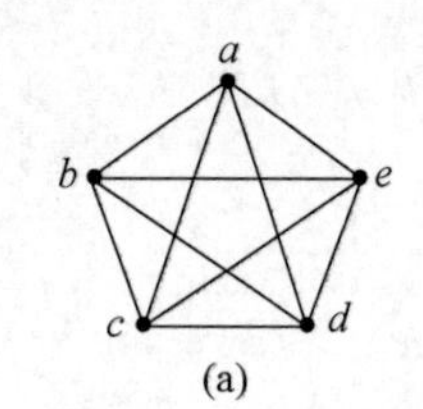

(a)

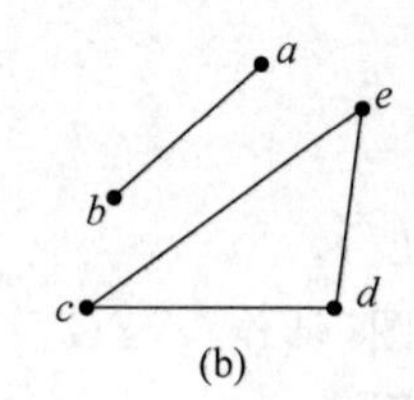

(b)

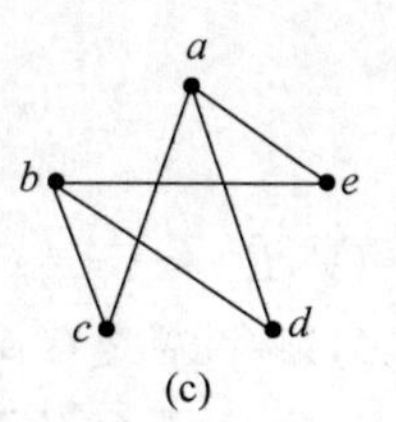

(c)

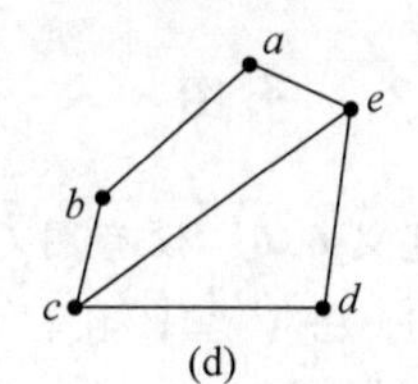

(d)

图 6.8　例 6.11 图

6.1.5　完全图、补图、正则图、带权图

定义 6.8(完全图)　(1) 设 $G=(V,E)$ 是无向简单图，且 $|V|=n$，若简单图 G 中任意两个不同的顶点都是邻接的，则称图 G 是**无向完全图**。N 个顶点的无向完全图记作 K_n。

注：若无向完全图的 V 中有 n 个顶点，则边数为 $n(n-1)/2$ 条。

(2) 设 $G=(V,E)$ 是有向简单图，且 $|V|=n$，若

$$\forall u \forall v(u \in V \land v \in V \land u \neq v \to (u,v) \in E \land (v,u) \in E)$$

则称图 G 是**有向完全图**。在不引起二义性的时候，有向完全图也可记作 K_n。

注：若有向完全图的 V 中有 n 个顶点，则边数为 $n(n-1)$ 条。

例 6.12　图 6.9 中给出三阶、四阶和五阶的无向完全图。

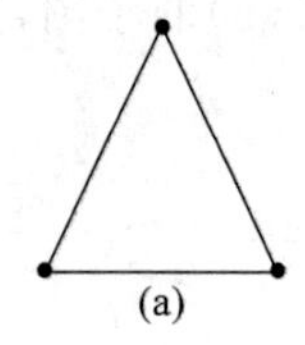
(a)

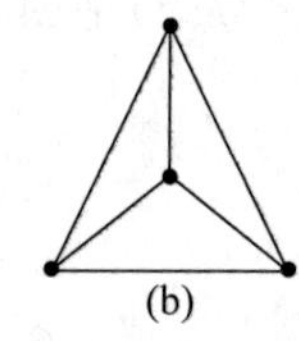
(b)

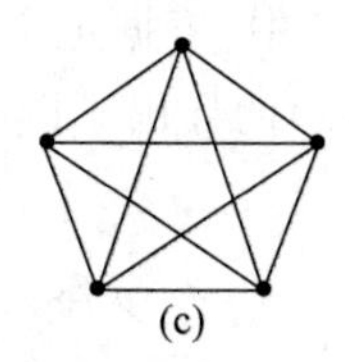
(c)

图 6.9　例 6.12 图

例 6.13　图 6.10 中给出三阶、四阶的有向完全图。

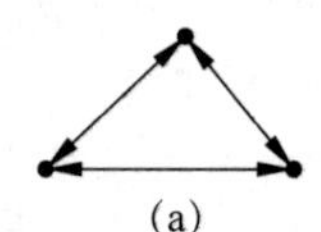
(a)

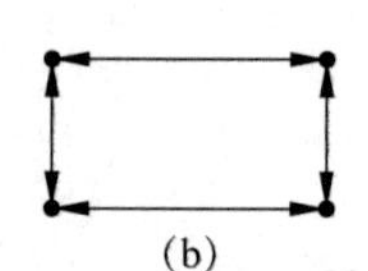
(b)

图 6.10　例 6.13 图

定义 6.9(补图)　设 $G=(V,E)$ 是简单图，且 $|V|=n$，$\bar{G}=(V,E')$。若 $E \cap E'=\varnothing$，且 $E \cup E'=E(K_n)$，则称 $\bar{G}$ 是 G 的**补图**。即 G 的补图是由 G 的所有顶点和为了使 G 成为完全图所需要添加的那些边所组成的图。

例 6.14　图 6.11 中，图 6.11(a)与图 6.11(b)互为补图。

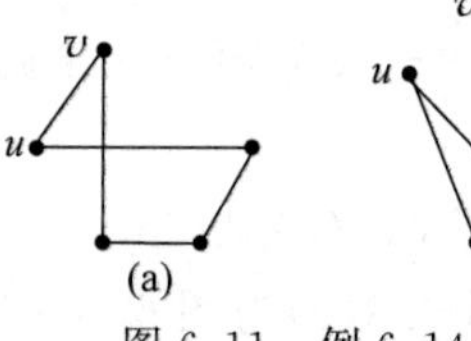

(a)

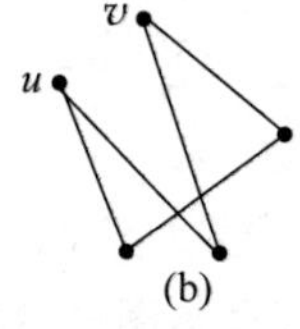

(b)

图 6.11　例 6.14 图

根据定义可以得出，在补图 $\bar{G}$ 中两个顶点 u 与 v 邻接的充要条件是 u 与 v 在 G 中不邻接。

定义 6.10(正则图) 若图 $G=(V,E)$ 中每个顶点的度相等，且为 d，称此图 G 是 d **次正则图**。

d 次正则图的边数 $m=dn/2$；n 阶零图是 0 次正则图；n 个顶点的完全图是 $n-1$ 次正则图。

定义 6.11(带权图) 如果图 $G=(V,E)$ 的每条边 $e_i=(v_i,v_j)$ 都赋以一个实数 ω_k 作为该边的权，则称 G 是**带权图**。如果这些权都是正实数，就称 G 是**正权图**。带权图可以有无向带权图与有向带权图。

例 6.15 图 6.12 中，图 6.12(a)为有向带权图，图 6.12(b)为无向带权图。

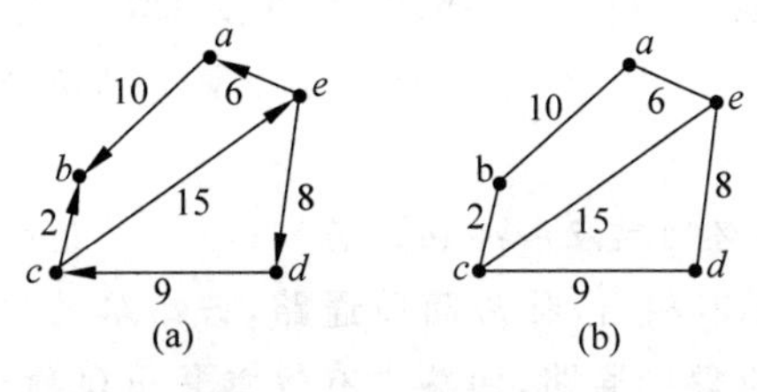

图 6.12 例 6.15 图

带权图在现实中有很多重要的应用，图中的权可以表示道路的长度、时间的长短、费用的多少等。

6.1.6 图的同构

定义 6.12(同构) 设 G_1 和 G_2 是两个分别具有顶点集 V_1 和 V_2 的图，若存在一个双射 $f: V_1 \to V_2$，使得当且仅当 $\{v_i, v_j\}$ 是 G_1 中的边时，$\{f(v_i), f(v_j)\}$ 是 G_2 中的边，则称 G_1 和 G_2 **同构**，记为 $G_1 \cong G_2$。

在图形表示中，由于顶点位置的选取和边的形状的任意性，一个图可以有各种在外形上看起来差别很大的图解，其实它们是同构图。

例 6.16 映射 $f(a)=1, f(b)=3, f(c)=5, f(d)=2, f(e)=4, f(f)=6$，在无向简单图 G_1 和 G_2 之间建立了一个同构，如图 6.13 所示。

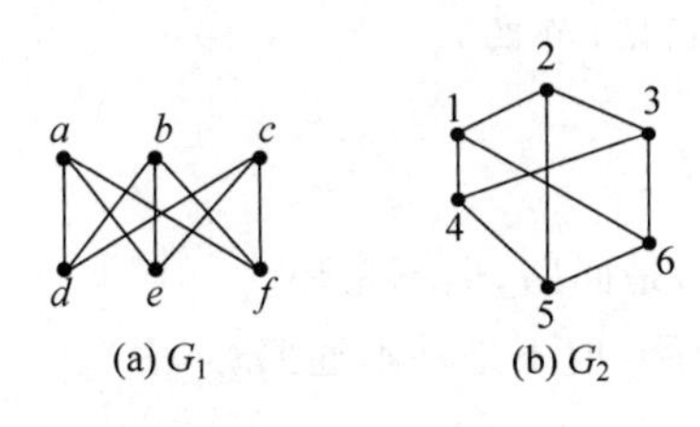

图 6.13 例 6.16 图

由定义可知，两个图 $G_1=(V_1,E_1)$ 和 $G_2=(V_2,E_2)$ 是同构的，必须满足以下条件。

(1) $|V_1(G)|=|V_2(G)|, |E_1(G)|=|E_2(G)|$。

(2) 对应顶点的度数相同，$d(v_i)=d(f(v_i))$。

(3) 存在同构的导出子图。

以上三个条件是判断两个图是否同构的必要条件，而不是充分条件。判断两个图是否同构，到目前为止，只能根据定义来判断，还没有充分判别法。

6.2 通路、回路和连通图

通路与回路是图论中两个重要而又基本的概念。本节所述定义一般来说既适合有向图,也适合无向图;否则,将加以说明或分开定义。而图的最基本性质就是它是否是连通的。

6.2.1 通路与回路

定义 6.13 给定图 $G=(V,E)$,将图 G 中顶点和边的交替序列记为 $P=v_0,e_1,v_1,e_2,v_2,\cdots,e_q,v_q$,$P$ 称为连接 v_0 到 v_q 的**通路**,其中,$e_i=\{v_{i-1},v_i\}$,$1\leqslant i\leqslant q$。通路也可简记为 $v_0,v_1,\cdots,v_q$ 或 $e_1,e_2,\cdots,e_q$。P 中边的数目 q(重复的边按重复的次数计算)称为通路 P 的**长度**。

v_0 和 v_q 分别称为此通路的起点和终点。若 $v_0=v_q$,此通路称为**回路**。

若通路中的所有的边互不相同,称为**简单通路**,若回路的边互不相同,称为**简单回路**;若通路中有边重复出现称为**复杂通路**,回路中有边重复出现称为**复杂回路**;若通路中的所有的顶点互不相同,称为**基本通路**(**真路**);若回路长度大于或等于3,且所有顶点除了起点和终点是相同顶点,没有其他相同顶点在回路中出现,称为**基本回路**或**环**。若图中所有顶点都在通路上,称此通路是**完备**的。

若 $G=(V,E)$ 中某两个顶点间有若干条通路,必有一条长度最短(经过的边最少),称此通路为**短程**,也称作**距离**。

约定:对任一顶点 v_i,$d(v_i,v_i)=0$。

若 v_i 和 v_j 之间没有通路,则 $d(v_i,v_j)=\infty$。

容易证明,无向图的距离定义满足欧几里得距离的三条公理。

(1) $d(v_i,v_j)\geqslant 0$ (非负性)

(2) $d(v_i,v_j)=d(v_j,v_i)$ (对称性)

(3) $d(v_i,v_j)+d(v_j,v_k)\geqslant d(v_i,v_k)$ (三角不等式)

有向图距离不一定满足对称性。

注:(1) 短程必然是基本通路(真路)。

(2) 真路未必是短程。

例 6.17 考察图 6.14。

(g,h,c,d,a,b,c,e,f,g)是回路,但不是环。

(h,c,d,a,b,c,e,f)是通路,但不是基本通路。

(a,b,c,d,a)是环。

(h,c,e,f)是一条基本通路,但它不是 h 与 f 之间的短程。

(h,g,f)是 h 与 f 之间的短程。

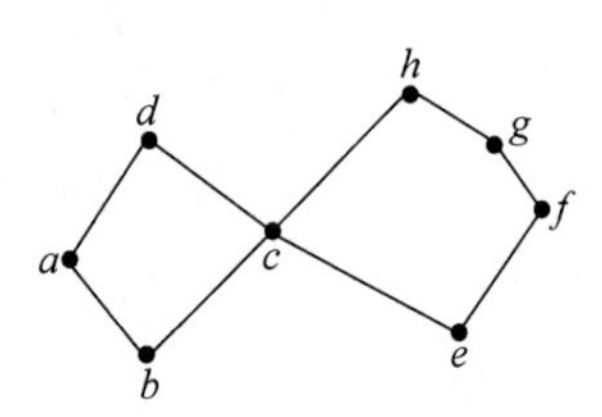

图 6.14 例 6.17 图

例 6.18 考察图 6.15。

其中,$(e_1,e_5,e_3,e_4,e_6,e_2)$是简单通路,$(e_1,e_5,e_3,e_4)$是基本通路。

例 6.19 写出图 6.16 中顶点 c 到顶点 b 的简单通路。

(e_5,e_1,e_2,e_3,e_4)是简单通路,不是基本通路,因为(c,a,b,c,d,b)中 b 和 c 均出现了两次。

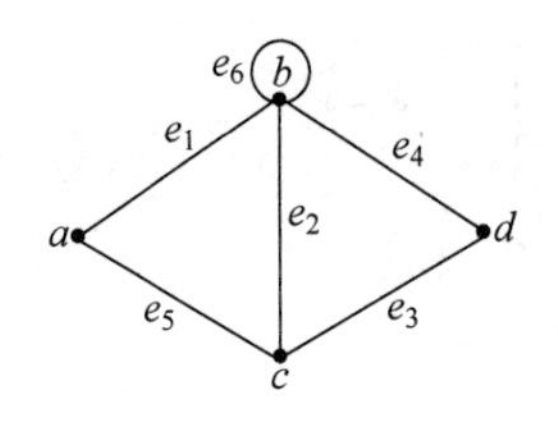

图 6.15　例 6.18 图

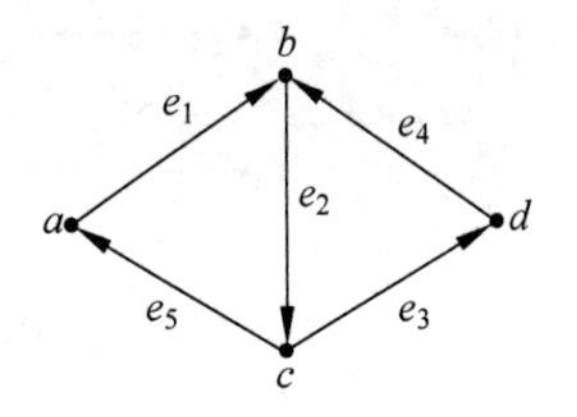

图 6.16　例 6.19 图

定理 6.5　在一个有向图(n,m)中，任何基本通路的长度均不超过$n-1$；而任何基本回路的长度均不超过n。

证明：在基本通路中各顶点均不相同，在长度为k的基本回路中，不同的顶点数为$k+1$，因为(n,m)图中仅有n个不同的顶点，因此基本通路的长度不会超过$n-1$；对于长度为k的基本回路，不同的顶点数目为k，因为图中仅有n个不同的顶点，因此基本回路的长度不会超过n。定理得证。

6.2.2　连通图

定义 6.14　设$G=(V,E)$，P、Q是两个顶点，若存在一条通路，以P为起点，Q为终点，则称P到Q**连通**(**可达**)。对无向图而言，若P到Q可达，则Q到P也可达。

例 6.20　写出图 6.17 中的简单通路。

在图 6.17 中，点P、Q、R之间是相互可达的。

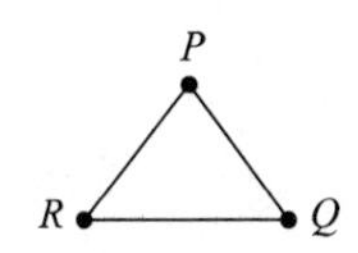

图 6.17　例 6.20 图

定义 6.15　设$G=(V,E)$，若G的任何两个顶点都是连通的，则称G是**连通图**，否则称G是**非连通图**。

显然，无向完全图$K_n(n\geqslant 1)$都是连通图，而多于一个顶点的零图都是非连通图。

无向图顶点间的连接关系是V上的一个等价关系，它的所有等价类构成V的一个**划分**。任意两个顶点v_i和v_j属于同一个等价类当且仅当它们是连通的。

例 6.21　设集合$A=\{1,2,3,\cdots,8\}$，$R=\{(x,y)\mid x,y\leqslant A$ 且 $x=y(\mathrm{mod}\ 3)\}$，则集合A上模 3 的等价关系图为图 6.18。

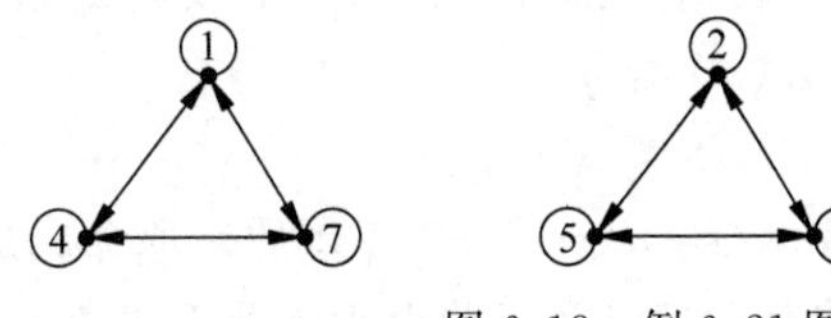

图 6.18　例 6.21 图

定义 6.16　无向图G中的每个连通划分块称为G的一个**连通分支**或**分图**。用$\omega(G)$表示G中的分图个数。

显然，无向图G是连通图当且仅当$\omega(G)=1$。

例 6.22　在图 6.19 中，G_1是连通图，所以$\omega(G_1)=1$。G_2是非连通图，且$\omega(G_2)=4$。

对于有向图的连通性要比无向连通图复杂，共分为三种。

定义 6.17　有向图的连通性。

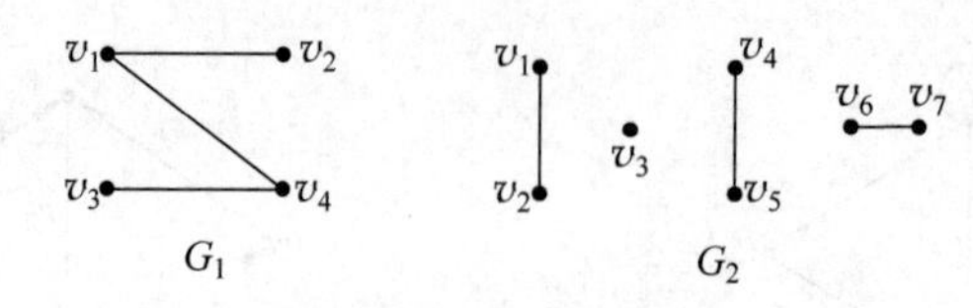

图 6.19 例 6.22 图

(1) 弱连通：若 $G=(V,E)$ 对应的无向图连通，称 G **弱连通**。

(2) 连通：若 $G=(V,E)$ 中任两点间必有一条路，对任两点 a 与 b，或 a 到 b 可达，或 b 到 a 可达，称 G 连通，也称**单向连通**。

(3) 强连通：若 $G=(V,E)$ 中任两点间都有路，即对任两点 a 与 b，a 到 b 可达，b 到 a 可达，称 G 为**强连通**。

有向图的极大强连通(单向连通、弱连通)子图称为**强连通分图(单向连通分图、弱连通分图)**。

由定义可知：(1) 有向图 D 一般不满足对称性，连通性不是有向图的顶点集上的等价关系。

(2) 若图 D 是强连通的，则必是单向连通的；若图 D 是单向连通的，则必是弱连通的。但这两个命题的逆不成立。

例 6.23 在图 6.20 中图 6.20(a)是强连通图、图 6.20(b)是单向连通图、图 6.20(c)是弱连通图。

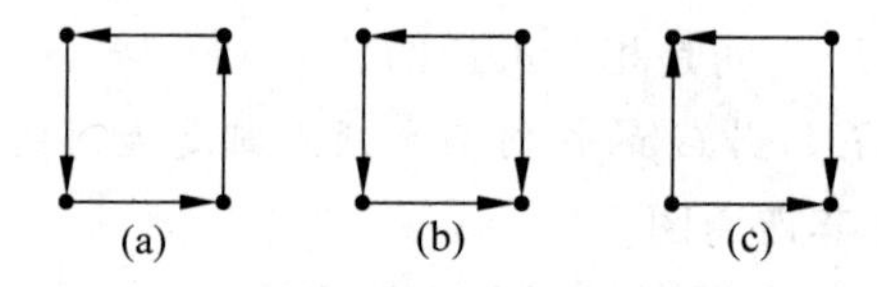

图 6.20 例 6.23 图

对于连通图，有下面的结论成立。

定理 6.6 在 n 阶简单图 G 中，如果对 G 的任意一对顶点 u 和 v，有 $d(u)+d(v)\geqslant n-1$，则 G 是连通图。

证明：用反证法。假设 G 不连通，则 G 至少有两个分图。设其中一个分图含有 q 个顶点，而其余各分图共含有 $n-q$ 个顶点。在这两部分中各取一个顶点 u 和 v，则

$$0\leqslant d(u)\leqslant q-1$$

$$0\leqslant d(v)\leqslant n-q-1$$

因此 $d(u)+d(v)\leqslant n-2$。这与题设 $d(u)+d(v)\geqslant n-1$ 矛盾。原命题成立。

定理 6.7 若非零图 G 中每个非零度的顶点的度均大于或等于 2，则 G 中必有一个回路。

证明：设 $v_0,v_1,v_2,\cdots,v_n$ 是 G 中一条最长的路。

由于 $d(v_0)\geqslant 2$，所以除了 v_1 外，至少还有一个顶点与 v_0 邻接，而与 v_0 邻接的顶点必均在这条最长的路上。

设 $v_i(i\geqslant 2)$ 与 v_0 邻接，于是 $v_0,v_1,v_2,\cdots,v_i,v_0$ 是 G 的一个回路。

注：此回路未必是最长回路。

例 6.24 在图中只有两个奇度顶点，则这两个顶点必定连通。

证明：反证法。

假设这两个顶点不连通，则它们一定在两个不同的分图中，那么这两个分图中都是各有一个奇度顶点，其余均为偶度顶点，则这两个分图的度数之和均为奇数，与握手定理相矛盾。因此，这两个顶点必定连通。

定理 6.8 一个有向图 D 是强连通的充要条件是 D 中有一个回路，它至少包含每个顶点一次。

证明：

充分性： 如果 D 中有一个回路，它至少包含每个顶点一次，则 D 中任何两个顶点都是相互可达的，即 D 是强连通图。

必要性： 若有向图 D 是强连通的，则任何两个顶点都是相互可达的，所以必可作一个回路经过图中所有各点。

否则必有一个回路不能包含某一顶点 v，因而 v 与该回路上的各顶点就不是相互可达的，与强连通条件矛盾。

图的连通性在许多领域都有着广泛的应用，如通信网络、电力网络、社交网络、计算机网络等。

6.3 图的连通性

在实际问题中，除了要考察一个图是否连通外，往往还要研究一个图连通的程度，作为某些系统可靠性的一种度量。一般情况下，考虑一个图的连通程度主要从两个方面考虑，一是点连通度，二是边连通度。下面将分别讨论。

定义 6.18 设 $G=(V,E)$ 是连通图，若存在集合 $S\subseteq V$，图 G 删除了 S 后的子图 $G-S$ 是非连通图，即图 $G-S$ 中的分图数大于1，而 G 删除了 S 的任一真子集后得到的子图仍是连通图，则称 S 是 G 的一个**点割集**。若 $\{v\}$ 是 G 的点割集，则称 v 是 G 的**割点**。

注： 删除边只需将该边删除，而删除顶点 v 是指将 v 及所关联的边都删除。完全图 K_n 没有点割集，它的连通性能是最好的。

例 6.25 图 6.21 中的 $\{v_2,v_7\}$，$\{v_3\}$，$\{v_4\}$ 均为点割集，其中的顶点 v_3 与 v_4 均为割点。

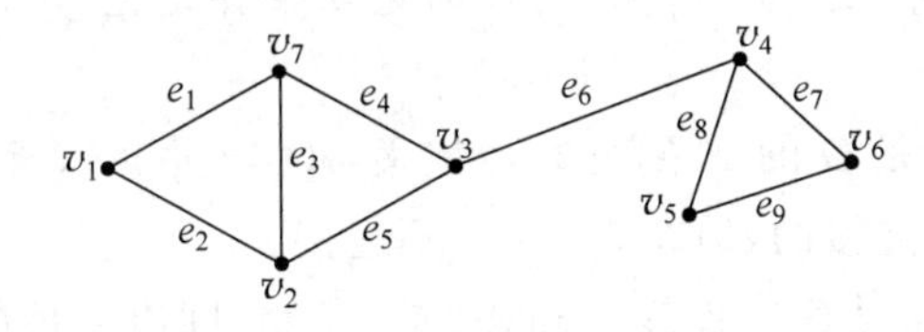

图 6.21　例 6.25 图

例 6.26 在图 6.22 中的 $\{v_3\}$ 和 $\{v_2\}$ 都是割点，$\{v_2,v_3,v_4\}$，$\{v_1,v_2,v_4,v_5\}$ 都不是点割集。

例 6.27 在图 6.23(彼得森图)中，$\{v_2,v_5,v_6\}$，$\{v_1,v_4,v_{10}\}$，$\{v_1,v_3,v_7\}$，$\{v_2,v_4,v_8\}$ 都是点割集。

定理 6.9 在连通图 G 中，顶点 v 为割点的充要条件是存在两个顶点 u 和 $w(u\neq v\neq w)$，使得连接 u 和 w 的所有的通路都经过顶点 v。

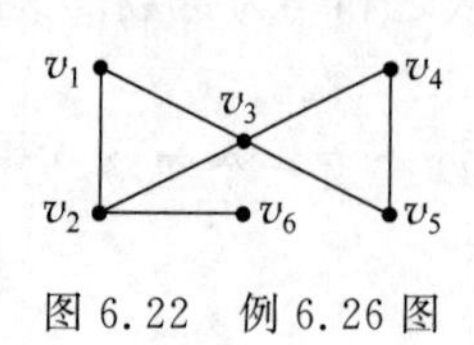

图 6.22　例 6.26 图

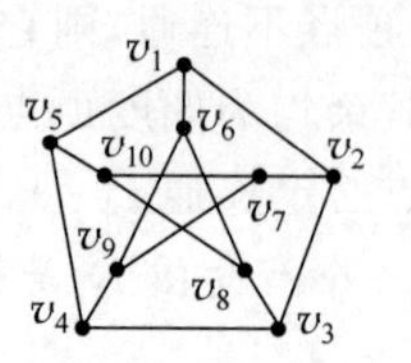

图 6.23　例 6.27 图

证明：

必要性：设 v 是连通图 G 中的一个割点，由定义，图 $G-v$ 的分图数大于 1，不妨假设图 $G-v$ 的分图数为 2。设 $G_1=(V_1,E_1)$ 和 $G_2=(V_2,E_2)$ 是 $G-v$ 的任意两个分图，任取 $u\in V_1$，$w\in V_2$，因为 u 和 w 在 G 中是连通的，但是在 $G-v$ 不是连通的，因此在 G 中连接 u 和 w 的所有的路中都出现顶点 v。

充分性：若 G 中存在顶点 u 和 w，使连接 u 和 w 的所有路中都出现顶点 v，则 u 和 w 在 $G-v$ 必然不是连通的，即 v 是 G 的一个割点。

定义 6.19　设 $G=(V,E)$ 是连通图，若存在 $S\subseteq E$，使图 $G-S$ 中的分图数大于 1，而 G 删除了 S 的任一真子集后得到的子图仍是连通图，则称 S 是 G 的一个**边割集**。

若 $\{e\}$ 是 G 的边割集，则称 e 是 G 的**割边**或**桥**。

注：非连通图的点割集和边割集都是空集。

若 G 是连通图，E' 为 G 的边割集，则 $\omega(G-E')=2$。

若 G 是连通图，V' 为 G 的点割集，则 $\omega(G-V')\geqslant 2$。

n 阶零图既无点割集，又无边割集。

例 6.28　在图 6.21 中 $\{e_1,e_2\}$，$\{e_1,e_3,e_4\}$，$\{e_6\}$，$\{e_7,e_8\}$，$\{e_2,e_3,e_4\}$，$\{e_2,e_3,e_5\}$，$\{e_4,e_5\}$，$\{e_7,e_9\}$，$\{e_8,e_9\}$ 等都是割集，其中，$\{e_6\}$ 为桥。

例 6.29　在图 6.22 中边 $\{v_2,v_6\}$ 是割边。$\{\{v_3,v_4\},\{v_3,v_5\}\}$ 和 $\{\{v_1,v_3\},\{v_2,v_3\}\}$ 都是边割集，$\{\{v_3,v_4\},\{v_4,v_5\}\}$ 也是边割集。

例 6.30　在图 6.23(彼得森图)中，每个顶点的度数都是 3，因此，在该图中的边割集里至少包含三条边，如 $\{\{v_4,v_5\},\{v_4,v_9\},\{v_4,v_3\}\}$ 就可以将顶点 v_4 分离开。

定理 6.10　在图 G 中，边 $\{v_i,v_j\}$ 为割边的充要条件是边 $\{v_i,v_j\}$ 不在 G 的任何环中出现。

证明：设 $e=\{v_i,v_j\}$ 是 G 的一条割边，由定义 $\omega(G-e)>1$，所以在 G 中必存在两个顶点 u 和 w，它们在 G 中是连接的，但在 $G-e$ 中不连接。

设 $\alpha=uu_1u_2\cdots u_{h-1}w$ 是 G 中连接 u 和 w 的一条路，则边 e 必在此路中出现。

不失一般性，设其中 $\{u_k,u_{k+1}\}=\{v_i,v_j\}(0\leqslant k\leqslant h-1)$，记 $(u=u_0,w=u_h)$，如果边 e 出现在 G 的某一环 $v_iv_{i1}v_{i2}\cdots v_{ir}v_jv_i$ 中，则在 $G-e$ 中有路。

$uu_1u_2\cdots u_{k-1}v_iv_{i1}v_{i2}\cdots v_{ir}v_ju_{k+2}w$ 连接 u 和 w，于是 u 和 w 在 $G-e$ 中是连接的。

这出现了矛盾，因此 e 不出现在任何环中。

(充分性)　反之，设 $e=\{v_i,v_j\}$ 不是 G 的割边，则 G 与 $G-e$ 的分图数相等。由于在 G 中 v_i 与 v_j 也在同一分图中，因此在 $G-e$ 中 v_i 与 v_j 也在同一分图中，于是在 $G-e$ 中有路 $v_iv_{i1}v_{i2}\cdots v_{ir}v_j$ 连接 v_i 和 v_j，这样在 G 中就有环 $v_iv_{i1}v_{i2}\cdots v_{ir}v_jv_i$，因此 e 必出现在 G 的

某一环中。

注意：(1) 割点和割边是一个图连通的关键部位，但是，并不是所有的连通图都有割点和割边。

(2) 没有割点和割边的连通图，在变成非连通图时，需要去掉几条边或几个点构成的集合，但是要去掉由几条边或几个点构成的最小集合。

(3) n 阶零图既无点割集也无边割集。

定义 6.20 设 $G=(V,E)$ 是连通图，$k(G)=\min\{|V_i| \mid V_i$ 是 G 的点割集或使 $G-V_i$ 成为平凡图$\}$称为 G 的**点连通度**，$\lambda(G)=\min\{|S| \mid S$ 是 G 的边割集$\}$称为 G 的**边连通度**。

图 G 的点连通度是为了使 G 成为一个非连通图，需要删除的点的最少数目。

若图 G 中存在割点，$k(G)=1$。对于完全图有 $k(K_n)=n-1$。

图 G 的边连通度是为了使 G 成为一个非连通图，需要删除的边的最少数目。

若图 G 中存在割边，$\lambda(G)=1$。对于完全图有 $\lambda(K_n)=n-1$。

如果 $k(G)\geqslant k$，称 G 是 k-**连通**的，如果 $\lambda(G)\geqslant k$，称 G 是 k-**边连通**的。所有的非平凡的连通图都是 1-连通的和 1-边连通的。

一个图的连通度越大，它的连通性能就越好。

例 6.31 图 6.24 中，$n=6$，$e=8$，其中，$k(G)=1$，$\lambda(G)=2$，因此，该图的点连通度为 1，它是 1-连通图，但不是 2-连通图；它的边连通度为 1，它是 1 边-连通图，但不是 2 边-连通图。

例 6.32 彼得森图(见图 6.25)中，$n=10$，$e=15$，$k(G)=3$，$\lambda(G)=3$，因此，该图的点连通度为 3，它是 1-连通图、2-连通图、3-连通图，但不是 4-连通图；它的边连通度为 3，它是 1 边-连通图、2 边-连通图、3 边-连通图，但不是 4 边-连通图。

例 6.33 在图 6.26 中，$n=8$，$e=14$，$k(G)=1$，$\lambda(G)=2$，$\delta(G)=3$，因此，该图是 1-连通图，2 边-连通图。

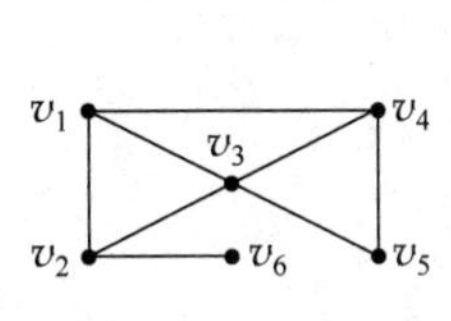

图 6.24 例 6.31 图

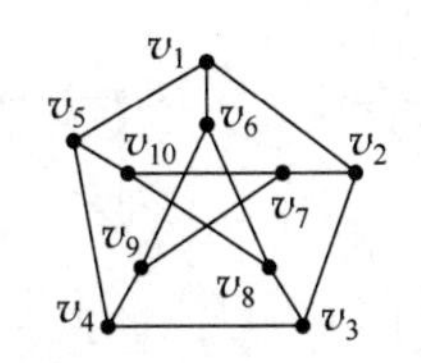

图 6.25 例 6.32 图

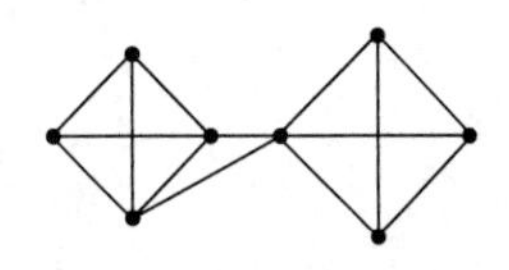
图 6.26 例 6.33 图

定理 6.11 对任意的图 $G=(V,E)$，有 $k(G)\leqslant\lambda(G)\leqslant\delta(G)$，其中，$k(G)$，$\lambda(G)$ 和 $\delta(G)$ 分别为 G 的点连通度、边连通度和顶点的最小度数。

证明：若 G 是平凡图或非连通图，则 $k(G)=\lambda(G)=0$，结论显然成立。

若 G 是非平凡的连通图，则因每一顶点的所有关联边都可构成图 G 的一个边割集，所以 $\lambda(G)\leqslant\delta(G)$。

下面证明 $k(G)\leqslant\lambda(G)$。

若 $\lambda(G)=1$，则 G 有一割边，此时 $k(G)=\lambda(G)=1$，$k(G)\leqslant\lambda(G)\leqslant\delta(G)$ 成立。

若 $\lambda(G)\geqslant 2$，则必可删去某 $\lambda(G)$ 边，使 G 不连通，而删去其中 $\lambda(G)-1$ 条边，G 仍然连通，且有一条桥 $e=\{u,v\}$。

对 $\lambda(G)-1$ 条边中的每一条边都选取一个不同于 u、v 的顶点,把这些 $\lambda(G)-1$ 个顶点删去,则必至少要删去 $\lambda(G)$ 中包含的 $\lambda(G)-1$ 条边。

若剩下的图是不连通的,则 $k(G)\leqslant\lambda(G)-1\leqslant\delta(G)$。

若剩下的图是连通的,则 e 仍是桥,此时再删去 u 或 v,就必产生一个非连通图,也有 $k(G)\leqslant\lambda(G)$。

综上所述,对任意的图 G,有 $k(G)\leqslant\lambda(G)\leqslant\delta(G)$。

6.4 图的矩阵表示

一个图可以用定义描述出来,也可以用图形表示出来,还可以像二元关系一样,用矩阵表示。用矩阵来表示图,便于用代数知识来研究图的性质,同时也便于用计算机处理。图的矩阵表示常用的有三种形式:邻接矩阵、关联矩阵和可达矩阵。邻接矩阵常用于研究图的各种道路问题,关联矩阵常用于研究子图问题,可达矩阵由于矩阵的行列有固定的次序,因此在介绍用可达矩阵表示图之前,必须先将图的顶点和边进行编号,以确定元素与矩阵的对应关系。

6.4.1 邻接矩阵

定义 6.21 设 $G=(V,E)$ 是一个简单图,顶点集为 $V=\{v_1,v_2,\cdots,v_n\}$,称 n 阶方阵 $\mathbf{A}=(a_{ij})_{n\times n}$,其中

$$a_{ij}=\begin{cases}1, & (v_i,v_j)\in E\\ 0, & (v_i,v_j)\notin E\end{cases}$$

为有向图 G 的邻接矩阵。

该定义也可用于无向图的邻接矩阵,并且无向图的邻接矩阵是对称的,而有向图的邻接矩阵不一定对称。

例 6.34 写出图 6.27 的邻接矩阵。

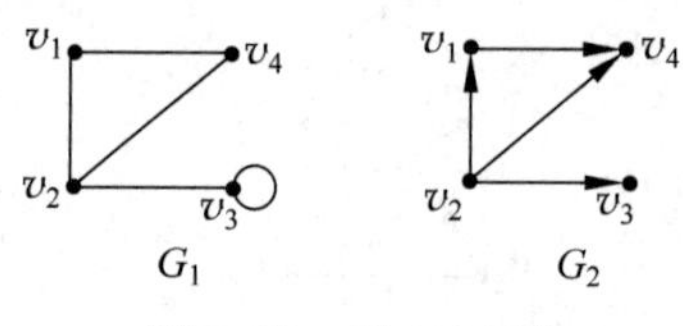

图 6.27 例 6.34 图

解:图 G_1 是无向图,对应的邻接矩阵为

$$\mathbf{A}(G_1)=\begin{bmatrix}0&1&0&1\\1&0&1&1\\0&1&1&0\\1&1&0&0\end{bmatrix}$$

图 G_2 是有向图,对应的邻接矩阵为

$$\mathbf{A}(G_2)=\begin{bmatrix}0&0&0&1\\1&0&1&1\\0&0&0&0\\0&0&0&0\end{bmatrix}$$

例 6.35 写出图 6.28 的邻接矩阵。

解：该图是无向图，对应的邻接矩阵为

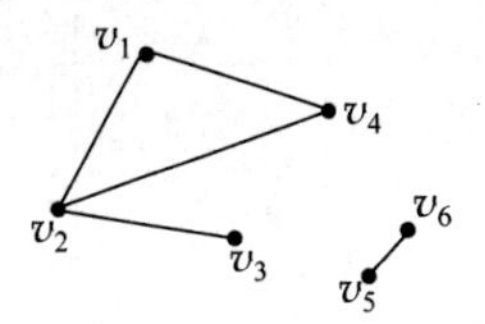

图 6.28 例 6.35 图

$$\boldsymbol{A}=\begin{bmatrix}0&1&0&1&0&0\\1&0&1&1&0&0\\0&1&0&0&0&0\\1&1&0&0&0&0\\0&0&0&0&0&1\\0&0&0&0&1&0\end{bmatrix}$$

邻接矩阵 $\boldsymbol{A}$ 的阶就是 G 的顶点数 n。

无向简单图 G 的邻接矩阵 $\boldsymbol{A}$ 具有如下性质。

(1) $\boldsymbol{A}$ 是一个对称矩阵。

(2) 第 i 行元素之和恰好为顶点 v_i 的度。

(3) 所有元素之和恰好为 $2m$，m 为图 G 的边数。

有向简单图 G 的邻接矩阵 $\boldsymbol{A}$ 具有如下性质。

(1) $\boldsymbol{A}$ 一般不对称。

(2) 第 i 行元素之和恰好为顶点 v_i 的出度。

(3) 第 i 列元素之和恰好为顶点 v_i 的入度。

一个邻接矩阵可以完全确定一个图，下面讨论如何用矩阵的运算来描述与图的通路和回路有关的性质。

定理 6.12 设图 $G=(V,E)$，顶点集 $V=\{v_1,v_2,\cdots,v_n\}$ 和邻接矩阵 $\boldsymbol{A}$ 的无向简单图，则 $\boldsymbol{A}^k(k=1,2,3,\cdots)$ 的元素 $(a_{ij}^{(k)}=a_{ji}^{(k)})$ 是连接 v_i 到 v_j 的长度为 k 的通路的总数。而 $a_{ii}^{(k)}$ 为 v_i 到 v_i 长度为 k 的回路数。

证明：用归纳法证明。对 k 进行归纳。

(1) 当 $k=1$ 时，定理显然成立。

(2) 设 $k=m$ 时，定理成立。那么，当 $k=m+1$ 时，

$$(a_{ij}^{(m+1)})_{n\times n}=\boldsymbol{A}^{m+1}=\boldsymbol{A}^m\cdot\boldsymbol{A}=\left(\sum_{k=1}^{n}a_{ik}^{(m)}a_{kj}\right)_{n\times n}$$

所以 $a_{ij}^{(m+1)}=\sum\limits_{k=1}^{n}a_{ik}^{(m)}a_{kj}$，而 $a_{ik}^{(m)}$ 是顶点 v_i 到 v_k 长度为 1 的路的数目，$a_{kj}^{(m)}$ 是顶点 v_k 到 v_j 长度为 m 的路的数目，故 $a_{ik}\cdot a_{kj}^{(m)}$ 是顶点 v_i 经过 v_k 到 v_j 长度为 $m+1$ 的路的数目。

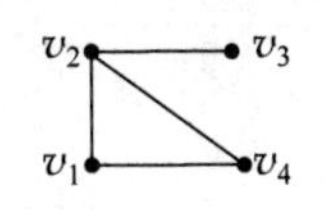

图 6.29 例 6.36 图

对所有 k 求和，即得 $\sum\limits_{k=1}^{n}a_{ik}a_{kj}^{(m)}$ 是从顶点 v_i 到 v_j 长度为 $m+1$ 的路的数目。

例 6.36 求图 6.29 中 v_1 到 v_2，v_2 到 v_3 长度为 4 的通路数，v_3 到 v_3 长度为 3 和长度为 4 的回路数。

解：图 6.29 的邻接矩阵为

$$\boldsymbol{A}=\begin{bmatrix}0&1&0&1\\1&0&1&1\\0&1&0&0\\1&1&0&0\end{bmatrix}$$

根据 $\boldsymbol{A}$ 求出

$$\boldsymbol{A}^2=\begin{bmatrix}2&1&1&1\\1&3&0&1\\1&0&1&1\\1&1&1&2\end{bmatrix}\quad \boldsymbol{A}^3=\begin{bmatrix}2&4&1&3\\4&2&3&4\\1&3&0&1\\3&4&1&2\end{bmatrix}\quad \boldsymbol{A}^4=\begin{bmatrix}7&6&4&6\\6&11&2&6\\4&2&3&4\\6&6&4&7\end{bmatrix}$$

从 $\boldsymbol{A}^4$ 可以看出,v_1 到 v_2 长度为4的通路数有6条,v_2 到 v_3 长度为4的通路数有2条,v_3 到 v_3 长度为3的回路数为0条,长度为4的回路数有3条。

由定理6.12,有如下两个推论。

推论1 如果对 $k=1,2,\cdots,n-1$,$\boldsymbol{A}_k$ 的 (i,j) 项元素 $(i\neq j)$ 都为0,那么 v_i 和 v_j 之间无任何路相连接(因此,v_i 和 v_j 必然属于 G 的不同分图)。

推论2 若 G 是连通图,顶点 v_i 到 $v_j(i\neq j)$ 之间的距离 $d(v_i,v_j)$ 是使 $\boldsymbol{A}_k$ 的 (i,j) 项元素不为0的最小正整数 k。

6.4.2 关联矩阵

定义6.22 关联矩阵(无向图)。

设图 $G=(V,E)$,顶点集 $V=\{v_1,v_2,\cdots,v_n\}$,边集 $E=\{e_1,e_2,\cdots,e_m\}$ 且 G 是无自环的无向图,则 G 的关联矩阵 $\boldsymbol{M}_G=(m_{ij})_{n\times m}$,其中,元素

$$m_{ij}=\begin{cases}1, & v_i \text{ 与 } e_j \text{ 是关联的}\\0, & \text{否则}\end{cases}$$

定义6.23 关联矩阵(有向图)。

设图 $D=(V,E)$,顶点集 $V=\{v_1,v_2,\cdots,v_n\}$,边集 $E=\{e_1,e_2,\cdots,e_m\}$ 且 D 是无自环的有向图,则 D 的关联矩阵 $\boldsymbol{M}_D=(m_{ij})_{n\times m}$,其中,元素

$$m_{ij}=\begin{cases}1, & v_i \text{ 是 } e_j \text{ 的起点}\\-1, & v_i \text{ 是 } e_j \text{ 的终点}\\0, & v_i \text{ 与 } e_j \text{ 不关联}\end{cases}$$

例6.37 写出图6.30的关联矩阵。

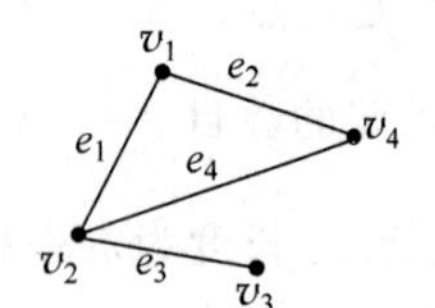

图6.30 例6.37图

解:相应的关联矩阵为

$$\boldsymbol{M}=\begin{bmatrix}1&1&0&0\\1&0&1&1\\0&0&1&0\\0&1&0&1\end{bmatrix}$$

无向图的关联矩阵:

(1) $\boldsymbol{M}_G$ 中每列都正好包含两个1。

(2) $\boldsymbol{M}_G$ 中第 i 行中1的个数即为 v_i 的度。

(3) 一行中元素全为0,其对应的顶点为孤立顶点。

(4) 如果无向图 G 是连通的,则 G 的邻接矩阵 $\boldsymbol{A}=\boldsymbol{M}_G\cdot\boldsymbol{M}_G'-\boldsymbol{I}$,其中,$\boldsymbol{I}$ 是 n 阶单位矩阵。

(5) 如果无向图 G 是不连通的,则 G 的邻接矩阵 $\boldsymbol{A}$ 等于 $\boldsymbol{M}_G\cdot\boldsymbol{M}_G'$ 中对角线元素换成0后所得的矩阵。

(6) 关联矩阵的秩最大为 $n-1$。

例 6.38 写出图 6.31 的关联矩阵。

解：相应的关联矩阵为

$$M=\begin{bmatrix}1&1&0&0&0\\1&0&1&1&0\\0&0&1&0&0\\0&1&0&1&0\\0&0&0&0&1\\0&0&0&0&1\end{bmatrix}$$

例 6.39 写出图 6.32 的关联矩阵。

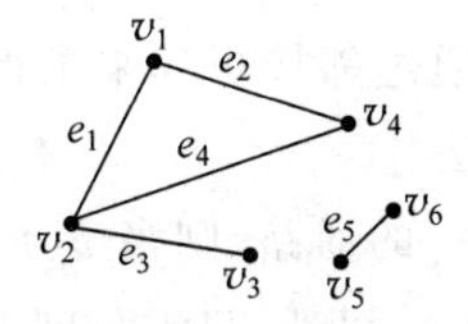

图 6.31 例 6.38 图

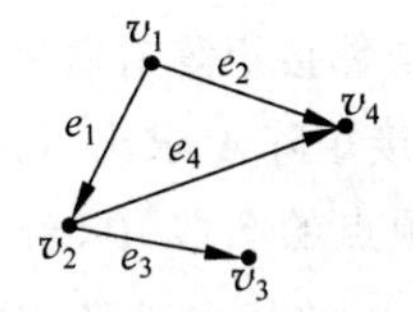

图 6.32 例 6.39 图

解：相应的关联矩阵为

$$M=\begin{bmatrix}1&1&0&0\\-1&0&1&1\\0&0&-1&0\\0&-1&0&-1\end{bmatrix}$$

关联矩阵的特点：

(1) M_D 每列元素之和为 0。

(2) M_D 中第 i 行中 1 的个数即为 v_i 的出度，第 i 行中 -1 的个数即为 v_i 的入度。

(3) 一行中元素全为 0，其对应的顶点为孤立顶点。

(4) 关联矩阵的秩最大为 $n-1$。

6.4.3 可达矩阵

定义 6.24 设简单无向图 $G=(V,E)$，其中，$V=\{v_1,v_2,\cdots,v_n\}$，n 阶方阵 $\boldsymbol{C}=(c_{ij})$ 称为 G 的**连通矩阵**，其中，元素

$$c_{ij}=\begin{cases}1, & \text{从 } v_i \text{ 到 } v_j \text{ 至少存在一条通路}\\0, & \text{否则}\end{cases}$$

例 6.40 计算图 6.33 的连通矩阵。

解：根据定义，该图的连通矩阵为

$$C=\begin{bmatrix}1&1&1&1\\1&1&1&1\\1&1&1&1\\1&1&1&1\end{bmatrix}$$

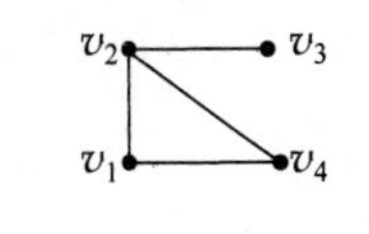

图 6.33 例 6.40 图

定义 6.25 设简单有向图 $D=(V,E)$,$V=\{v_1,v_2,\cdots,v_n\}$,n 阶方阵 $\boldsymbol{C}=(c_{ij})$ 称为 D 的**可达矩阵**,其中,元素

$$c_{ij}=\begin{cases}1, & v_i \text{ 可达 } v_j \\ 0, & v_i \text{ 不可达 } v_j\end{cases}$$

例 6.41 计算图 6.34 的可达矩阵。

解:图 6.34 的可达矩阵为

$$\boldsymbol{C}=\begin{bmatrix}1 & 1 & 1 & 1 \\ 0 & 1 & 1 & 1 \\ 0 & 0 & 1 & 0 \\ 0 & 0 & 0 & 1\end{bmatrix}$$

图的可达矩阵与邻接矩阵有着密切的关系,可通过邻接矩阵来求得可达矩阵。下面给出由 n 阶图 G 的邻接矩阵 $\boldsymbol{A}$ 求出可达矩阵 $\boldsymbol{C}$ 的方法。

(1) 在有 n 个顶点的图 G 中,若存在从 v_i 到 v_j 的通路,则当 $v_i \neq v_j$ 时,必有从 v_i 到 v_j 的长度至多为 $n-1$ 的基本通路,因此,顶点 v_i 到 v_j 可达,只需分别求出邻接矩阵 $\boldsymbol{A}$,$\boldsymbol{A}^2$,$\boldsymbol{A}^3$,…,$\boldsymbol{A}^{n-1}$,再求矩阵 $\boldsymbol{B}_{n-1}=\boldsymbol{A} \vee \boldsymbol{A}^2 \vee \cdots \vee \boldsymbol{A}^{n-1}$,设 $\boldsymbol{C}$ 为所求的可达矩阵。可采用如下的方法进行计算。

第 i 行第 j 列元素 $b_{ij}^{(n-1)} \neq 0$,由矩阵 $\boldsymbol{B}_{n-1}$ 计算可达矩阵 $\boldsymbol{C}$,

$$c_{ij}=\begin{cases}1, & i=j \\ 1, & i \neq j \quad \text{且} \quad b_{ij}^{(n-1)} \neq 0 \\ 0, & i \neq j \quad \text{且} \quad b_{ij}^{(n-1)}=0\end{cases}$$

(2) 如果把邻接矩阵 $\boldsymbol{A}$ 当作关系矩阵,那么求可达矩阵 $\boldsymbol{C}$ 就相当于求 $\boldsymbol{A}$ 的传递闭包,可以仿照求关系的闭包的办法。

例 6.42 计算简单有向图 6.35 的可达矩阵。

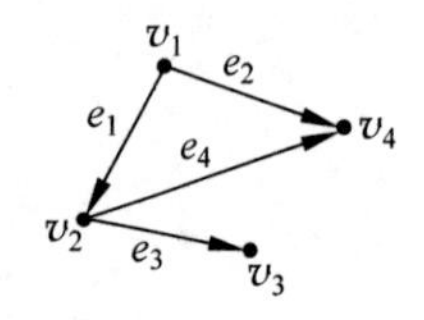

图 6.34 例 6.41 图

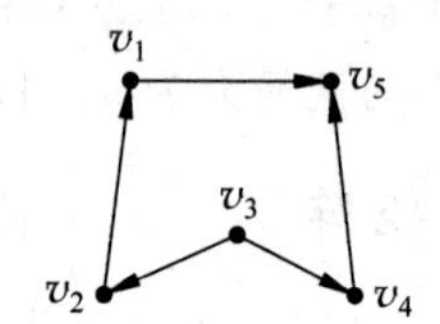

图 6.35 例 6.42 图

解:图 6.35 的邻接矩阵为

$$\boldsymbol{A}=\begin{bmatrix}0 & 0 & 0 & 0 & 1 \\ 1 & 0 & 0 & 0 & 0 \\ 0 & 1 & 0 & 1 & 0 \\ 0 & 0 & 0 & 0 & 1 \\ 0 & 0 & 0 & 0 & 0\end{bmatrix}, \quad \boldsymbol{A}^2=\begin{bmatrix}0 & 0 & 0 & 0 & 0 \\ 0 & 0 & 0 & 0 & 1 \\ 1 & 0 & 0 & 0 & 1 \\ 0 & 0 & 0 & 0 & 0 \\ 0 & 0 & 0 & 0 & 0\end{bmatrix},$$

$$A^3=\begin{bmatrix}0&0&0&0&0\\0&0&0&0&0\\0&0&0&0&1\\0&0&0&0&0\\0&0&0&0&0\end{bmatrix},\quad A^4=\begin{bmatrix}0&0&0&0&0\\0&0&0&0&0\\0&0&0&0&0\\0&0&0&0&0\\0&0&0&0&0\end{bmatrix}$$

因此,

$$B=A\vee A^2\vee\cdots\vee A^{n-1}=\begin{bmatrix}0&0&0&0&1\\1&0&0&0&1\\1&1&0&1&1\\0&0&0&0&1\\0&0&0&0&0\end{bmatrix}$$

于是,可达矩阵

$$C=\begin{bmatrix}1&0&0&0&1\\1&1&0&0&1\\1&1&1&1&1\\0&0&0&1&1\\0&0&0&0&1\end{bmatrix}$$

当 n 较大时,利用这种方法计算可达矩阵 C 是比较复杂的。相对简单的方法就是方法(2),即把邻接矩阵当作关系矩阵。

例 6.43 计算简单有向图 6.36 的可达矩阵。

解:图 6.36 的邻接矩阵及其 2、3、4 次布尔乘法幂分别为

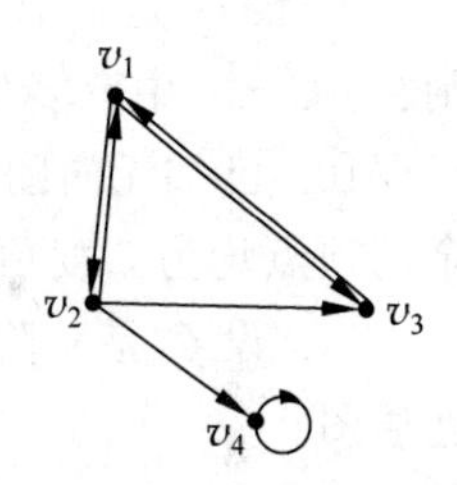

图 6.36 例 6.43 图

$$A=\begin{bmatrix}0&1&1&0\\1&0&1&1\\1&0&0&0\\0&0&0&1\end{bmatrix},\quad A^2=\begin{bmatrix}1&0&1&1\\1&1&1&1\\0&1&1&0\\0&0&0&1\end{bmatrix},$$

$$A^3=\begin{bmatrix}1&1&1&1\\1&1&1&1\\1&0&1&1\\0&0&0&1\end{bmatrix},\quad A^4=\begin{bmatrix}1&1&1&1\\1&1&1&1\\1&1&1&1\\0&0&0&1\end{bmatrix}$$

因此,可达矩阵为

$$C=A\vee A^2\vee A^3\vee A^4=\begin{bmatrix}1&1&1&1\\1&1&1&1\\1&1&1&1\\0&0&0&1\end{bmatrix}$$

图还有其他的矩阵表示方法,可以查看相关的文献资料。

习 题

1. 证明至少有两个顶点的简单图中有两个顶点的度数相同。
2. 下列给出的序列中,哪些可以图化?哪些可以简单图化?

(1) (1,1,1,2,3)

(2) (0,1,1,3,4)

(3) (2,3,3,3,4,5)

(4) (1,2,2,3,3,3)

(5) (2,2,2,3,3,3,5)

3. 设G是有4个顶点的完全图,写出G的所有生成子图,G的所有互不同构的子图有多少个?

4. 一个图如果同构于它的补图,则该图称为自补图。

(1) 画出一个4个顶点的自补图。

(2) 给出一个5个顶点的自补图。

(3) 证明一个图是自补图,其对应的完全图的边数必为偶数。

5. 已知无向图G有12条边,1度顶点有2个,2度、3度、5度顶点各1个,其余顶点度数均为4,求4度顶点的个数。

6. 证明在简单无向图$G=(V,E)$中,从顶点u到顶点v,如果既有奇数长度的通路又有偶数长度的通路,则$G=(V,E)$中必有一条奇数长度的通路。

7. 证明每个顶点的度数至少为2的图必有一条回路。

8. 证明在任何由两个或两个以上人组成的组内,存在两个人在组内有相同个数的朋友。

9. 设G是n个点m条边的简单图。顶点v是G中度为k的顶点,e是G中的一条边,则:①$G-v$中有多少个顶点?多少条边?②$G-e$中有多少个顶点?多少条边?

10. 已知无向图G的边数为15,G中有3个2度顶点,2个3度顶点,1个4度顶点,其余的顶点均为5度顶点,试求G中5度顶点的个数。

11. 设G是n阶简单无向图,若G中的任意顶点的度均大于或等于$(n-1)/2$,则G是连通图。

12. 设$G=(V,E)$为有n个顶点的简单图,且$|E|>(n-2)(n-1)/2$,则G是连通图。

13. 写出图6.37的邻接矩阵与可达矩阵。

14. 设有向图D的顶点集为$\{v_1,v_2,v_3,v_4\}$,它的矩阵表示为

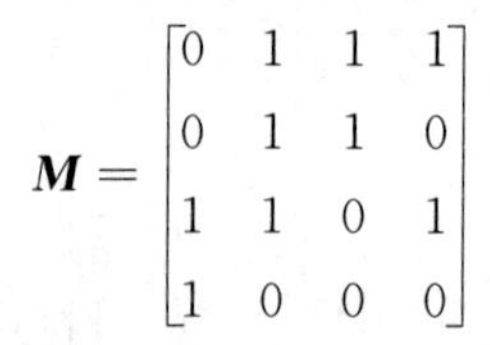

$$\boldsymbol{M}=\begin{bmatrix}0&1&1&1\\0&1&1&0\\1&1&0&1\\1&0&0&0\end{bmatrix}$$

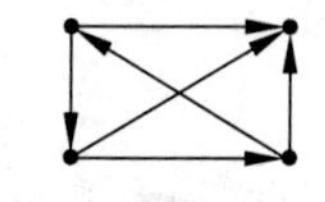

图6.37 习题13图

(1) 画出相应的有向图D。

(2) 求从顶点v_1到v_1长度为3的回路数,v_1到v_2,v_1到v_3,v_1到v_4长度是3的通路数。

第7章 特 殊 图

图论是处理离散对象的一种重要的数学工具,而在现实生活中,有很多问题如果转换为图,就可以变得较容易解决,例如,中国邮递员问题、旅行商问题等。本章主要讨论几类在理论研究和实际应用中都有着重要意义的特殊图,它们是欧拉图、哈密顿图、二分图、平面图和树。

本章主要包括如下内容。

- 欧拉图及其应用。
- 哈密顿图及其应用。
- 二分图。
- 平面图与对偶图。
- 平面图的着色。
- 树与生成树。

7.1 欧拉图及其应用

18世纪中叶,在哥尼斯堡城,有一条贯穿全城的普雷格尔(Pregel)河,河中有两个岛,通过七座桥彼此相连,如图7.1(a)所示。

当时人们提出了一个问题:能否从城市的某处出发,过每座桥一次且仅一次最后回到原处?这就是著名的哥尼斯堡七桥问题。

问题看来并不复杂,但谁也解决不了。1736年,瑞士数学家列昂哈德·欧拉(Leonhard Euler)仔细研究了这个问题,他将上述四块陆地与七座桥之间的关系用一个抽象的图形来描述,将四块陆地分别用四个顶点表示,而陆地之间有桥相连者则用连接两个顶点的边表示,如图7.1(b)所示。这样,上述哥尼斯堡七桥问题就变成了在图7.1(b)中是否存在经过每条边一次且仅一次的回路问题了,从而使得问题显得简洁多了,同时也更广泛、深刻多了。

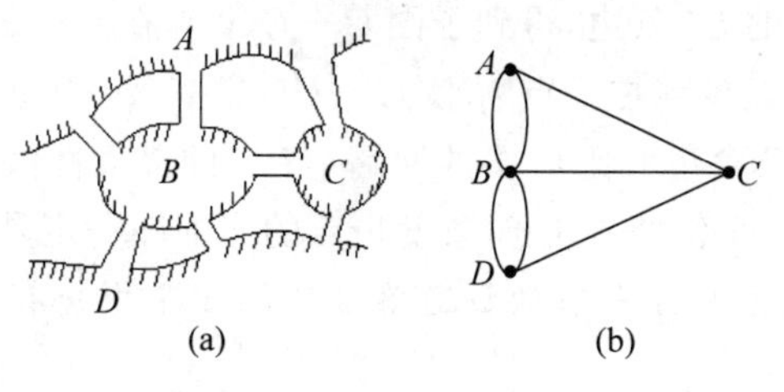

图7.1 哥尼斯堡七桥问题

在此基础上,欧拉还得出了哥尼斯堡桥问题是无解的,即一个人不可能一次走遍两岛、四块陆地和七座桥。

7.1.1 欧拉图

定义 7.1(欧拉图) 给定无向图 $G=(V,E)$,且在 G 中不存在孤立点,通过 G 中的每条边一次且仅有一次的回路(通路)称为**欧拉回路(通路)**。具有欧拉回路的图为**欧拉图**,具有欧拉通路但没有欧拉回路的图称为**半欧拉图**。

由定义可知,每个欧拉图必然是连通图且欧拉回路中允许顶点重复出现,即该定义包含多重图在内。

此外,规定平凡图是欧拉图。

例 7.1 判断图 7.2 中的各图是否是欧拉图。

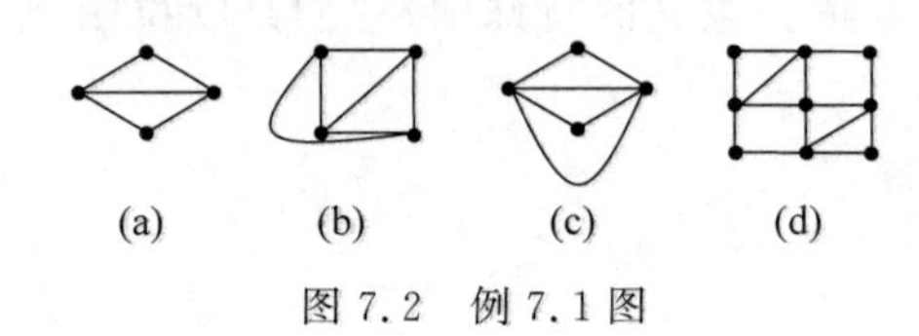

图 7.2 例 7.1 图

解:根据定义可知:

图 7.2(a)是简单图,存在欧拉通路,但是不存在欧拉回路,因此不是欧拉图,但是半欧拉图。

图 7.2(b)是简单图,既不存在欧拉通路,也不存在欧拉回路,因此不是欧拉图。

图 7.2(c)是多重图,存在欧拉回路,因此是欧拉图。

图 7.2(d)是简单图,存在欧拉回路,因此是欧拉图。

从例 7.1 中的几个图可以看出,如果只是根据定义来判断一个图是否是欧拉图还是比较麻烦的,尤其是当图中顶点的个数以及边的条数比较多时,这个问题将会变得非常复杂,是否可以有简单的判别法呢?有如下两个结论成立。

定理 7.1 G 是无向连通图,则 G 是欧拉图当且仅当 G 中所有顶点的度数都是偶数。

证明:

必要性:设 G 是欧拉图,则必然存在一条包含每条边的回路 C;当沿着回路 C 朝一个方向前进时,必定沿一条边进入某顶点后再沿另一条边由这个顶点出去,即每个顶点都与偶数条边关联,因此 G 的所有顶点的度数都是偶数。

充分性:设连通图 G 的顶点都是偶数度的顶点,则 G 含有回路。设 C 是一条包含 G 中边数最多的简单回路。若 C 包含 G 的全部边,则 G 是欧拉图,结论成立;如果 C 不能包含 G 的全部边,则删去 C 中的 L_1 条边,得到子图 $G-E(C)$,在 $G-E(C)$ 中仍无奇数度顶点。由于 G 是连通的,C 中应至少存在一点 v,使 $G-E(C)$ 中有一条包含 v 的回路 C'。这样就可以由 C 和 C' 构造出一条含边数比 C 多的回路,与 C 的最大性假设矛盾。因此,G 中包含边数最多的回路必是欧拉回路,即全是偶数度顶点的连通图一定是欧拉图。

定理 7.2 非平凡连通图 G 含有欧拉通路当且仅当 G 中含有两个奇度点。

证明:

必要性:设图 G 含有一条欧拉通路 L,v_i、v_j 分别为这条欧拉通路的起点与终点,在这

条通路 L 上除 v_i、v_j 外，其余顶点都与偶数条边相关联，因此，G 中含有两个奇度点。

充分性：设 v_i、v_j 为 G 中的两个奇度点，由定理 7.1 知图 $G+\{v_i, v_j\}$ 是欧拉图，因此存在欧拉回路 C，从 C 中去掉边 $\{v_i, v_j\}$，则得简单通路 L，其起点为 v_i，终点为 v_j，并且 L 包含 G 中的全部边，即 L 是 G 的一条欧拉通路。

例 7.2 七桥问题中的 4 个顶点都是 4 个奇数度，如图 7.1(b)所示，因此它既不存在欧拉回路也不存在欧拉通路，不是欧拉图，回不到起点。

例 7.3 判断图 7.3 中的各图是否是欧拉图。

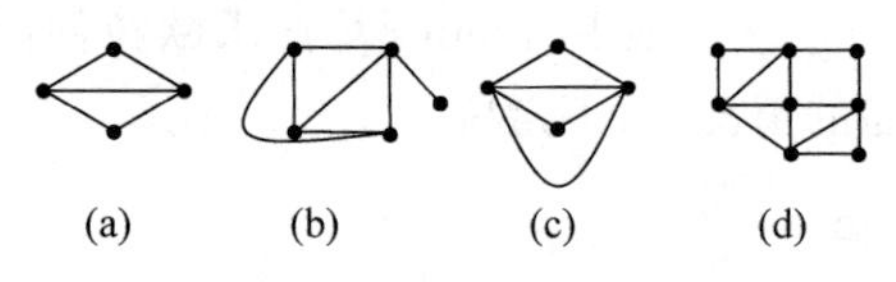

图 7.3 例 7.3 图

解：由定理 7.1 与定理 7.2 可知：

图 7.3(a)是简单图，其中 2 个顶点的度是 3，2 个顶点的度是 2，根据定义，在图 7.3(a)中，存在欧拉通路，但是不存在欧拉回路，因此不是欧拉图。

图 7.3(b)是简单图，存在 4 个顶点是奇度点，根据定义，在图 7.3(b)中，既不存在欧拉通路，也不存在欧拉回路，因此不是欧拉图。

图 7.3(c)是多重图，其中 2 个顶点的度是 4，2 个顶点的度是 2，根据定义，在图 7.3(c)中，存在欧拉回路，因此是欧拉图。

图 7.3(d)是简单图，其中 3 个顶点的度是 2，5 个顶点的度是 4，根据定义，在图 7.3(d)中，存在欧拉回路，因此是欧拉图。

可以将无向图的欧拉通路问题扩展到有向图中，有如下结论。

定理 7.3 有向连通图 D 为欧拉有向图的充分必要条件是每个顶点的入度等于出度。

定理 7.4 有向连通图 D 存在一条欧拉通路的充要条件是恰好有两个奇度数的顶点，其中一个顶点的入度比出度大 1(该点为欧拉通路的终点)，另一个顶点的出度比入度大 1(该点为欧拉通路的起点)，而其他顶点的出度等于入度。

定理 7.3、定理 7.4 的证明与定理 7.1、定理 7.2 的证明相似，这里不再证明。

例 7.4 判断图 7.4 中的各图是否是欧拉图。

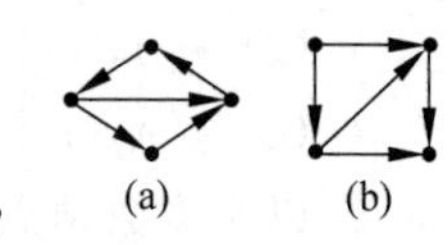

图 7.4 例 7.4 图

解：根据定理 7.3 与定理 7.4，有

图 7.4(a)存在欧拉通路，但是不满足每个顶点的入度等于出度，因此不是欧拉图。

图 7.4(b)不存在欧拉通路，不是欧拉图。

对于一个已知的欧拉图 $G=(V, E)$，可以按照如下方式构造一条欧拉回路或欧拉通路。

算法 7.1(Fleury 算法)：

(1) 若 G 中存在欧拉通路，则任取 G 中一奇度数顶点 v_0，令 $P_0=v_0$，作为欧拉通路的起点；若 G 为欧拉图，则任取 G 中一顶点 v_0，令 $P_0=v_0$，作为欧拉回路的起点。

(2) 假设 $P_i=v_0e_1v_1e_2\cdots e_iv_i$ 已经行遍，按下面方法从 $E(G)-\{e_1, e_2, \cdots, e_i\}$ 中选 e_{i+1}。

① e_{i+1} 与 v_i 相关联。

② 除非无别的边可供行遍,否则 e_{i+1} 不应该是 $G_i=G-\{e_1,e_2,\cdots,e_i\}$ 中的割边(桥)。

③ 当②不能再进行时算法停止。

这种构造欧拉回路的方法对于有向欧拉图和无向欧拉图均适用。

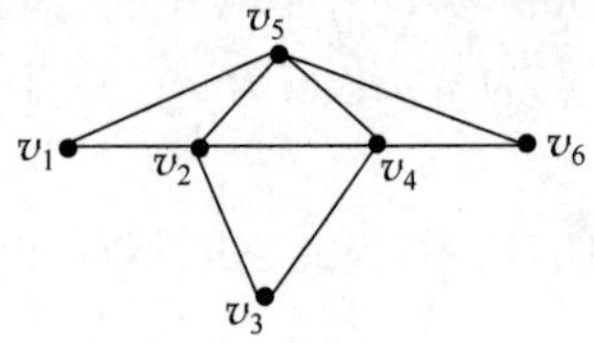

图 7.5　例 7.5 图

例 7.5　求图 7.5 中从 v_1 出发的欧拉回路。

解：假设欧拉回路为 L,则有 $L=v_1v_2v_3v_4v_2v_5v_4v_6v_5v_1$ 即为所求的欧拉回路。

在使用 Fleury 算法求欧拉回路或欧拉通路时,每次走一条边,在剩下的边集中,可能的情况下,不走桥。

7.1.2　欧拉图的应用

欧拉图的应用比较多,比如一笔画问题就是寻找欧拉通路或欧拉回路,下面给出一个有实用价值的问题,即邮递员问题,这是一个加权图问题。

问题的提出：邮递员从邮局出发,走遍投递区域的所有街道,送完邮件后回到邮局,怎样走可以使得所走的路线是全程最短的?

若街道图(街道的交叉口为顶点)存在欧拉回路,显然此路是全程最短。现在的问题是如果不存在欧拉回路?如何解决此问题?

该问题的关键在于奇度数顶点,如果增加一些边,可以使奇度数顶点变成偶度数顶点,并且可以使得该多重图中增加尽可能短的边,则该多重图中的欧拉回路即为中国邮递员问题的解。

给出如下算法：

(1) 若 G 不含奇度数顶点,则构造欧拉回路,即为问题的解。

(2) 若 G 有 $2k$ 个奇度数顶点：

① 对所有奇度数顶点,求任两顶点间的最短通路。

② 写出所有奇度数顶点的分对组合,如有 4 个奇度数顶点 v_i、v_j、v_k、v_s,那么有以下 3 种组合法。

- $(v_i,v_j),(v_k,v_s)$
- $(v_i,v_k),(v_j,v_s)$
- $(v_i,v_s),(v_j,v_k)$

③ 以奇度数顶点间最短通路作为奇度数顶点间的路长,对所有分对组合,计算通路总长,选取最短的一种组合,称为最佳匹配。

(3) 把最佳匹配中顶点间的最短通路添加在原图上,使之成为全偶度数顶点的多重图。回到(1),求欧拉回路。

下面给出具体的实例。

例 7.6　给出如图 7.6(a)所示的加权图,其中,顶点表示邮政道路的交点,直线表示道路,线上的数字表示道路的长度,问：邮递员如何遍历图中的每一条路,使得所走的路程最短?

解：

(1) 在图 7.6(a)中找出每个顶点的度数：$v_1(3)$,$v_2(5)$,$v_3(3)$,$v_4(2)$,$v_5(5)$,$v_6(2)$,$v_7(4)$。

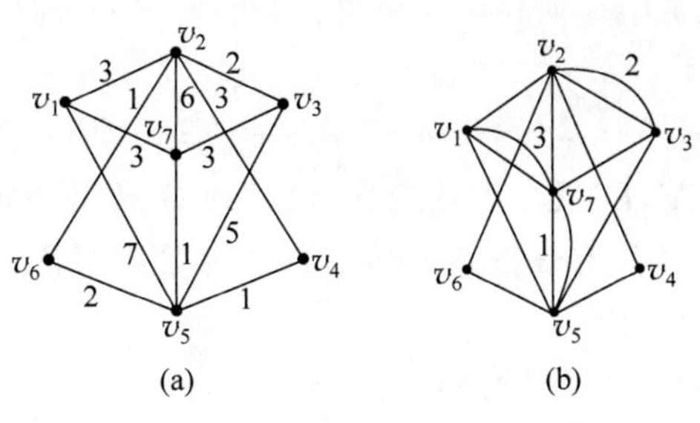

图 7.6　例 7.6 图

(2) 有 $2\times2=4$ 个奇度数顶点，$k=2$。

① $d(v_1,v_2)=3$

$d(v_1,v_3)=d(v_1,v_2)+d(v_2,v_3)=3+2=5$

$d(v_1,v_5)=d(v_1,v_7)+d(v_7,v_5)=3+1=4$

$d(v_2,v_3)=2$

$d(v_2,v_5)=d(v_2,v_6)+d(v_6,v_5)=1+2=3$

$d(v_3,v_5)=d(v_3,v_7)+d(v_7,v_5)=3+1=4$

② 分对组合：

$d(v_1,v_2)+d(v_3,v_5)=7$

$d(v_1,v_3)+d(v_2,v_5)=8$

$d(v_1,v_5)+d(v_2,v_3)=6$

③ 最佳匹配：(v_1,v_5)，(v_2,v_3)。

(3) 添加边：(v_1,v_7)，(v_7,v_5)，(v_2,v_3)，如图 7.6(b)所示，回到(1)，此时图存在欧拉回路但不唯一。总距离一定。

求法：

① 求顶点的度数：$v_1(4)$，$v_2(6)$，$v_3(4)$，$v_4(2)$，$v_5(6)$，$v_6(2)$，$v_7(6)$全为偶度数顶点。

② 选 v_1 作为起点，道路为 $v_1v_2v_3v_7v_1v_5v_7v_2v_6v_5v_4v_2v_3v_5v_7v_1$。

邮递员一般的邮递路线是需要遍历某些特定的街道，理想地，他应该走一条欧拉回路，即不重复地走遍图中的每一条边。但有的邮递任务是联系某些特定的收发点，不要求走遍每一条边，只要求不重复地遍历图中的每一个顶点，此时感兴趣的是图中的顶点，这就是 7.2 节中研究的哈密顿图。

7.2　哈密顿图及其应用

哈密顿图的起源可追溯到 1859 年，当时数学家哈密顿发明了一个周游世界的游戏，在一个实心的正十二面体上，每面都是一个正五边形，如图 7.7 所示，共计 20 个顶点标上世界著名大城市的名字，要求游戏者从其中的某一个城市出发，遍历各城市一次而且只能是一次，最后回到原地。

这就是“绕行世界”问题。即找一条经过所有顶点(城市)的基本道路(回路)。

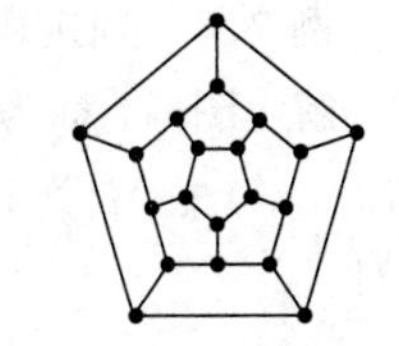

图 7.7　哈密顿游戏

哈密顿游戏是在图7.7中如何找出一个包含全部顶点的回路。

7.2.1 哈密顿图

定义7.2 设图$G=(V,E)$是一个连通图,通过图G的每个顶点一次且仅一次的回路称为**哈密顿回路**(**H回路**)。具有哈密顿回路的图称为**哈密顿图**。**哈密顿通路**是通过图G的每个顶点一次且仅一次的通路。

以上定义既适合无向图,又适合有向图。

另外,规定平凡图为哈密顿图。

例7.7 判断出图7.8中的各图是不是哈密顿图。

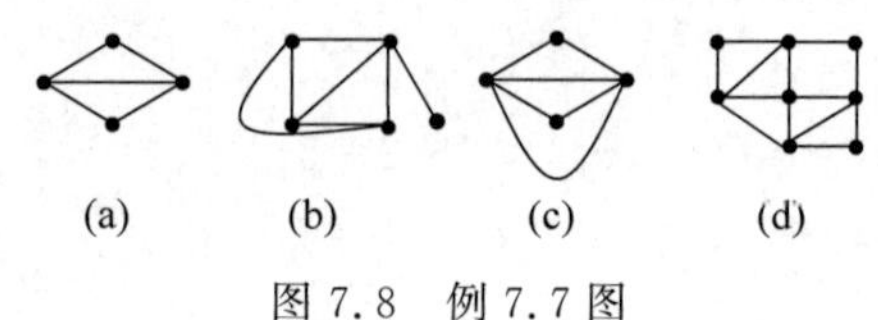

图7.8 例7.7图

解:根据定义,有图7.8(a),图7.8(c),图7.8(d)中存在哈密顿回路,因此都是哈密顿图。但图7.8(b)中不存在哈密顿回路,因此不是哈密顿图,但图7.8(b)中存在哈密顿通路。

从哈密顿通路和哈密顿回路的定义可知,图中的哈密顿通路是经过图中所有顶点的通路中长度最短的通路;哈密顿回路是经过图中所有顶点的回路中长度最短的回路。即为通过图中所有顶点的基本通路和基本回路。研究哈密顿回路或哈密顿通路,只需要考虑简单图即可。同时要注意和欧拉图的区别:

(1) 欧拉通路未必是哈密顿通路,因为欧拉通路可以经过同一顶点多次。

(2) 哈密顿通路未必是欧拉通路,因为哈密顿通路不一定要经过G中所有的边。

尽管哈密顿回路与欧拉回路问题在形式上极为相似,但判断一个图是否为哈密顿图要比判断是否为欧拉图要困难得多,到目前为止,还没有找到一个简明的条件作为判断一个图是否为哈密顿图的充分必要条件,从这个意义上讲,研究哈密顿图比研究欧拉图困难得多。下面给出一些哈密顿通路、回路存在的充分条件或必要条件。

定理7.5 设图$G=(V,E)$是哈密顿图的必要条件是V的任何一个非空子集S,有$\omega(G-S)\leqslant|S|$,这里$\omega(G-S)$表示$G-S$中的分图数。

证明:因G是哈密顿图,故G中存在哈密顿回路C,那么对于V的任何非空真子集S,显然有

$$\omega(C-S)\leqslant|S|$$

但$C-S$是$G-S$的生成子图,因此

$$\omega(G-S)\leqslant\omega(C-S)\leqslant|S|$$

应用这个定理可以判断一些特殊的图是否为哈密顿图。

例7.8 判定图7.9中的两个图是否是哈密顿图。

解:图G_1称为彼得森图。可以证明它不是哈密顿图,但对它的任意顶点子集V',有$(G_1-V')\leqslant|V|$。这说明定理7.5中的条件,只是哈密顿图的一个必要条件,而不是充分条件。

在图G_2中,令$V'=\{a,b,c,d,e\}$,则$\omega(G_2-V')=6$,由定理7.5知,G_2不是哈密顿图。

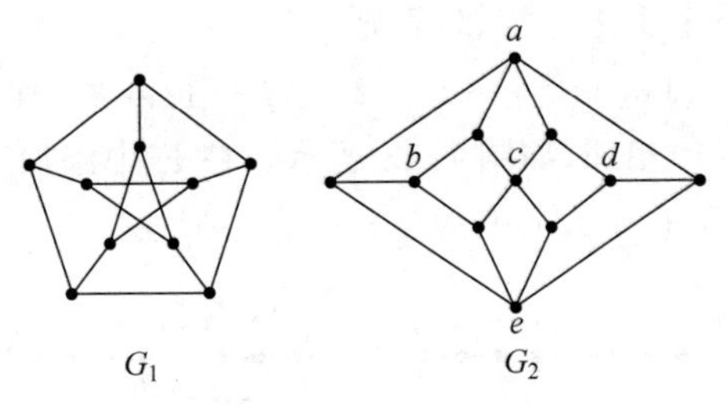

图 7.9　例 7.8 图

例 7.9　图 G(见图 7.10)中,是否存在 H 回路?

解:取 $S=\{A_1,A_2\}$,图 7.10 去掉 S 后的图 $G-S$ 如图 7.11 所示。

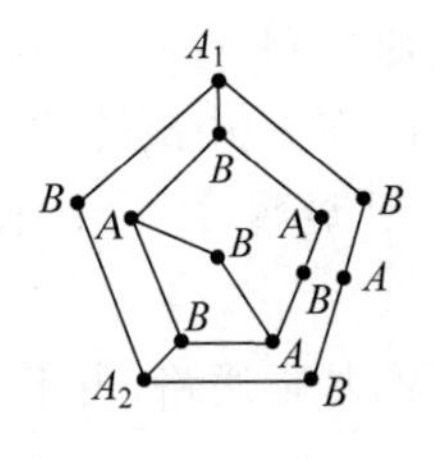

图 7.10　图 G

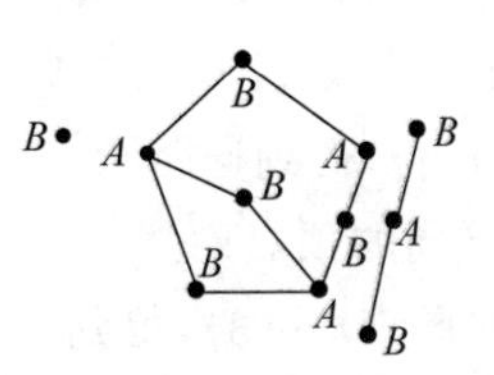

图 7.11　图 $G-S$

$G-S$ 存在 3 个分图,根据 H 回路存在的必要条件,可知 H 回路不存在。

例 7.10　如图 7.12 所示,是否存在 H 回路?

解:取 $S=\{v_1,v_2,v_3,v_4,v_5\}$,$G-S$ 中顶点 $v_6,v_7,v_8,v_9,v_{10},v_{11}$ 均是孤立顶点,$G-S$ 有 6 个分图,$6>|S|=5$,一定不存在 H 回路。

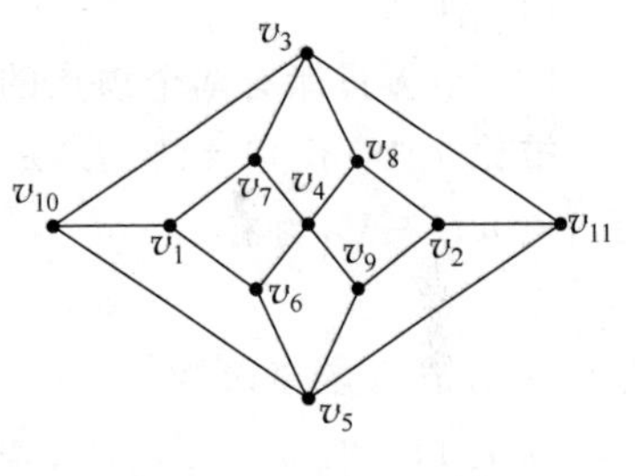

图 7.12　例 7.10 图

定理 7.6　*设 $G=(V,E)$ 是具有 n 个顶点的简单无向图。如果对任意两个不相邻的顶点 $u\in V,v\in V$,均有*

$$d(u)+d(v)\geqslant n-1$$

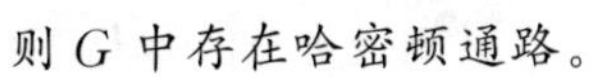

则 G 中存在哈密顿通路。

证明:首先证明满足上述条件的 G 是连通图,否则 G 有两个或更多连通分支。设一个连通分支有 n_1 个顶点,另一个连通分支有 n_2 个顶点。这两个连通分支中分别有两个顶点 v_1、v_2。显然,$d(v_1)\leqslant n_1-1$,$d(v_2)\leqslant n_2-1$。从而 $d(v_1)+d(v_2)\leqslant n_1+n_2-2=n-2$ 与已知矛盾,故 G 是连通的。

其次,用逐步递推构造法证实 G 中存在哈密顿通路。

设 $P=v_1v_2\cdots v_k$ 为 G 中用"逐步递推构造法"得到的"极大基本通路",即 P 的始点 v_1 与终点 v_k 不与 P 外的顶点相邻,显然 $k\leqslant n$。

(1) 若 $k=n$,则 P 为 G 中经过所有顶点的通路,即为哈密顿通路。

(2) 若 $k<n$,说明 G 中还有在 P 外的顶点,但此时可以证明存在仅经过 P 上所有顶点的基本回路,证明如下。

① 若在 P 上 v_1 与 v_k 相邻,则 $v_1v_2\cdots v_kv_1$ 为仅经过 P 上所有顶点的基本回路。

② 若在 P 上 v_1 与 v_k 不相邻,假设 v_1 在 P 上与 $v_{i_1}=v_2,v_{i_2},v_{i_3},\cdots,v_{i_r}$ 相邻(j 必定大于或等于 2,否则 $d(v_1)+d(v_k)\leqslant 1+k-2<n-1$),此时 v_k 必与 $v_{i_2},v_{i_3},\cdots,v_{i_r}$ 相邻的

顶点 $v_{i_2-1}, v_{i_3-1}, \cdots, v_{i_r-1}$ 至少之一相邻,否则

$$d(v_1)+d(v_k) \leqslant j+k-2+(j-1)=k-1<n-1$$

设 v_k 与 $v_{i_r-1}(2 \leqslant r \leqslant j)$ 相邻,如图7.13所示。在 P 中添加边 (v_1, v_{i_r})、(v_k, v_{i_r-1}),删除边 (v_{i_r-1}, v_{i_r}) 得基本回路 $C=v_1v_2\cdots v_{i_r-1}v_kv_{k-1}\cdots v_{i_r}v_1$。

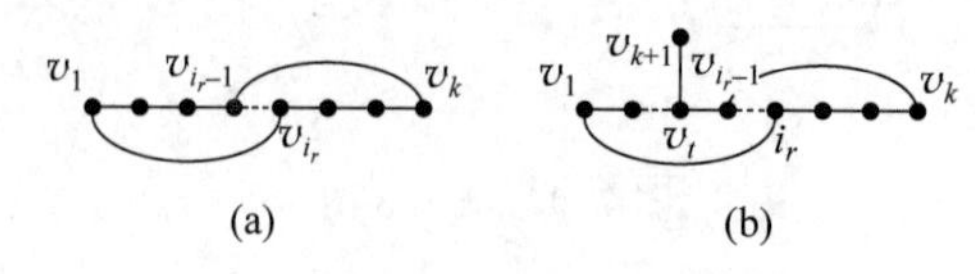

图7.13 变化后的 P

(3) 证明存在比 P 更长的通路。

因为 $k<n$,所以 V 中还有一些顶点不在 C 中,由 G 的连通性知,存在 C 外的顶点与 C 上的顶点相邻,不妨设 $v_{k+1} \in V-V(C)$ 且与 C 上顶点 v_t 相邻,在 C 中删除边 (v_{t-1}, v_t) 而添加边 (v_t, v_{k+1}) 得到通路 $P'=v_{t-1}\cdots v_1v_{i_r}\cdots v_kv_{i_r-1}\cdots v_tv_{k+1}$。显然,$P'$ 比 P 长1,且 P' 上有 $k+1$ 个不同的顶点。

对 P' 重复(1)~(3),得到 G 中的哈密顿通路或比 P' 更长的基本通路,由于 G 中顶点数目有限,故在有限步内一定可得到 G 中的一条哈密顿通路。

注意:此定理条件显然不是必要条件,如 $n \geqslant 6$ 的 n 边形,两个顶点度数之和为4,$4<n-1$,而 n 边形显然有哈密顿通路。

哈密顿通路存在的必要条件:

(1) 连通。

(2) 至多只能有两个顶点的度数小于2,其余顶点的度数大于或等于2。

推论7.1 设 $G=(V,E)$ 是具有 $n(\geqslant 3)$ 个顶点的简单无向图。如果对任意两个不相邻的顶点 $u, v \in V$,均有

$$d(u)+d(v) \geqslant n$$

则 G 中存在哈密顿回路。

例7.11 有 $n(n \leqslant 4)$ 人,若任意两个人组成一个小组,就可以认识其余 $n-2$ 个人,则这 n 个人可以围成一个圈,使得每个人的两旁都站着他的朋友。

证明:用顶点集 $V=\{v_1, v_2, \cdots, v_n\}$ 表示这 n 个人的集合,若两个人认识,即对应的顶点之间有一条无向边,于是得到一个简单无向图 G,且满足条件:对于顶点集 V 中的任意两个顶点 u 和 v,都有 $\deg(u)+\deg(v) \geqslant n-2$。

对于顶点集 V 中任意两个不相邻的顶点 u 和 v,去掉顶点集 $V-\{u,v\}$ 中的任意一个顶点 w,w 与 u 或 v 邻接。又因为 u 与 v 不邻接,因此 w 与 u 和 v 邻接。根据 w 的任意性有 $\deg(u) \geqslant n-2$,$\deg(v) \geqslant n-2$,因此 $\deg(u)+\deg(v) \geqslant 2(n-2)$。由于 $n \geqslant 4$,所以 $2(n-2) \geqslant n$,于是 $\deg(u)+\deg(v) \geqslant n$。因此,该图是哈密顿图,结论成立。

推论7.2 设 $G=(V,E)$ 是具有 n 个顶点的简单无向图,$n \geqslant 3$。如果对任意 $v \in V$,均有 $d(v) \geqslant n/2$,则 G 是哈密顿图。

哈密顿图在现实世界中也有很多实际应用,如下面例7.12中的旅行商问题。

例7.12 旅行商问题。

问题:从某地出发,一一经过 n 个城市回到原地,寻找最短的道路。

该问题的实质就是针对无向加权图,寻找最短的哈密顿回路的问题。我们采用最近邻算法来解决这个问题。

无向加权完全图的最近邻域算法:

(1) 从任一顶点出发,记为 v_1,找一个与 v_1 最近的顶点 v_2,$\{v_1,v_2\}$为两个顶点的基本通路。

(2) 若找出有 p 个顶点的基本道路$\{v_1,v_2,\cdots,v_p\}$,$p<n$,在道路外找一个离 v_p 最近的顶点,记为 v_{p+1},将其加入则得到具有 $p+1$ 个顶点的基本道路。

(3) 若 $p+1=n$,转(4),否则转(2)。

(4) 闭合 H 回路:即增加一条边(v_n,v_1),则$\{v_1,v_2,\cdots,v_n,v_1\}$为一条近似的最短回路。

注:

(1) 找最近一个顶点不唯一时,按序取。

(2) 最短回路不一定是最短哈密顿回路。

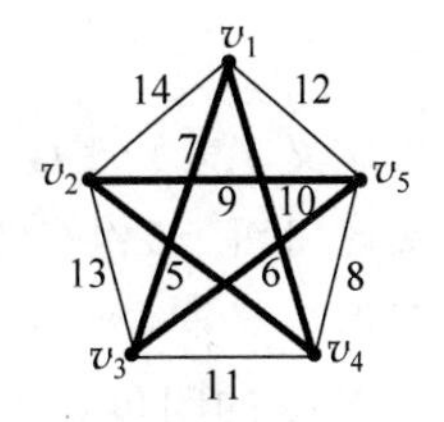

图 7.14 加权无向完全图

图 7.14 是加权无向完全图,从 v_1 点出发,用最近邻域法求最短 H 回路,并与实际的最短 H 回路做比较。

$(v_1,v_3,v_5,v_4,v_2,v_1)$的总长为 $7+6+8+5+14=40$,表示的是最短回路,$(v_1,v_3,v_5,v_2,v_4,v_1)$总长为 $7+6+9+5+10=37$。

可对最近邻算法做如下改进。

(1) 找一条最短的边 e_i。

(2) 以关联 e_i 的两个顶点 v_1,v_2 分别作为起点,用最近邻域法求最短哈密顿回路。

(3) 再比较这两条回路的长度,以确定最短的一条。

在图 7.14 中,(v_2,v_4)边长为 5,最短。以 v_2 为起点,$(v_2,v_4,v_5,v_3,v_1,v_2)$总长为 40。以 v_4 作起点,$(v_4,v_2,v_5,v_3,v_1,v_4)$总长为 37。

7.2.2 闭图

定义 7.3 设 $G=(V,E)$是具有 n 个顶点的简单图,对 $d(u)+d(v)\geqslant n$ 的每一对顶点 u 和 v,有 u 和 v 相邻接,称图 G 是**闭图**。

例 7.13 判断图 7.15 中的各图是否是闭图。

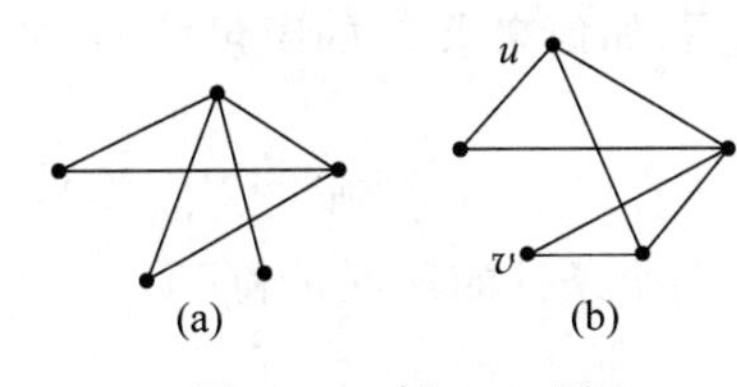

图 7.15 例 7.13 图

解: 图 7.15(a)是闭图。对任意一对顶点,如果满足 $d(u)+d(v)\geqslant 5$,均有顶点 u 和顶点 v 相邻。

图 7.15(b)不是闭图,如图中所示,一对顶点 u 和 v,满足 $d(u)+d(v)\geqslant 5$,但是 u 和 v 不相邻。

定理 7.7 G_1 和 G_2 是具有同一顶点集 V 的两个闭图,$G=G_1\cap G_2$ 也是闭图。

证明：因为对于任一顶点 $v \in V$，有

$$d(G(v)) \leqslant d(G_1(v)), \quad d(G(v)) \leqslant d(G_2(v))$$

若 $d(G(u))+d(G(v)) \geqslant n$，则 $d(G_1(u))+d(G_1(v)) \geqslant n$，$d(G_2(u))+d(G_2(v)) \geqslant n$，由于 G_1 和 G_2 都是闭图，u 和 v 在 G_1 和 G_2 中都是邻接的，因此 u 和 v 在 G 中也是邻接的，从而 G 是闭图。

例 7.14 图 7.16(a)和图 7.16(b)均为闭图，且它们的交图图 7.16(c)为闭图。

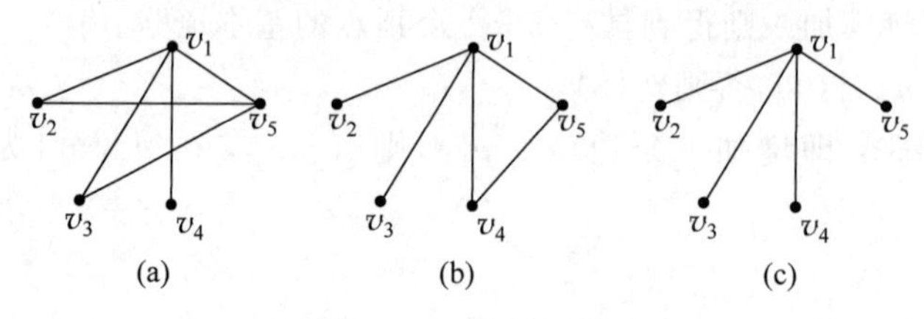

图 7.16 例 7.14 图

定义 7.4 设 $G=(V,E)$ 是具有 n 个顶点的简单图，G 的**闭包**是一个与 G 有相同的顶点集的闭图，记作 $C(G)$，使 $G \subseteq C(G)$ 且异于 $C(G)$ 的任何图 K，若 $G \subseteq K \subseteq C(G)$，则 K 不是闭图。

图 G 的闭包是包含 G 的最小闭图。若 G 是闭图，则 $C(G)=G$。

例 7.15 图 7.17(a)的闭包如图 7.17(b)所示。

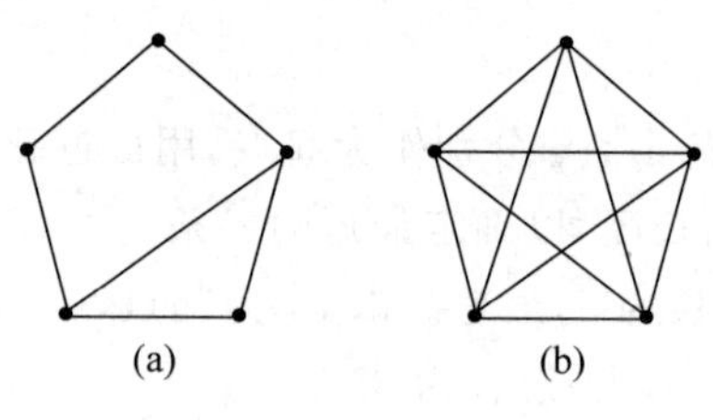

图 7.17 例 7.15 图

定理 7.8 设 $G=(V,E)$ 是具有 n 个顶点的简单图，图 G 的闭包是唯一的。

证明：(反证法)设 G 的闭包不唯一，不妨设 G_1 和 G_2 是图 G 的两个闭包，根据定义有 $G \subseteq G_1$，$G \subseteq G_2$，因而有 $G \subseteq G_1 \cap G_2$，于是 $G \subseteq G_1 \cap G_2 \subseteq G_1$，$G \subseteq G_1 \cap G_2 \subseteq G_2$。

但 $G_1 \cap G_2$ 是闭图，故由闭包的定义有 $G_1=G_1 \cap G_2=G_2$。

下面给出如果图 G 不是闭图，如何来求 G 的闭包 $C(G)$ 的**算法 7.2**。

(1) 令 $G_1=G$，置 k 为 1；

(2) 若 G_k 是一个闭图，则 $C(G)=G_k$；否则

(3) 在 G_k 中找出满足以下两个条件的顶点 u 和 v：

① $d(u)+d(v) \geqslant n$；

② u 和 v 不相邻。

将边 $\{u,v\}$ 加到图 G 中，令 $G_{k+1}=G_k+\{u,v\}$；

(4) k 增加 1，并返回到第(2)步。

例 7.16 图 7.18 给出了由图 G 构造 $C(G)$ 的过程。

解：(1) 图 7.18(a)中，顶点 v_1 与 v_2 满足 $d(v_1)+d(v_2) \geqslant 5$，但是 v_1 与 v_2 不相邻，在 v_1 与 v_2 之间添加一条边得图 7.18(b)。

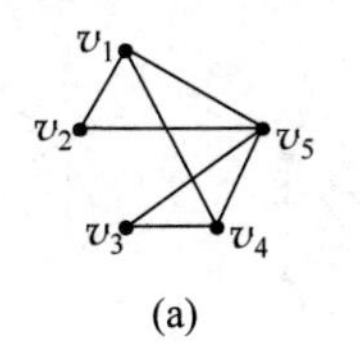

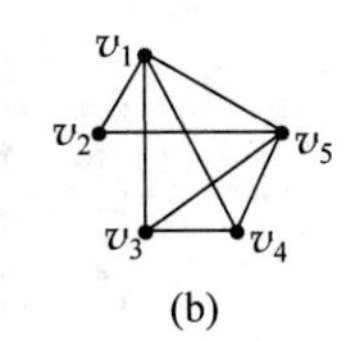

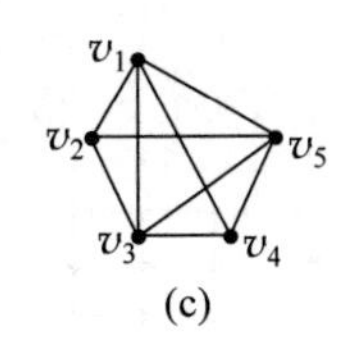

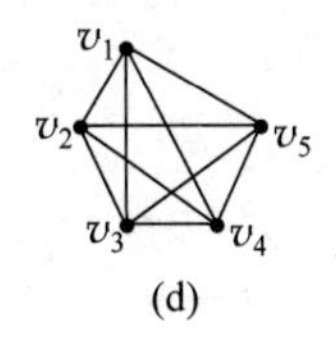

图 7.18　例 7.16 图

(2) 在图 7.18(b)中，顶点 v_2 与 v_3 满足 $d(v_2)+d(v_3)\geqslant 5$，但是 v_2 与 v_3 不相邻，在 v_2 与 v_3 之间加一条边，得图 7.18(c)。

(3) 在图 7.18(c)中，顶点 v_2 与 v_4 满足 $d(v_2)+d(v_4)\geqslant 5$，但是 v_2 与 v_4 不相邻，在 v_2 与 v_4 之间加一条边，得图 7.18(d)。

分析图 7.18(d)，得图 7.18(d)是闭图，因此图 7.18(d)即是所要求的 $C(G)$。

定理 7.9　设有图 $G=(V,E)$，当且仅当 $C(G)$是哈密顿图时，图 G 是哈密顿图。

证明：显然，如果 G 是哈密顿图，则 $C(G)$也是哈密顿图。

反之，若 $C(G)$是哈密顿图，且 $G=C(G)$，则结论成立。

若 $G\neq C(G)$，则必存在 r 条边 $e_1,e_2,\cdots,e_r$，使得

$G+e_1+e_2+\cdots+e_r=C(G)$，其中，$e_i\notin G(i=1,2,\cdots,r)$，$e_i$ 的下标表示由 G 构造 $C(G)$时给边加上去的次序。

令 $e_r=\{u_r,v_r\}$，根据算法 7.2，在图 $G+e_1+e_2+\cdots+e_{r-1}$ 中，$d(u_r)+d(v_r)\geqslant n$，且不相邻，由 $C(G)$是哈密顿图及算法 7.2，可知 $G+e_1+e_2+\cdots+e_{r-1}$ 也是哈密顿图。

反复应用推论 7.1，可知 G 是哈密顿图。

7.3　二　分　图

二分图又称作二部图、偶图，是图论中的一种特殊图形。二分图有着许多应用，很多实际问题可以使用二分图来解决，例如，任务的分配，学校的课程安排等，这些问题就可以用二分图解决。本节所讨论的图均为无向图。

定义 7.5　设 $G=(V,E)$是一个无向图，且有 V 的两个子集 V_1,V_2，满足如下条件：

$$V_1\cup V_2=V$$
$$V_1\cap V_2=\varnothing$$

图 G 的每条边 $e=\{v_i,v_j\}$均满足 $v_i\in V_1,v_j\in V_2$，则称图 G 为**二分图**，记为 $G(V_1,V_2)$。其子集 V_1 和 V_2 称为 G 的**互补顶点子集**。如果 V_1 中的每个顶点都与 V_2 中的每个顶点有且仅有一条边相关联，则称 G 为**完全二分图**。当 $|V_1|=m,|V_2|=n$ 时，则称这样的图为完全二分图，记为 $K_{m,n}$。

换句话说，就是顶点集 V 可分割为两个互不相交的子集，并且图中每条边依附的两个顶点都分属于这两个互不相交的子集，两个子集内的顶点不相邻。

例 7.17　判断图 7.19 中的各图是否为二分图。

解：根据定义，图 7.19(a)与图 7.19(b)不是二分图，图 7.19(c)与图 7.19(d)是二分图。

例 7.18　图 7.20 中的图 G_1,G_2 都是完全二分图 $K_{3,3}$，且 $V_1=\{v_1,v_2,v_3\}$，$V_2=\{v_4,v_5,v_6\}$。

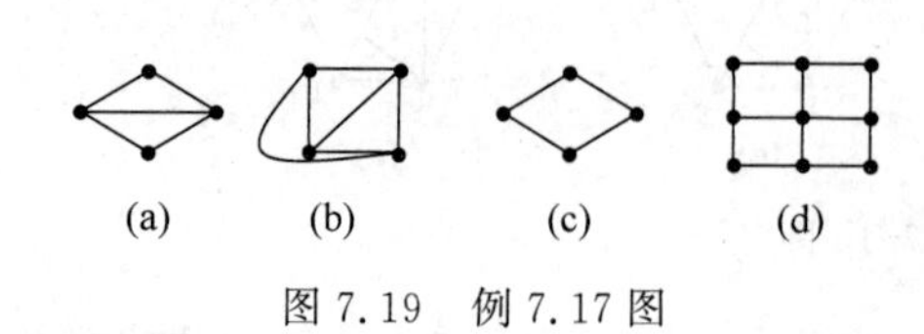

图7.19 例7.17图

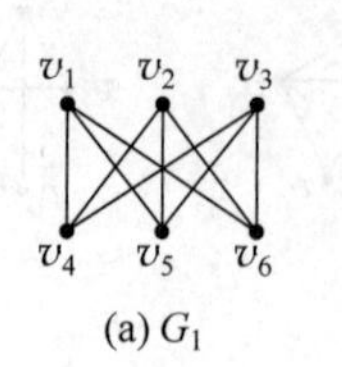

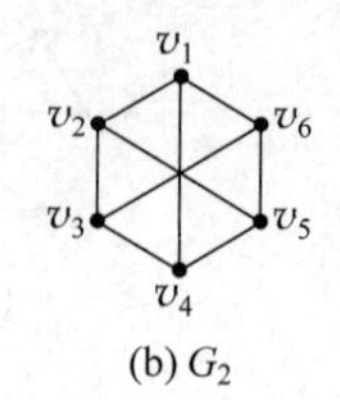

图7.20 例7.18图

例7.19 完全二分图$K_{m,n}=(V_1,V_2,E)$共有多少条边?

解:因为V_1中每个顶点都与V_2中每个顶点相邻接,所以V_1中每个顶点关联$|V_2|=n$条边;而V_1中有m个顶点,所以$K_{m,n}$共有$m\times n$条边。

由于一个图有很多种不同的画法,这给判断一个图是否为二分图带来一定的麻烦,如例7.18中的图G_1和图G_2是两个同构的二分图,但判断一个图是否为二分图已经有了较好的判别方法。

定理7.10 阶数大于1的无向图G为二分图的充要条件是它的所有回路长度均为偶数。

证明:

必要性:设V_1和V_2是二分图G的两个互补顶点集,设$v_1v_2\cdots v_kv_1$是G的任意一条回路,其长度为k。

由二分图的定义,不妨设此回路上的下标为奇数的顶点在顶点集V_1中,下标为偶数的顶点在顶点集V_2中。

又因为$v_1\in V_1$,所以$v_k\in V_2$,k为偶数,即回路长度为偶数。

充分性:设G中所有回路长度均为偶数,若G是连通图,任选$v_o\in V$,定义V的两个子集如下:$V_1=\{v_i|d(v_o,v_i)为偶数\}$,$V_2=V-V_1$。

现证明V_1中任两顶点间无边存在。

假设存在一条边$\{v_i,v_j\}\in E$,$v_i,v_j\in V_1$,则由v_o到v_i间的$d(v_o,v_i)$为偶数,再加上边$\{v_i,v_j\}$,则由v_o到v_j间的$d(v_o,v_j)$为奇数,而如果这时还有一条不经过v_i的路$d'(v_o,v_j)$为偶数,则必然形成一条长度为奇数的回路,与条件矛盾。所以v_o到v_j间的$d(v_o,v_j)$必为奇数,又与构造要求矛盾。所以V_1中任两顶点间无边存在。

同理可证V_2中任两顶点间无边存在。

所以G中每条边$\{v_i,v_j\}$,必有$v_i\in V_1,v_j\in V_2$或$v_i\in V_2,v_j\in V_1$,因此G是具有互补顶点子集V_1和V_2的二分图。

若G中每条回路的长度均为偶数,但G不是连通图,则可对G的每个连通分支重复上述论证,并可得到同样的结论。

与二分图紧密相连的是匹配问题。

定义7.6 设$G=(V,E)$是具有互补顶点子集V_1和V_2的二分图,$M\subseteq E$,若M中任意两条边都不相邻,则称M为G中的**匹配**。如果M是G的匹配,且M中再加入任何一条边就都是不匹配了,则称M为**极大匹配**。边数最多的极大匹配,称为**最大匹配**。如果M是一个最大匹配,且$|M|=\min\{|V_1|,|V_2|\}$,则称M为G的一个**完备匹配**。如果$|V_2|=|V_1|$,则称此匹配为**完美匹配**。

例 7.20 图 7.21(a)给出了一个二分图,边$\{\{v_1,v_5\},\{v_2,v_6\},\{v_4,v_3\}\}$是一个匹配,而且是最大匹配,图 7.21(b)中边$\{\{v_1,v_4\},\{v_2,v_5\},\{v_3,v_6\}\}$是一个完备匹配。图 7.21(c)中的$\{\{v_1,v_4\},\{v_2,v_5\},\{v_3,v_6\}\}$是一个完美匹配。

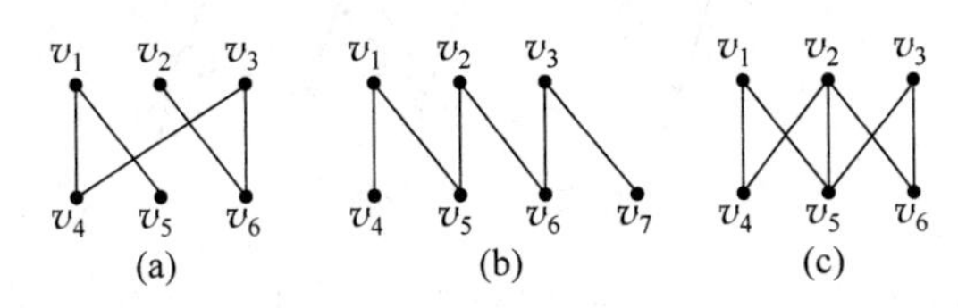

图 7.21 例 7.20 图

下面给出存在匹配的充分必要条件,但不进行证明。

定理 7.11(霍尔定理) 在偶图 $G=(V_1,E,V_2)$ 中存在从 V_1 到 V_2 的匹配,当且仅当 V_1 中任意 k 个顶点至少与 V_2 中的 k 个顶点相邻,$k=1,2,\cdots,|V_1|$。

这个定理中的条件通常称为相异性条件。

定理 7.12 设 G 是具有互补顶点子集 V_1 和 V_2 的二分图,则 G 具有 V_1 对 V_2 匹配的充分条件是:存在某一整数 $t>0$,使得下面两个条件成立。

(1) 对 V_1 中每个顶点,至少有 t 条边与其相关联。

(2) 对 V_2 中每个顶点,至多有 t 条边与其相关联。

则 G 中存在 V_1 对 V_2 的完备匹配。

证明 如果(1)成立,则与 V_1 中 $k(1\leqslant k\leqslant|V_1|)$个顶点相关联的边的总数,至少是 $k\times t$ 条。根据(2),这些边至少要与 V_2 中 k 个顶点相关联。

这就得出 V_1 中每 $k(1\leqslant k\leqslant|V_1|)$个顶点,至少邻接到 V_2 中 k 个顶点。

由定理 7.11,G 中必存在 V_1 对 V_2 的一个完备匹配。

例 7.21 设 $G=(V_1,V_2,E)$是一个 r 正则二分图,证明 G 中存在完美匹配,其中,$r\geqslant1$。

证明:因为 G 为 r 正则二分图,因而 V_1 中每个顶点关联 r 条边,V_2 中每个顶点也关联 r 条边。取 $t=r$,则 G 中顶点满足"t 条件",因此,G 中存在从 V_1 到 V_2 完备匹配 M_1,因而 $|V_1|\leqslant|V_2|$。同理,也存在从 V_2 到 V_1 完备匹配 M_2,因而$|V_2|\leqslant|V_1|$,于是,$|V_1|=|V_2|$。所以,M_1,M_2 都是 G 中的完美匹配。

例 7.22 某中学有 6 位老师,分别是:赵、钱、孙、李、张、王,现在要安排他们去教 6 门课程:语文、数学、英语、物理、化学、生物。已知:赵老师可以教数学、生物和英语;钱老师可以教语文和英语;孙老师可以教数学和物理;李老师可以教化学;张老师可以教物理和生物;王老师可以教数学和物理。应该怎样安排可以使得每门课都有人教,每个人只教一门课而且每个人都不会去教他不懂的课程?

解:这是一个典型的排课问题,可以用二分图来解决。

第一步,用顶点集 V_1 表示 6 位老师的集合,V_2 表示 6 门课程的集合,在每个顶点集分别用 6 个顶点表示相应的老师与课程,如果某个老师可以教某门课程,则在他们之间连一条线,画出如图 7.22 所示的二分图。

第二步,从图 7.22 中找出最大匹配。

因为李老师只可以教化学,而且化学也只有李老师可以教,因此将化学排给李老师;语文课只有钱老师可以教,因此将语文课排给钱老师,相应地,英语课就必须排给赵老师,生物

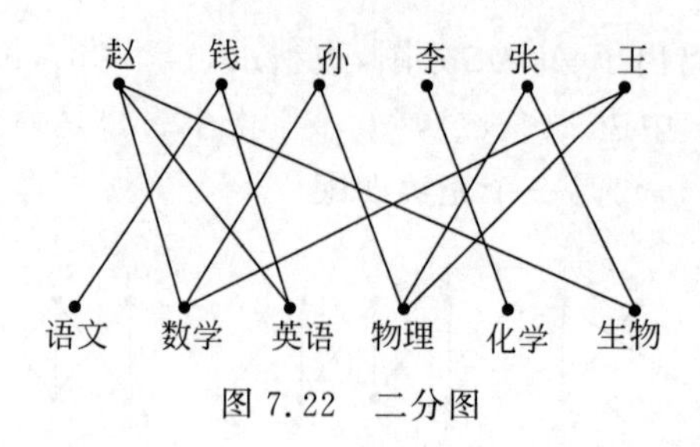

图 7.22　二分图

课排给张老师,如果将物理课排给孙老师,则数学课就可以排给王老师,如果将物理课排给王老师,数学课就可以排给孙老师。

第三步,得到如下两种排课结果。

赵老师——英语,钱老师——语文,孙老师——物理,李老师——化学

张老师——生物,王老师——数学

赵老师——英语,钱老师——语文,孙老师——物理,李老师——化学

张老师——数学,王老师——生物

7.4　平面图与对偶图

在许多实际问题中,往往涉及图的可平面化问题。例如,在设计电路时,经常要考虑布线是不是可以避免交叉以减少元器件间的互感影响;为了安全起见,建筑物的地下水管、煤气管、电缆线等不能交叉。这些其实都和图的可平面化问题相关,约定本节中所讨论的图形均为无向图。

7.4.1　平面图

定义 7.7　设无向图 $G=(V,E)$,如果图 G 能画于平面上而边无任何交叉,则称图 G 为**平面图**,否则称图 G 为**非平面图**。

如果一个图是非连通图,则这个图是连通图的充要条件是该图的每个分图都是平面图。因此,研究平面图的性质时,只要研究连通的平面图就可以了。因此在本节中所研究的图都是连通图。

例 7.23　图 7.23(a)和 7.23(c)是平面图,分别可以画成图 7.23(b)和图 7.23(d)的形式。

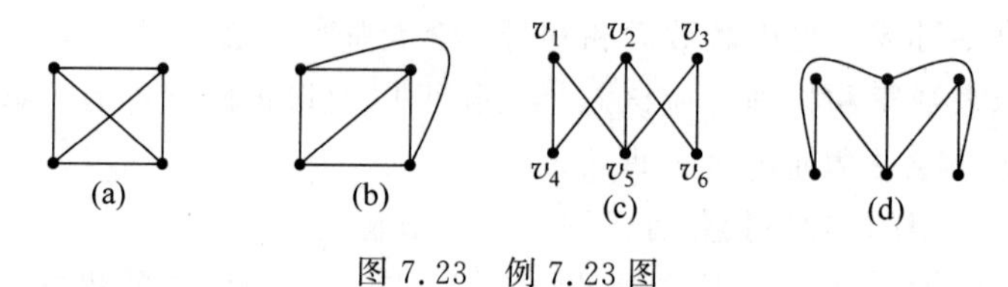

图 7.23　例 7.23 图

完全图 K_5 和二分图 $K_{3,3}$ 是非平面图,无论怎么画,都没有办法将它们没有交叉地画在一个平面上。

定义 7.8　设无向图 $G=(V,E)$为平面图,在 G 中,由 G 的边所包围的一个区域,其内部不含图 G 的顶点和边,这样的区域称为 G 的**一个面**。如果某个面的面积是有限的,则称该面为**有限面**,否则称该面为**无限面**或**外部面**。包围一个面的所有边组成的回路,称为**该面**

的边界，边界的长度称为**面的次数**，面 R 的次数记为 $d(R)$，外部面常记作 R_0。当然也可以用其他符号表示。如果两个面的边界至少有一条公共边，则称这两个面是**相邻**的，否则是**不相邻**的。

任何平面图都有唯一的无限面。如果把平面图画在球面上，无限面就转换为有限面了。

例 7.24 图 7.24(a)有 8 个面，它们的次数都为 3。除 F_8 为无限面外，其余的 7 个面都是有限面，可以将它画成图 7.24(b)的形式，可以看得更清楚些。

例 7.25 在图 7.25 中，F_1，F_2 是有限面，F_3 是无限面。

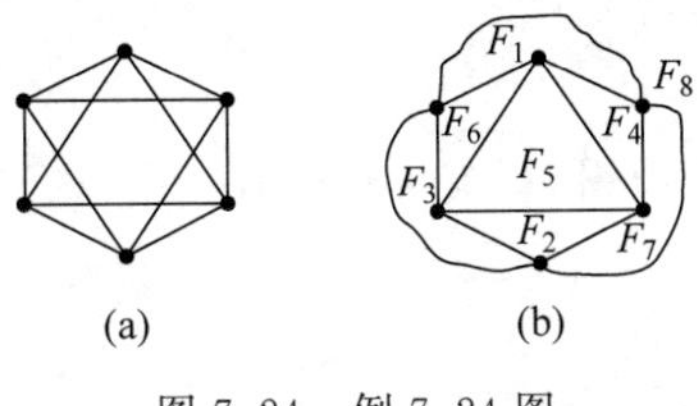

图 7.24 例 7.24 图

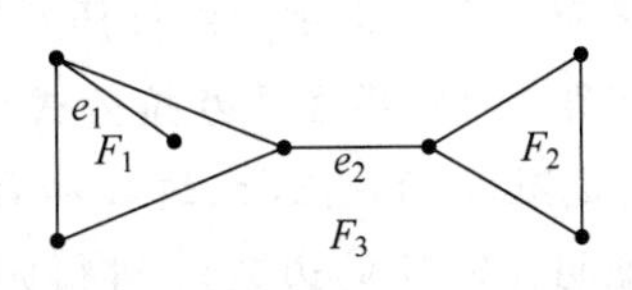

图 7.25 例 7.25 图

注意：在图 7.25 中，边 e_1 和 e_2 是割边，但 e_1 是有限面 F_1 的边界，e_2 是无限面 F_3 的边界。实际上，如果一条边不是割边，它一定是两个面的公共边界；而割边只能是一个面的边界。

例 7.26 判断图 7.26 是不是平面图。

解：将图 7.26 画成图 7.27 的形状。

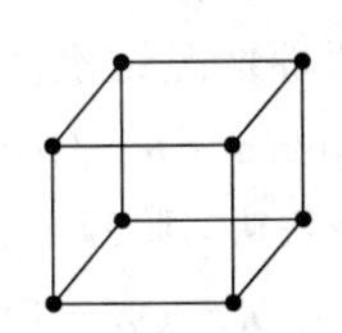

图 7.26 例 7.26 图

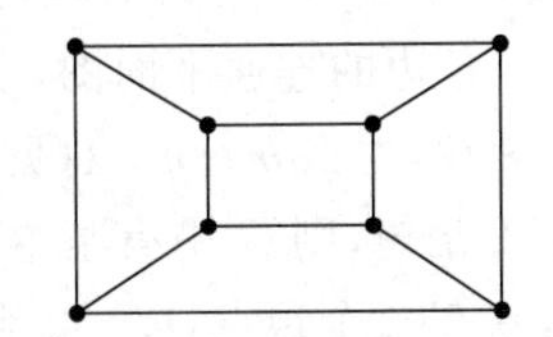

图 7.27 图 7.26 画成平面图

由图 7.27 可以看出是平面图，因此图 7.26 是平面图。

定理 7.13 在平面图 $G=(V,E)$ 中，所有面的次数之和等于边数 m 的 2 倍，即

$$\sum_{i=1}^{r}\deg(R_i)=2m$$

其中，r 为面数。

证明：$\forall e\in E(G)$，它或者是某两个平面的公共边界，或者出现在一个面的边界中。但无论是哪种情况，在计算各面次数之和 $\sum d(R_i)$ 时，都要将 e 计算两次。所以 $\sum_{i=1}^{r}d(R_i)=2m$。

例 7.27 图 7.28 是连通平面图，R_1 的边界是 $v_1v_2v_4v_1$，R_2 的边界是 $v_2v_3v_4v_2$，R_3 的边界是 $v_5v_6v_7v_5$，R_0 的边界是 $v_1v_2v_3v_4v_5v_6v_7v_5v_4v_1$；$\deg(R_1)=3$，$\deg(R_2)=3$，$\deg(R_3)=3$，$\deg(R_0)=9$。

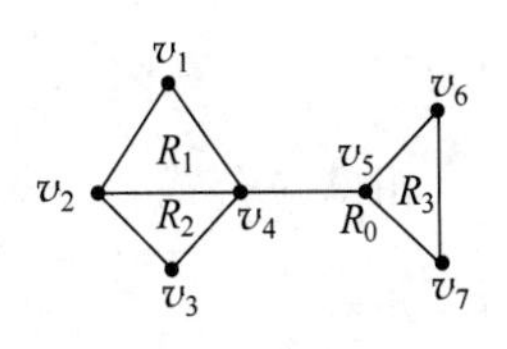

图 7.28 连通平面图

定义 7.9 设 G 为一个简单平面图，如果在 G 的任意两个不相邻的顶点之间加边，所得图为非平面图，则称 G 为**极大平面图**。如

果在非平面图 G 中任意删除一条边,所得图为平面图,则称 G 为**极小非平面图**。

例 7.28 完全图 K_3,K_4 都是极大平面图,将 K_5 删除任意一条边后得到的图也是极大平面图。K_5、$K_{3,3}$ 都是极小非平面图。

极大平面图的性质:

(1) 极大平面图是连通的。

(2) 不存在割边。

(3) 任何 $n(n\geqslant 3)$ 阶极大平面图,每个面的次数都为 3。

(4) 顶点数 $n\geqslant 4$ 的极大平面图 G 中,均有 $\delta(G)\geqslant 3$。

平面一个非常重要的性质是满足欧拉公式。

定理 7.14(平面图欧拉公式) 设 G 是一连通的平面图,则有 $n-m+r=2$,这里 n,m,r 分别是图 G 的顶点数、边数和面数(包括无限面)。

证明:对 G 的边数 m 进行归纳。

(1) $m=0$ 时,由于 G 是连通图,因此 G 是一孤立点,即 $n=1$,这时只有一个无限面,即 $r=1$。所以 $n-m+r=1-0+1=2$,定理成立。

$m=1$ 时,分为以下两种情况讨论。

① 该边不是自回路,则有 $n=2,r=1$,这时 $n-m+r=2-1+1=2$。

② 该边是自回路,则有 $n=1,r=2$,这时 $n-m+r=1-1+2=2$。

所以 $m=1$ 时,定理也成立。

(2) 假设对少于 m 条边的所有连通平面图,欧拉公式成立。

先考虑 m 条边的连通平面图,设它有 n 个顶点。分为以下两种情况讨论。

① 若 G 是树,那么 $m=n-1$(见 7.5 节),这时 $r=1$,所以 $n-m+r=n-(n-1)+1=2$。

② 若 G 不是树,则 G 中有基本回路,设 e 是某基本回路的一条边,则 $H=(V,E-\{e\})$ 仍是平面图,它有 n 个顶点,$m-1$ 条边和 $r-1$ 个面,按归纳假设知 $n-(m-1)+(r-1)=2$,即 $n-m+r=2$,所以对 m 条边时,欧拉公式也成立。

例 7.29 设图 G 是简单连通平面图,$|V|=10$,每个顶点的度均为 4,这个连通平面图的平面有多少个区域?

解:根据题设,有 $n=10$,度数之和为 40,则 $m=20$,根据欧拉公式有

$$r=m-n+2=20-10+2=12$$

因此,该平面图共有 12 个区域。

如果 G 是非连通的平面图,这时欧拉公式就不成立了,但是 n,m,r 之间仍有关系,只是 n,m,r 之间的关系与 G 的分图数有关,称为推广的欧拉公式。

定理 7.15(欧拉公式的推广形式) 对于任何具有 $p(\geqslant 2)$ 个分图的平面图 G,有 $n-m+r=p+1$。

证明:设 G 的分图为 $G_1,G_2,\cdots,G_p$,并设 n_i,m_i,r_i 为 G_i 的顶点数、边数和面数,$i=1,2,\cdots,p$。

由欧拉公式:$n_i-m_i+r_i=2,i=1,2,\cdots,p$。而 $m=\sum\limits_{i=1}^{p}m_i,n=\sum\limits_{i=1}^{p}n_i,r=\sum\limits_{i=1}^{p}r_i-p+1$,于是

$$2p=\sum_{i=1}^{p}2=\sum_{i=1}^{p}(n_i-m_i+r_i)$$
$$=n-m+r+p-1$$

所以 $n-m+r=p+1$

定理 7.16 任何连通的简单平面图 $G(n,m)$ 中，$n\geqslant3$，则有 $m\leqslant3n-6$。

证明：设 G 有 r 个面，由于 G 是连通的简单平面图且 $n\geqslant3$，因此有 $m\geqslant2$。

由定理 7.13 有 $\sum_{i=1}^{r}\deg(r_i)=2m$，即 $3r\leqslant2m$，代入欧拉公式可得

$$2=n-m+r\leqslant n-m+2m/3$$

化简后即得：$m\leqslant3n-6$。

当 G 是顶点数 $n\geqslant3$ 的极大平面图，则 $m=3n-6$。证毕。

例 7.30 利用定理 7.16 可以证明 K_5 不是平面图。

证明：K_5 是(5,10)图，其最小面次数为 3，即 $n=5,m=10$，若 K_5 是平面图，则应满足定理 7.16，即有 $10\leqslant3\times5-6=9$，矛盾，因此 K_5 不是平面图。

定理 7.17 设 $G=(V,E)$ 是连通的平面图，$|V|=n$，$|E|=m$，每个面的次数至少为 $s(\geqslant3)$，则 $m\leqslant\frac{s}{s-2}(n-2)$。

证明：设 G 有 r 个面，则各面次数之和大于或等于 $r\times s$，因为各面次数之和为 $2m$，因此 $2m\geqslant rs$。

有欧拉公式 $r=m-n+2$，则 $2m\geqslant r(m-n+2)$，因此

$$m\leqslant\frac{s}{s-2}(n-2)$$

证毕。

例 7.31 利用定理 7.17 可以证明 $K_{3,3}$ 是(6,9)图，不是平面图。

证明：因为如果 $K_{3,3}$ 是平面图，则在它的任何一个面中，面的最小次数为 4，因此由定理 7.17，有 $9\leqslant4/(4-2)\times(6-2)=8$，矛盾，因此 $K_{3,3}$ 不是平面图。

定理 7.18 设 $G=(V,E)$ 是简单连通平面图，$|V|=n$，$|E|=m$，则 G 中至少存在一个顶点度数不超过 5。

证明：(反证法)假设对任意一个顶点 $v\in V$，有 $\deg(v)\geqslant6$，则

$$\sum_{v\in V}\deg(v)=6n$$

又 $\sum_{v\in V}\deg(v)=2m$，所以 $2m\geqslant6n$。由定理 7.19，$m\leqslant3n-6$，因此，$6n\leqslant2m\leqslant6n-12$，矛盾。假设不成立。

所以 G 中至少存在一个顶点度数不超过 5。

定义 7.10 如果图 G_1 和图 G_2 是同构的，或者通过反复插入和删除度为 2 的顶点后是同构的，则称 G_1 和 G_2 **在度为 2 的顶点内同构**。

例 7.32 图 7.29(a)和图 7.29(b)在度为 2 的顶点内同构。

有了定义 7.10，下面给出如何判断一个图是否是平面图的充要条件，即库拉托夫斯基(Kuratowski)定理。

定理 7.19(库拉托夫斯基定理) 一个图是平面图的充分必要条件是,它不包含任何在度为2的顶点内与K_5或$K_{3,3}$的图同构的子图。

例 7.33 图7.30(a)在度为2的顶点内与K_5同构,所以是非平面图;图7.30(b)删除两条虚线后,在度为2的顶点内与$K_{3,3}$同构,也是非平面图。

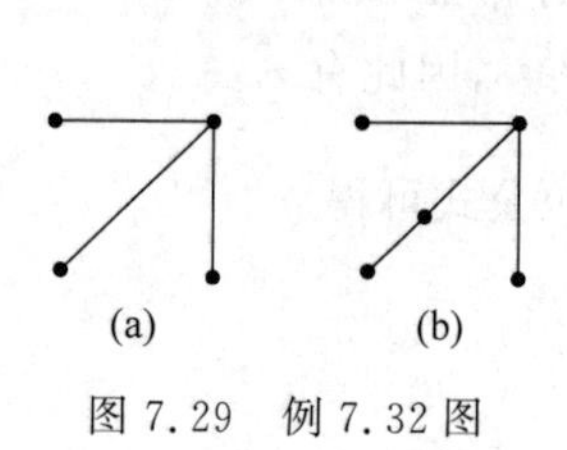

图7.29 例7.32图

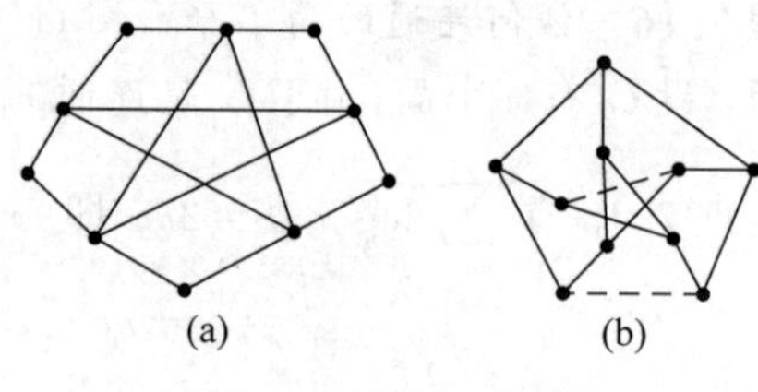

图7.30 例7.33图

以上定理虽然给出了判断一个图是否是平面图的充要条件,但是实际应用于判断比较复杂的图是否是平面图时还是很困难的。

7.4.2 对偶图

定义 7.11 设$G=(V,E)$是平面图,则G的对偶图$G^*=(V^*,E^*)$定义如下。

(1) G中每个确定的面R_i内设置一个顶点$v_i^* \in V(G^*)$。

(2) 对于面R_i和R_j的任意一条公共边e_k,有且仅有一条边$e_k^*=(v_i^*,v_j^*)\in E(G^*)$与$e_k$相交一次。

(3) 若e_k处于面R_i内(均为割边),则v_i^*有且仅有一条自环e_k^*与e_k相交一次。

这些新顶点和新边组成的图称为G的对偶图。很明显,定义本身就是图G的对偶图构造算法,它也称为**D**(drawing)**过程**。

例 7.34 图7.31(b)中的虚线是图7.31(a)的对偶图。

例 7.35 图7.32(b)中的虚线是图7.32(a)的对偶图。

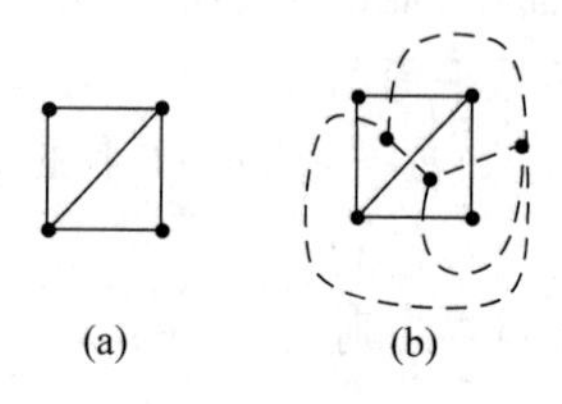

图7.31 例7.34图

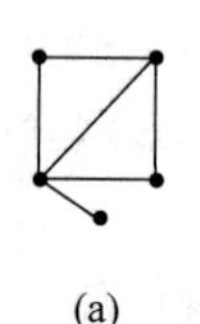

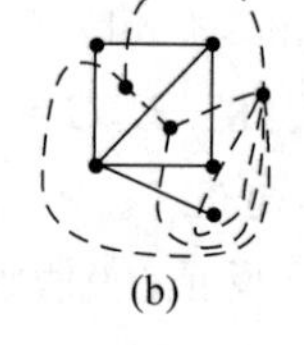

图7.32 例7.35图

从对偶图的定义可以看出,平面图的对偶图具有如下几个性质。

(1) G^*为连通平面图。

(2) G^*的顶点数与G的面数相同。

(3) G^*的边数等于G的边数。

(4) 若边e为G中的环,则它对应的边e^*为G^*的割边;若边e为G中的割边,则e^*为G^*的环。

(5) G存在唯一的对偶图G^*。

(6) 若G是连通平面图,则$(G^*)^*=G$。

(7) 同构的图的对偶图不一定同构；G 的对偶图 G^* 的对偶图 G^{**} 不一定与 G 同构。

定理 7.20 平面连通图 G 与其对偶图 G^* 的顶点、边和面之间存在如下对应关系。

(1) $m=m^*$

(2) $r=n^*$

(3) $n=r^*$

(4) $\deg(r_i)=\deg(G^*(v_i^*))$

证明：(1),(2)的成立是显然的。

(3) 因为 G 和 G^* 都是连通的平面图，都满足欧拉公式：

$$n-m+r=2$$

$$n^*-m^*+r^*=2$$

所以 $r^*=2+m^*-n^*=2+m-r=n$。

(4) 设 C_i 为 R_i 的边界，C_i 中有 $k_1(k_1\geqslant 0)$ 条割边，k_2 条非割边(即 k_2 条边在 r_i 与另外面的公共边界上)，于是 C_i 的长度为 k_2+2k_1，即 $\deg(r_i)=k_2+2k_1$。而 k_1 条割边对应 v_i^* 处有 k_1 个环，k_2 条非割边对应从 v_i^* 处引出 k_2 条边，于是 $dG^*(v_i^*)=k_2+2k_1=\deg(r_i)$。

例 7.36 图 7.33 是一所房子的俯视图，设每一面墙都有一个门，问能否从某个房间开始过每扇门一次最后返回？

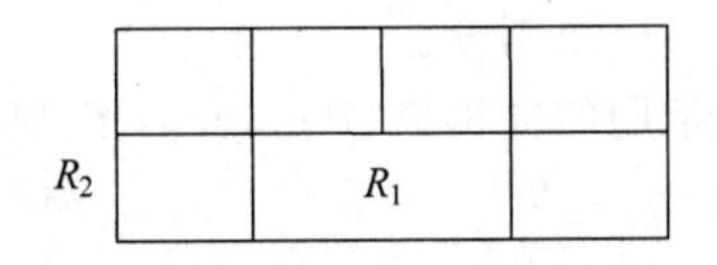

图 7.33　例 7.36 图

解：作 G 的对偶图 G^*，原问题就转换为 G^* 是否存在欧拉回路。显然与 G 的面 R_1 和 R_2 所对应的 G^* 的顶点 v_1^* 和 v_2^* 的度为奇数，因此不存在欧拉回路。

7.5 平面图的着色

图的着色问题起源于“四色问题”，已经在图论里产生了许多的结果。所谓“四色问题”是指：能否至多用四种不同颜色给平面或球面上的地图着色，就可以使互相接壤的国家用不同的颜色来区分。这个问题的提法简单易懂，但时至今日还没有得到很好的解决。

平面上的每一幅地图都可以表示成一个图，根据 7.4 节对偶图的定义，可知地图的每个区域都可以表示成一个点。这样，图的着色有两种类型，一种是讨论给某图的边着色；另一种是给图的顶点着色。若要求邻接边着不同色，问题类似于二分图中的匹配。若要求相邻的顶点着不同色，如在平面图的情形，相当于给该图的对偶图的相邻区域着不同色。因而着色问题是图的匹配和平面图理论的一个直接应用。

本节讨论的都是无向图。

7.5.1 图的顶点着色

定义 7.12 对无环无向图 G 顶点的一种着色(Coloring)，是指对它的每个顶点涂上一种颜色，使得相邻的顶点涂不同的颜色。若能用 k 种颜色给 G 的顶点着色，则称 G 是 k-可着色的(k-Colorable)。若G是k-可着色的,但不是$(k-1)$-可着色的,则称k是G的k-色图(k-chromatic Graph),称这样的k为G的色数(Chromatic Number),记为$\chi(G)$。

例 7.37 图7.34是3-可着色的,当然,当$k\geqslant 3$时,该图是k-可着色的。它的色数为3,即它是3-色图。

关于色数,可以不加证明地给出下面定理。

定理 7.21 (1) $\chi(G)=1$当且仅当G为零图。

(2) $\chi(K_n)=n$。

(3) 图G是2-可着色的当且仅当G为二分图。

(4) 对任意无环图G,均有

$$\chi(G)\leqslant\Delta(G)+1$$

这里,$\Delta(G)=\max\limits_{v\in V}(\deg(v))$。

(5) 设G是连通的简单图,且G不是长度为奇数的基本回路,也不是完全图,则

$$\chi(G)\leqslant\Delta(G)$$

本定理称为布鲁克斯定理。

(6) 对图$G=(V,E)$进行$\chi(G)$-着色,设

$$V_i=\{v\mid v\in V\text{ 且 }v\text{ 涂颜色 }i\},\quad i=1,2,\cdots,\chi(G)$$

则$\Pi=\{V_1,V_2,\cdots,V_{\chi(G)}\}$是$V$的一个划分。

例 7.38 图7.35中G是常用的彼得森(Petersen)图,证明它是可以3-点着色的。

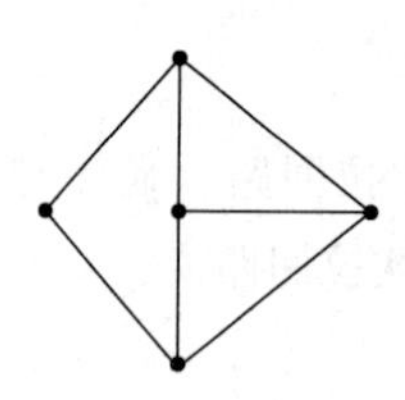

图7.34 例7.37图

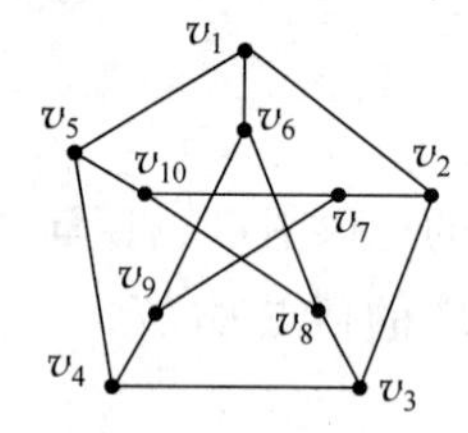

图7.35 彼得森图

证明:图中含有长度为5的环,所以至少要用三种颜色才能够点着色的。于是$\chi(G)\geqslant 3$。

另一方面,可以得到顶点集的一个划分$\{\{v_1,v_3,v_9,v_{10}\},\{v_2,v_4,v_8\},\{v_5,v_6,v_7\}\}$,对其中各分块的点使用同一种颜色,则用三种颜色就可以对彼得森图进行点着色,因此$\chi(G)\leqslant 3$。

综合可知,彼得森图是3-点着色。

定理 7.22(五色定理) 对于任何简单平面图$G=(V,E)$,均有$\chi(G)\leqslant 5$。

证明:对平面图的顶点个数n进行归纳。

当$n\leqslant 5$时,定理成立。

设当$n=k-1$时,定理成立。

当$n=k$时,在这k个顶点中(定理7.24)找一个度数$\leqslant 5$的顶点v,令$H=G-\{v\}$。由归纳假设,对H可进行5-点着色的,然后再将v加进去,分别考虑:

(1) $\deg(v)<5$,则v总可用5种颜色中的一种颜色,使其与相邻顶点颜色不同。

(2) $\deg(v)=5$,但与v相邻的顶点至多只用了4种颜色,则v可用一种颜色着色,使其与相邻的顶点颜色不同。

(3) $\deg(v)=5$，且与 v 相邻的顶点用了 5 种颜色，不妨设 v_1, v_2, v_3, v_4, v_5 依次着红(R)、白(W)、黄(Y)、绿(G)、蓝(B)，如图 7.36 所示。

除去 v 点时，在 G 中收集所有红、黄色的顶点，组成 G 的子集 V_{RY}，$V_{RY} \leqslant V$。再收集所有白、绿色的顶点，组成 G 的另一子集 V_{WG}，$V_{WG} \leqslant V$。构造 V_{RY} 和 V_{WG} 的导出子图 G_{RY} 和 G_{WG}，如图 7.37(a)所示。

(1) v_1, v_3 不可达。这时 v_1, v_3 分属 G_{RY} 的两个分图。(v_1, v_3 不相邻)将 v_1 所属的分图中的红、黄对调，不影响 H 的着色。这时顶点 v 周围情况如图 7.37(b)所示。将 v 着红色，便得到 G 的 5-着色图。

(2) v_1, v_3 可达。v_1, v_3 属 G_{RY} 的同一分图。v_1 到 v_3 的路径可构成一个回路 C，而 v_2, v_4 属 G_{WG}，它们在回路 C 之内或之外。顶点 v 周围情况如图 7.38 所示。回路 C：$v, v_1, \cdots, v_3, v$。这时 v_2(白)、v_4(绿)分属 G_{WG} 的两个分图。

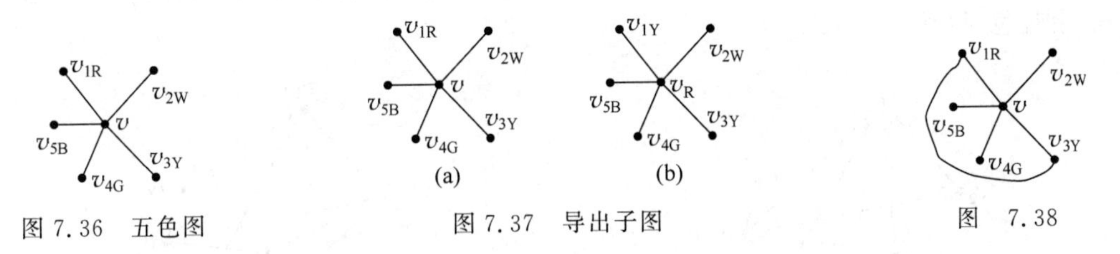

图 7.36　五色图　　图 7.37　导出子图　　图　7.38

同情形(1)，将 v_2 所属的分图中绿、白对调，将 v 着白色，也得到 G 的 5-着色图。

7.5.2　图的边着色

定义 7.13　对无环无向图 G 边的一种着色，是指对它的每条边上涂一种颜色，使得相邻的边涂不同的颜色。若能用 k 种颜色给 G 的边着色，则称 G 是 k-边可着色的(k-edge Colorable)。若 G 是 k-边可着色的，但不是 $(k-1)$-边可着色的，则称 k 是 G 的边色数(Edge Chromatic Number)，记为 $\chi'(G)$。

关于边色数，我们不加证明地给出下面定理。

定理 7.23　(1) 设 $G=(V,E)$ 是简单图，则 $\Delta(G) \leqslant \chi'(G) \leqslant \Delta(G)+1$。

(2) 设 $G=(V,E)$ 是偶图，则 $\chi'(G)=\Delta(G)$。

(3) 当 $n(n \neq 1)$ 为奇数时，$\chi'(K_n)=n$；而当 n 为偶数时，$\chi'(K_n)=n-1$。

例 7.39　在图 7.35 中的彼得森(Petersen)图没有正常的 3-边着色，$\chi'(G)=4$，它是 4-边着色。$\Delta(G)=3$，$\Delta(G) \leqslant \chi'(G)$。

例 7.40　证明任意 6 个人中，有 3 个人相互认识或相互不认识。

证明：用 6 个顶点分别表示 6 个人，依次按照下面步骤画图：如果两个人相互认识，则将相应的两个顶点所连接的边涂上红色(用实线表示)，如果两个人相互不认识，则将相应的两个顶点所连接的边涂上蓝色(用虚线表示)，对完全图 K_6 的任意一个顶点 v_1，有 $\deg(v)=5$，即与 v_1 关联的边有 5 条，当用红、蓝两种不同的颜色去涂边时，至少有 3 条边涂的是同一种颜色，假设这 3 条边为 v_1v_2, v_1v_3, v_1v_4 是红色，边 v_1v_5, v_1v_6 涂蓝色，如图 7.39 所示。

考察不与顶点 v_1 相邻的顶点 v_5，存在与顶点 v_1 相同的情况，假设与 v_5 关联的涂红色的三条边为 v_5v_3, v_5v_4, v_2v_5 是红色，边 v_6v_5 为蓝色，则存在蓝色的 K_3，如图 7.40 所示。

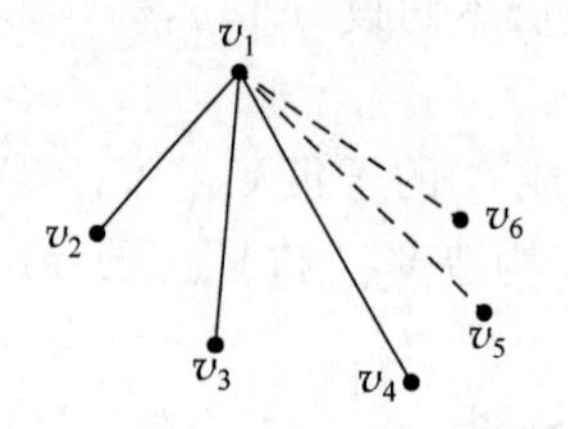

图 7.39　例 7.40 图

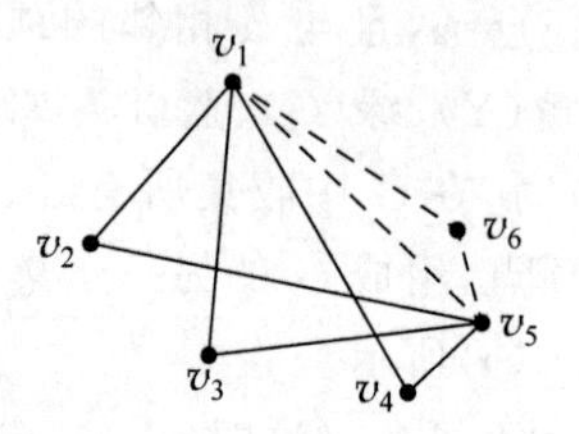

图 7.40　蓝色的 K_3 图

从图 7.40 可以看到,边 v_1v_5,v_1v_6,v_5v_6 都是蓝色,即存在蓝色的 K_3,这意味着 3 个人相互不认识。结论成立。

若边 v_5v_6 是红色,边 v_2v_5 是蓝色,如图 7.41 所示。

此时考察顶点 v_2,假设 v_2 与 v_3、v_4 认识,与 v_6 不认识,则边 v_2v_3、v_2v_4 涂红色,边 v_2v_6 涂蓝色,得到图 7.42。

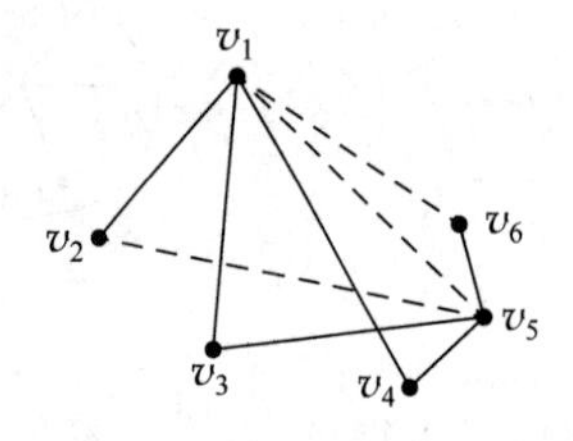

图 7.41　无 K_3 图

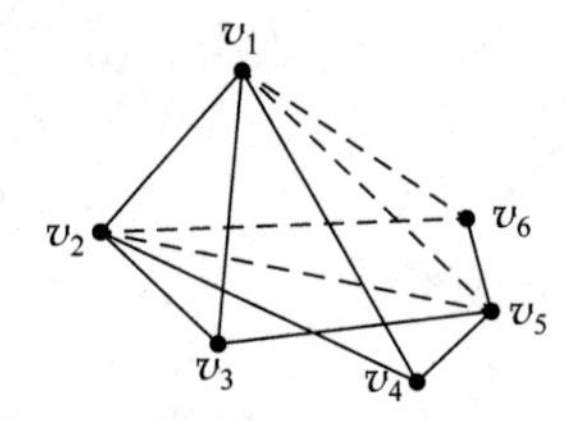

图 7.42　红色的 K_3 图

从图 7.42 可以看到,边 v_1v_2,v_1v_4,v_2v_4 都是红色,即存在红色的 K_3,这意味着 3 个人相互认识。结论成立。

7.5.3　平面图的应用

例 7.41　假设有 3 幢房子,利用地下管道连接 3 种服务:供水、供电和供气。连接这些服务的条件是管子不能相互交叉。该问题称为 3 个公共事业问题。

解:分别用 3 个顶点表示 3 幢房子,3 个顶点表示水源、电源和气源的连接点,再在 3 幢房子顶点和 3 个连接点顶点之间连接表示管子的边,得到图 G,这样问题就转换为判断 G 是否是平面图的问题。显然,画出来的图 G 是一个 $K_{3,3}$,这是一个非平面图。

因此,即 3 个公共事业问题是不可能成立的。

7.6　树与生成树

树是图论中一个非常重要的概念。早在 1847 年克希荷夫就用树的理论来研究电网络,1857 年凯莱在计算有机化学中 C_2H_{2n+2} 的同分异构物数目时也用到了树的理论。

树是一类既简单又非常重要的特殊图,目前在算法设计与分析、数据结构等计算机科学及许多其他领域都有着广泛的应用,本节将介绍树的基本知识。

7.6.1　无向树

定义 7.14　连通而不含回路的无向图称为**无向树**,简称**树**(Tree)。树中度数为 1 的顶点称为**树叶**(Leaf)；度数大于 1 的顶点称为**分支点**(Branch Point)或**内部顶点**(Interior Point)。不含回路的无向图称为**森林**(Forest)。常用 T 表示树，用 F 表示森林。仅有一个顶点的树称为**平凡树**。

例 7.42 在图 7.43 中，图 7.43(a)是树；图 7.43(b)和图 7.43(c)不是树，因为图 7.43(b)中有回路，图 7.43(c)是非连通图，但图 7.43(c)为森林；图 7.43(d)是平凡树。在图 7.43(a)中 v_1,v_2,v_3 是树叶，v_4 是分支顶点。

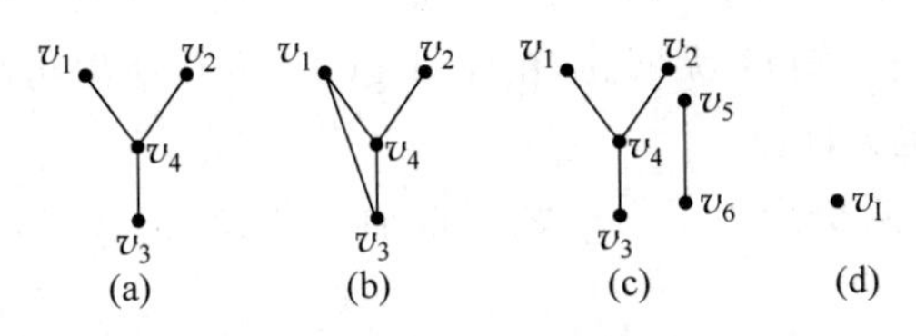

图 7.43　例 7.42 图

关于树，有下面几个等价的特性。

定理 7.24 设无向图 $G=(V,E)$，下列各命题是等价的。

(1) G 连通而不含回路(即 G 是树)。

(2) G 中无回路，且 $m=n-1$，其中，m 为边数，n 为顶点数，下同。

(3) G 是连通的，且 $m=n-1$。

(4) G 中无回路，但在 G 中任两个顶点之间增加一条新边，就得到唯一的一条基本回路。

(5) G 是连通的，但删除 G 中任一条边后，便不连通($n\geqslant 2$)。

(6) G 中每一对顶点之间有唯一一条基本通路($n\geqslant 2$)。

证明：采用循环论证的方法。

(1)⇒(2)：

对 n 作归纳。$n=1$ 时，$m=0$，显然有 $m=n-1$。假设 $n=k$ 时命题成立，现证 $n=k+1$ 时也成立。

由于 G 连通而无回路，所以 G 中至少有一个度数为 1 的顶点 v_0，在 G 中删去 v_0 及其关联的边，便得到 k 个顶点的连通而无回路的图，由归纳假设知它有 $k-1$ 条边。再将顶点 v_0 及其关联的边加回得到原图 G，所以 G 中含有 $k+1$ 个顶点和 k 条边，符合公式 $m=n-1$。

所以，G 中无回路，且 $m=n-1$。

(2)⇒(3)：

用反证法。若 G 不连通，设 G 有 k 个连通分支($k\geqslant 2$)$G_1,G_2,\cdots,G_k$，其顶点数分别为 $n_1,n_2,\cdots,n_k$，边数分别为 $m_1,m_2,\cdots,m_k$，且 $n=\sum_{i=1}^{k}n_i$，$m=\sum_{i=1}^{k}m_i$。由于 G 中无回路，所以每个 $G_i(i=1,2,\cdots,k)$ 均为树，因此 $m_i=n_i-1(i=1,2,\cdots,k)$，于是

$$m=\sum_{i=1}^{k}m_i=\sum_{i=1}^{k}(n_i-1)=n-k<n-1$$

得出矛盾。所以 G 是连通的，且 $m=n-1$。

(3)⇒(4)：

首先证明 G 中无回路。对 n 作归纳。

$n=1$ 时，$m=n-1=0$，显然无回路。

假设顶点数 $n=k-1$ 时无回路，下面考虑顶点数 $n=k$ 的情况。因 G 连通，故 G 中每一个顶点的度数均大于或等于1。可以证明至少有一个顶点 v_0，使得 $\deg(v_0)=1$，因 k 个顶点的度数都大于或等于2，则

$$2m=\sum_{v\in V}\deg(v)\geqslant 2k$$

从而 $m\geqslant k$，即至少有 k 条边，但这与 $m=n-1$ 矛盾。在 G 中删去 v_0 及其关联的边，得到新图 G'，根据归纳假设知 G' 无回路，由于 $\deg(v_0)=1$，所以再将顶点 v_0 及其关联的边加回得到原图 G，则 G 也无回路。

其次证明在 G 中任两个顶点 v_i,v_j 之间增加一条边 (v_i,v_j)，得到一条且仅一条基本回路。

由于 G 是连通的，从 v_i 到 v_j 有一条通路 L，再在 L 中增加一条边 (v_i,v_j)，就构成一条回路。若此回路不是唯一和基本的，则删去此新边，G 中必有回路，得出矛盾。

(4)⇒(5)：

若 G 不连通，则存在两顶点 v_i 和 v_j，在 v_i 和 v_j 之间无通路，此时增加边 (v_i,v_j)，不会产生回路，但这与题设矛盾。

由于 G 无回路，所以删去任一边，图便不连通。

(5)⇒(6)：

由于 G 是连通的，因此 G 中任两个顶点之间都有通路，于是有一条基本通路。若此基本通路不唯一，则 G 中含有回路，删去回路上的一条边，G 仍连通，这与题设不符。所以此基本通路是唯一的。

(6)⇒(1)：

显然 G 是连通的。若 G 中含回路，则回路上任两个顶点之间有两条基本通路，这与题设矛盾。因此，G 连通且不含回路。

由定理7.24所刻画的树的特征可见：在顶点给定的无向图中，树是边数最少的连通图，也是边数最多的无回路图。由此可知，在无向图 $G=(n,m)$ 中，若 $m<n-1$，则 G 是不连通的；若 $m>n-1$，则 G 必含回路。

定理7.25 具有两个或更多个顶点的树至少有两片树叶。

证明：设 T 是一 (n,m) 树，其中，$n\geqslant 2$。显然，T 中所有顶点的度之和 $S=2m$。(握手定理)又由定理7.25，$S=2m=2(m-1)=2n-2$。

假设 T 中所有树叶少于两片，则 T 中至少有 $n-1$ 个顶点的度不小于2，故 T 中所有顶点的度之和 $S>2n-2$，这与 $S=2n-2$ 相矛盾，故 T 至少有两片树叶。

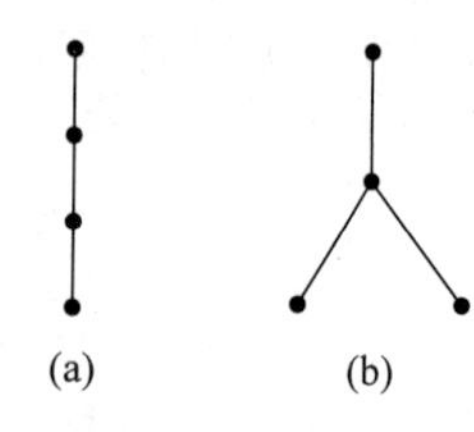
图7.44　例7.43图

例7.43 证明：不同构的4阶无向树 G 仅为图7.44(a)和图7.44(b)。

证明：4阶无向树有3条边，由握手定理可知，顶点的度数之和应为6，根据定理7.25，4阶无向树至少有两片树叶。若 G 中正好有两片树叶，则其度数列应为2,2,1,1，即如图7.44(a)所示；若 G 中有三片树叶，则其度数列应为3,1,1,1，即如图7.44(b)所示，除此之外，再无其他图。证毕。

7.6.2 生成树

定义 7.15 若连通图 G 的一个生成子图 T 是一棵树，则称 T 为 G 的**生成**(spanning)**树**，T 中的边称为**树枝**。图 G 中不在 T 中的边称作相应生成树 T 的**弦**(chord)，所有弦的集合称作生成树 T 的**补**。

例 7.44 图 7.45 中 G 有三棵不同的生成树，分别为 T_1，T_2，T_3。

一般来说，一个无向连通图 G，如果 G 是树，则它的生成树是唯一的，就是 G 本身；如果 G 不是树，那么它的生成树就不唯一了。如果 G 不是树，图 G 与它的生成树的区别在于 G 可能包含回路，而生成树不包含回路。

由一个连通图 G 寻找它的生成树的过程是：在 G 中寻找基本回路，找到后删去其中的一条边，并继续寻找基本回路，找到后再删去其中一条边，直到 G 中没有基本回路为止。

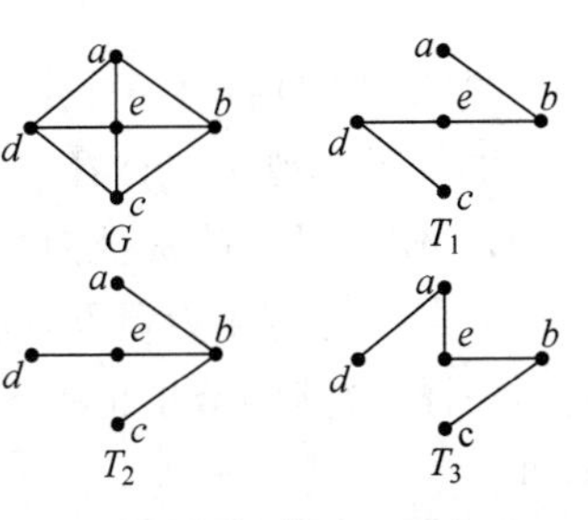

图 7.45 例 7.44 图

寻找一个连通图的生成树具有实际的价值，如例 7.45。

例 7.45 设有 6 个城市 v_1,v_2,v_3,v_4,v_5,v_6，它们之间有输油管相连，输油管的布置情况如图 7.46(a)所示，现在为了保证输油管不被破坏，在每段输油管之间必须派一个连的士兵把守，为了保证油的正常供应，问最少需要多少连的士兵把守且这些士兵应驻于哪些油管处？

解：该问题可转换为寻找图 7.46(a)的生成树的问题。在图 7.46(a)中，有 $n=6$，$m=11$，因此生成树的边数为 5，即至少需要 5 个连的士兵把守。士兵驻守的位置可以是图 7.46(b)、图 7.46(c)或图 7.46(d)所示的线段，它们都是图 7.46(a)的生成树。

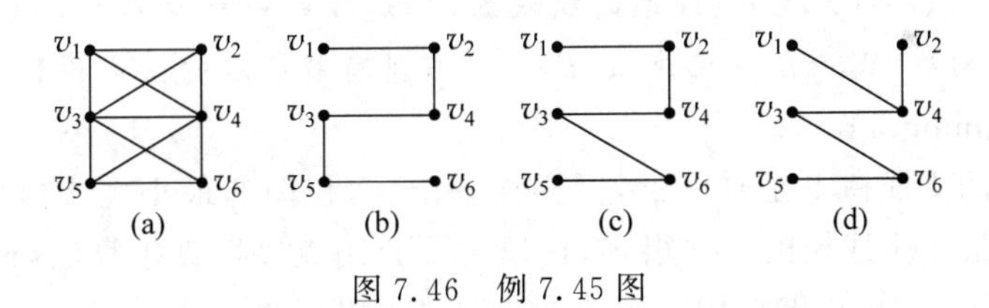

图 7.46 例 7.45 图

定理 7.26 一条回路和任何一棵生成树的补，至少有一条公共边。

证明：假设有一条回路和一棵生成树的补没有公共边，则这条回路必包含在生成树中，这与树的定义矛盾。

定理 7.27 若 G 是(n,m)连通图，则 G 的任一生成树 T 有 n 个顶点，$n-1$ 条树枝，$m-n+1$ 条弦。

证明：若图的生成树 T 的树枝大于 $n-1$，则必有回路在其中；若生成树 T 的树枝小于 $n-1$，则必不连通。这两种情形不可能，所以树枝为 $n-1$，弦便有 $m-n+1$ 条。

从生成树 T 中删去一条树枝，G 的顶点分成两个子集，连接这两个子集的边集就是对应于这条树枝的割集，称为对应这条边的基本割集。

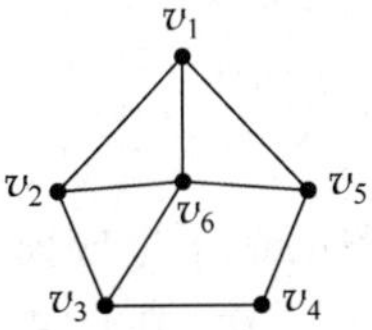

图 7.47 例 7.46 图

例 7.46 画出图 7.47 的生成树。

解：其构造生成树的步骤如图 7.48(a)～图 7.48(d)所示。

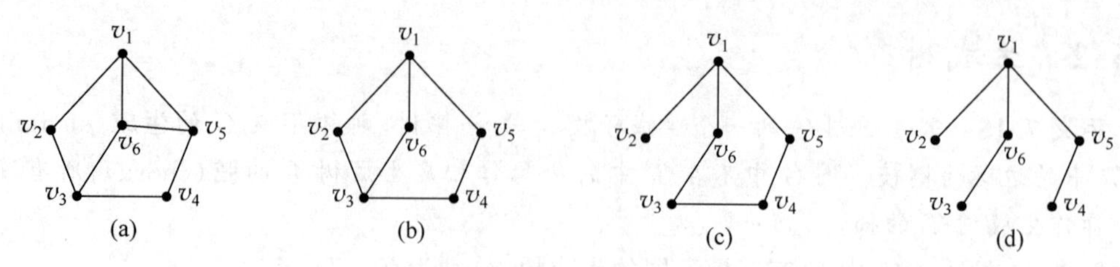

图 7.48 构造生成树的步骤

图 7.48(d)即为一棵生成树,生成树不止一棵,还有其他的方法也可以构造生成树。

生成树在现实中有着广泛的应用,比如村村通工程,要修建一个县内各村之间的公路网,如何使用最少的资金使得任意两个村之间都有公路可通。在研究这个问题的时候,可以把各个自然村落作为顶点,在这些顶点之间至少要构成一棵树;其次,由于各个村所处的环境不一样,公路的造价也不一样,就可以考虑一棵带权的树,让这棵树所对应的总造价最低即可。

定理 7.28 一个边割集和任何生成树至少有一条公共边。

证明:假设一个边割集和一棵生成树没有公共边,则删去这个边割集后留下一棵完整的生成树,这与边割集的定义矛盾。

7.6.3 最小生成树

最小生成树有许多实际应用。如果我们想架设一个通信线路,把若干城市连接起来,并且要求线路要沿着道路架设。那怎样做才能使得所用的线路总长最短(或时间最少,资源最少)呢?此问题的实质就是求带权的最小生成树问题。

定义 7.16 设 $G=(V,E)$是连通的赋权图,T 是 G 的一棵生成树,T 的每个树枝所赋权值之和称为 T 的权(Weight),记为 $\omega(T)$。G 中具有最小权的生成树称为 G 的最小生成树(Minimal Spanning Tree)。

一个无向图的生成树不是唯一的,同样地,一个赋权图的最小生成树也不一定是唯一的。求赋权图的最小生成树的方法很多,这里主要介绍克鲁斯克尔算法(Kruskal)算法,该算法是克鲁斯克尔于 1956 年将构造生成树的避圈法推广到求最小生成树的结果,其要点是,在与已选取的边不构成回路的边中选取最小者。具体步骤如下。

设 $G=(V,E,W)$是 n 阶无向连通带权图,它具有 m 条边 $e_1,e_2,\cdots,e_m$,先将这 m 条边按权的大小次序进行排序,不妨设 $\omega(e_1),\omega(e_2),\cdots,\omega(e_m)$。

(1) 在 G 中选取最小权边 e_1,置 $i=1$。

(2) 当 $i=n-1$ 时,结束,否则转(3)。

(3) 设已选取的边为 $e_1,e_2,\cdots,e_i$,在 G 中选取不同于 $e_1,e_2,\cdots,e_i$ 的边 e_{i+1},使$\{e_1,e_2,\cdots,e_i,e_{i+1}\}$中无回路且 e_{i+1} 是满足此条件的最小权边。

(4) 置 $i=i+1$,转(2)。

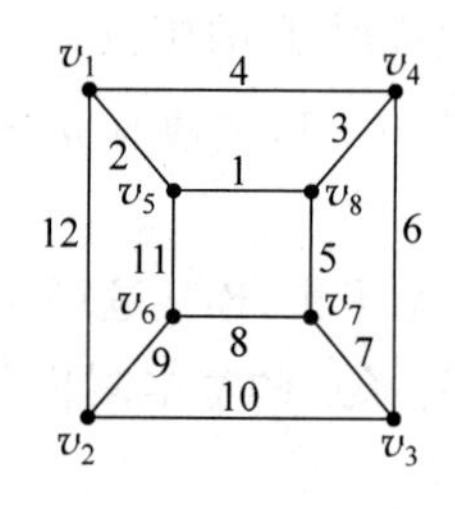

图 7.49 例 7.47 图

例 7.47 用克鲁斯克尔算法求图 7.49 中赋权图的最小生成树。

解:因为图中 $n=8$,所以按算法要执行 $n-1=7$ 次,其过程见图 7.50 中 $G_1\sim G_7$,$\omega(T)=34$。

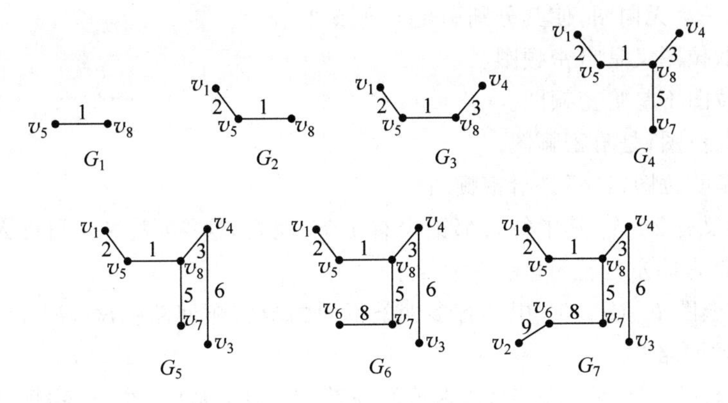

图 7.50 求最小生成树过程

7.6.4 有向树

定义 7.17 满足下列条件的有向图称为有向树。

(1) 有且仅有一个顶点的入度为 0(称为树根)。

(2) 除树根外的顶点入度为 1。

(3) 从树根到任何顶点均有一条有向通路。

例 7.48 图 7.51 是一棵有向树。

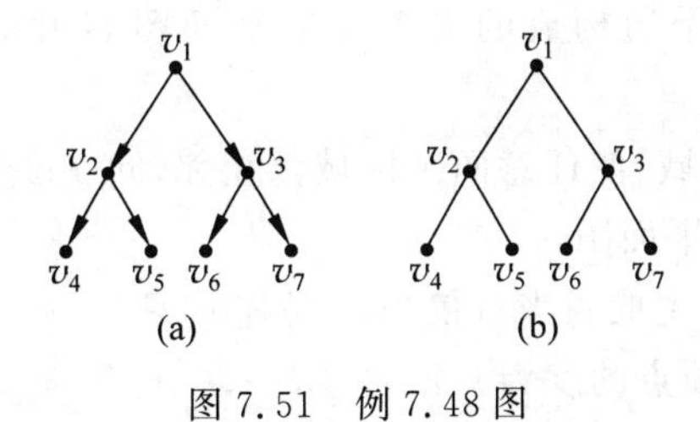

图 7.51 例 7.48 图

在有向树中,入度为 1、出度为 0 的顶点称为**树叶**,入度为 1、出度大于 0 的顶点称为**内点**,内点和树根统称为**分支点**。

如在图 7.51(a)中,v_1 是树根,v_2,v_3 是内点。这样,v_1,v_2,v_3 是分支点,v_4,v_5,v_6,v_7 是树叶。有向树常采用树根画在最上方,有向边的箭头向下方的表示方法,这样可以省略所有的箭头而不会引起误解,因此图 7.51(a)可以画成图 7.51(b)。

在"数据结构"课程中讨论了有向树的许多性质,这里不再做过多的介绍。

习 题

1. 构造一个欧拉图,使得顶点数 n 与边数 m 满足下列条件。

(1) n,m 的奇偶性一样。

(2) n,m 的奇偶性相反。

如果不可能,请说明原因。

2. 试确定顶点数 n 满足什么条件时,完全图 K_n 是欧拉图?

3. 试给出一个无向图,使其分别满足下列条件。

(1) 既是欧拉图又是哈密顿图。

(2) 是欧拉图不是哈密顿图。

(3) 不是欧拉图,是哈密顿图。

(4) 既不是欧拉图,又不是哈密顿图。

4. 某次会议有20人,其中每人都至少有10个朋友,这20人围一圆桌入席,要想使每人相邻的两位都是朋友是否可能?为什么?

5. 无向完全图 $K_n(n\geqslant 3)$ 中共有多少条不同的哈密顿回路?K_3,K_4,K_5 中各有多少条不同的哈密顿回路?

6. 有4名教师:赵、钱、孙、李,要求他们去教4门课:数学、英语、物理和化学,已知赵能教数学和化学;钱能教数学与英语;孙能教数、英语与物理;李只能教化学,如何安排才能使4位教师都能教课,并且每个人都有课教?共有几种方案?

7. 设 G 是二分图,它的两个部分的顶点集分别是 U,V,并且有 $|U|\neq|V|$,则 G 一定不是哈密顿图。

8. 已知连通的平面图 G 的阶数 $n=6$,边数 $m=8$,面数 $r=4$。求 G 的对偶图 G^* 的阶数 n^*,边数 m^*,面数 r^*。

9. 将无向完全图 K_6 的边随意地涂上红色或绿色,证明:无论如何涂,总存在红色的 K_3 或绿色的 K_3。

10. 在由6个顶点,12条边构成的简单连通平面图 G 中,每个面由几条边围成?为什么?

11. 把平面分成 x 个区域,使任意两个区域都相邻,问 x 最大为几?

12. 证明彼得森图是非平面图。

13. 证明无向图 G 具有生成树当且仅当 G 是连通图。

14. 在一棵树中,n_i 个顶点的度为 i,$i=1,2,\cdots,k$,已知 $n_2,n_3,\cdots,n_k$,求度为1的顶点的个数。

15. 一棵树有两个顶点的度为2,一个顶点的度为3,三个顶点的度为4,求度为1的顶点个数。

参 考 文 献

[1] 杜忠复,陈兆均.离散数学[M].北京：高等教育出版社,2004.
[2] 刘玉珍,刘咏梅.离散数学(修订版)[M].武汉：武汉大学出版社,2002.
[3] 王传玉.离散数学基础[M].合肥：中国科学技术大学出版社,2004.
[4] 邱学绍.离散数学[M].北京：机械工业出版社,2005.
[5] 陈过勋,刘书芳,周文俊.离散数学[M].北京：机械工业出版社,2005.
[6] 傅彦,顾小丰,刘启和.离散数学[M].北京：机械工业出版社,2005.
[7] 刘贵龙.离散数学[M].北京：人民邮电出版社,2002.
[8] 吴子华,张一立,唐常杰.离散数学教程[M].成都：四川大学出版社,1999.
[9] 倪子伟,蔡经球.离散数学[M].北京：科学出版社,2002.
[10] 马光思.离散数学[M].西安：西安电子科技大学出版社,2004.
[11] 耿素云,屈婉玲,张立昂.离散数学[M].3版.北京：清华大学出版社,2003.
[12] 金聪,郭京蕾.离散数学[M].北京：清华大学出版社,2010.
[13] 邓辉文.离散数学.[M].2版.北京：清华大学出版社,2010.
[14] 邵学才,沈彤英,邓米克,等.离散数学[M].北京：清华大学出版社,2006.
[15] Rosen K H.离散数学及其应用[M].袁崇义,屈婉玲,王捍贫,等译.4版.北京：机械工业出版社,2002.
[16] 方世昌.离散数学[M].西安：西安通信工程学院出版社,1981.
[17] 屈婉玲,耿素云,张立昂.离散数学习题解答与学习指导[M].3版.北京：清华大学出版社,2014.
[18] 吴秀兰,冯毅夫,朱宏.离散数学[M].北京：清华大学出版社,2018.
[19] 徐俊明.图论及其应用[M].4版.合肥：中国科学技术大学出版社,2018.
[20] Kolman B,Busby R,Ross S. Discrete Mathematical Structures[M].北京：清华大学出版社,Prentice-HallInc.,1997.

图书资源支持

感谢您一直以来对清华版图书的支持和爱护。为了配合本书的使用，本书提供配套的资源，有需求的读者请扫描下方的“书圈”微信公众号二维码，在图书专区下载，也可以拨打电话或发送电子邮件咨询。

如果您在使用本书的过程中遇到了什么问题，或者有相关图书出版计划，也请您发邮件告诉我们，以便我们更好地为您服务。

资源下载、样书申请

书圈

我们的联系方式：

地　　址：北京市海淀区双清路学研大厦 A 座 701

邮　　编：100084

电　　话：010-83470236　010-83470237

资源下载：http://www.tup.com.cn

客服邮箱：2301891038@qq.com

QQ：2301891038（请写明您的单位和姓名）

扫一扫，获取最新目录

课 程 直 播

用微信扫一扫右边的二维码，即可关注清华大学出版社公众号“书圈”。

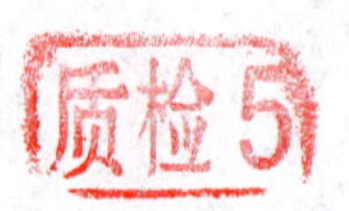
质检5